KATZEN
Das große Praxishandbuch

育猫全书

［德］格尔德·路德维希 著　黄宇丽 译

北京联合出版公司
Beijing United Publishing Co.,Ltd.

后浪

它们一定是魔术师

猫咪让人着迷。

它们神秘莫测，难以捉摸。即使它们与我们的关系非常亲近，也从不迎合，总是保持自己的独立性。

猫咪从来不会令人毫无感觉，你要么喜欢它，要么不喜欢它。猫咪与人之间的相互吸引程度完全没有公式可循，就像爱情并不取决于荷尔蒙的多少。而猫咪是否有一个伟大的灵魂，是否能感受到你深层次的情绪，也难以通过一般的法则确定。很多动物根据人类给予的评价来调整它们的表现和行为，但猫咪却总是特立独行，谁的脸色也不看。它是一种非常善于自得其乐的动物，在情感上能够自给自足。与此同时，它又能与我们建立起友谊，这样的相处真是再棒不过了。

要想与猫咪建立起和谐的伙伴关系，必须先了解猫咪的血统、习性与行为，特别是要理解它的需求。本书介绍人类和猫咪要如何共同生活的各个方面——从与每个年龄段的猫咪交往，极具技巧性的交流方式，平衡的饮食到精心的健康护理。如果您想要一只纯种猫陪伴自己，本书中的纯种猫介绍部分也可以供您参考。

Gerd Ludwig

猫咪
是这样的

猫咪就是猫咪。我们一眼就能认出它们，不管是野猫还是家猫。无论是雪豹、狮子、美洲狮、野猫还是家猫，所有猫科动物在体形、行为上都非常接近，并且大部分在社群结构上也非常相似。猫咪显然是一个非常出色的物种，不需要进行什么改良。尽管猫咪分布于全世界，占领了各种各样的生活空间，它们之中却只有一种占据了其中最不同寻常的——人类的生活空间，这就是家猫。

天才狩猎者的
生理结构与感官意识

猫是一种猛兽，即使是家猫，体内也有着无法抵抗的狩猎驱动力。与它们的近亲野猫一样，家猫的身体构造和感官意识也能完美地与野外生存方式相配合。

猫是万物之灵。即使生物学家们认为这是夸大其词，但人们还是能理解它的尊贵：几乎没有另外一种生物能够像猫一样靠着高度发达的视觉和听觉，既优雅又充满力量，并且反应迅速。在身体的伸展性方面，猫是一个范例。肌肉发达的后腿和臀部能让它们最大限度地加速；特殊的肩胛带结构又能支持其攀爬树木；而优越的身体协调性则让它们能在只容得下爪子的杆子上保持平衡而不掉落。

完美的身体

拥有毛皮、乳头和保持恒温，是哺乳动物的典型特征。猫也是如此。作为以猎物的鲜肉为主食的肉食动物，猫逐渐发展出有助于狩猎能力提高的适应性。同时，这样的适应性也发展出一些普遍优势，比如控制和守卫自己的领地，探寻新的生存空间以及攀爬和保持身体平衡的能力。

骨骼松软的好处

它缓缓地站起来，弓起身子，把腿向后伸得笔直，背拱成一座小山，此刻前腿和后腿靠得如此之近，肌肉如此紧张，以至于整个身体和腿都在颤抖。人类有时候也会在起床后伸懒腰，但对于猫来说，这样的伸展运动是其保护机制。在站起来之后的行走中，它也会经常停下来，将两条后腿轮流向后伸展。

具有超强柔韧性的脊柱。通过伸展，猫可以放松全身240块大大小小的骨头和总数超过500的肌肉及肌肉组织，使身体机能再一次处于活跃状态。这些都是为猫艺术般的灵活性做准备——展现在跳跃、攀爬和快速奔跑时的急转弯中。猫的脊椎数量要比人类多，其中很多都在尾巴里面。

关于锁骨。从前面观察猫，会发现所有的猫都是如此苗条，即使它们天天摄入高热量的美食。这是因为想要穿过厚厚的树林和狭窄的篱笆去捕猎，胸部太宽阔就会造成不便。

这跟锁骨有什么关系呢？很多哺乳动物都有锁骨，肩胛骨和胸骨之间灵活的连接，使得强有力的抓握成为可能，但是同时也不可避免地扩大了前躯的宽度。在有蹄类动物、犬类以及走禽类动物身上，锁骨已经退化，这一点成为它们在奔跑和跳跃时的优势，但是在抓捕方面，这类动物就显得无力了。从某种程度上说，猫的身体在进化过程中所做出的改变达到了两全其美。猫确实有锁骨，但它们的锁骨已经缩小，只由肌腱中灵活的余骨组成。正是由于这种特殊的构造，它们既可以钩抓物体，攀爬树干且爬得很高，又可以像有蹄类动物一样，灵巧敏捷地奔跑，即使遇到狭

实用信息

猫——进化史上成功的典范

- 家猫属于猫科动物，其起源可追溯至4000万年前。
- 现存的大大小小的猫科动物之间彼此看起来十分相似，第一眼就能让人认出来；
  所有的猫科动物首先都是肉食动物。
- 从猫到猎豹，所有的猫科动物都是猎手，专门追逐活的猎物。大型猫科动物（见62页）的猎物一般都是体形大于自身的动物。
- 除大洋洲和南极洲外，其他所有大洲都生活着猫，不管是炎热的沙漠地区，还是冰冷的高原地区。

窄的缝隙也可以钻过去。

指示方向的猫尾巴。人在饲养动物时经常会对动物的行为进行愚蠢古怪的猜测，这已经不是什么稀奇事了。一个让人感觉悲伤无力的典型例子是纯种无尾猫。连它们的饲养者都不愿接受这种可怜的小动物缺点什么的事实。猫尾巴对于猫而言绝不仅仅是身体的一部分，它更是一个重要的多功能器官。在跳跃时，猫尾巴起到控制飞行和确保精准落地的功能；在快跑中尾巴通过与脚后跟的相互碰撞来保持平衡，目的是使猫在转弯的时候不会摔倒；猫的尾巴还能在它走独木桥时充当平衡杆以防坠落。万一突然坠落，这条尾巴就是猫的救命稻草。猫从高处四脚朝天往下掉落时，尾巴一甩，它整

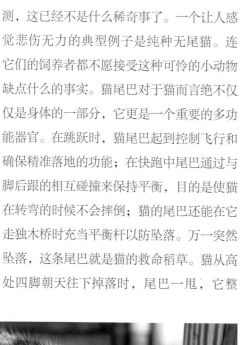

猫爪是功能众多的工具：悄无声息地靠近目标，恐吓攻击者

个身体就翻转过来，四肢会先着地。这就是猫从高空跌落时不会摔伤的重要原因之一。除此之外，猫尾巴还是猫情绪的晴雨表（见28页）。

带有减震器的一体化跑鞋

　　为了保护骨骼与关节，猫爪底部包有厚厚的具有减震功能的脂肪质肉垫。这一特点使其在捕猎时能够悄无声息地接近猎物，极大提高了成功率。在猫科动物中，除了猎豹，其他种的脚底都是扁平的。

　　猫通过脚底的脂肪质肉垫排汗，这是猫全身除了鼻腔之外唯一一处无毛发覆盖的区域。此外，它还可以用脂肪质肉垫来

感知周边细微的震动（见18页）。

足尖舞代替扁平足。 猫在奔跑时只用足尖触地，属于趾行动物；而人用两只脚掌交替触地前行，属于跖行哺乳动物。

猫爪隐藏玄机。 弯曲的猫爪在不使用时都收于具有保护作用的脚掌之内，一旦需要，这些隐藏着的猫爪就会借助构造周密的肌腱迅速伸出。

步法专家。 猫不仅会四肢着地，左右交叉着蹑手蹑脚地走路，还会像马一样快步小跑或疾驰，但一般情况下猫还是以悠闲溜达的方式前行。家猫短途奔跑的速度能达到每小时50公里。

食肉动物的牙齿

猫拥有食肉动物的尖锐如锥的犬齿。除此之外猫的牙齿主要由上颚的前臼齿和下颚的臼齿组成。锋利的犬齿是猫将肉从猎物身上咬下的最理想工具，但是猫牙却无法磨碎食物，其极小的门齿的作用是清洁皮毛。猫宝宝在刚出生时是没有牙齿的，乳齿也是在出生6周之后才长出，其换牙全过程需要8个月。

万能的神奇外套

猫的皮毛能够保护猫不受高温、严寒、潮湿和大风的侵害。它主要是由表层的刚毛和底层的胎毛组成。短毛猫的皮毛则是由绒茸毛构成（每平方毫米皮肤上有200根左右）。

眼、耳、鼻

至关重要的眼睛。 眼睛在猫的行动中发挥着至关重要的作用。宽达220度的视角使猫眼几乎能够囊括发生在周边的所有事。处在正中的130度视角是立体成像，这一能力对于判断猎物的远近不可缺少。昏暗的环境下位于眼睛后方的反光层——明毯会增大，灯光则会增强其感光度。猫的瞳孔会随光线明暗而扩大或缩小，在明亮之处收缩成一条缝，在昏暗之处则会扩大（瞳孔反射，见284页）。另外，猫瞳孔的大小也表达猫的情绪状况。现在人们知道，其实猫的眼睛也可以分辨不同的颜色。

活的窃听器。 猫耳可以感知频率高达70 000赫兹的声音（人类为18 000赫兹）。当老鼠吱吱叫的细小声音传入猫耳朵时，正在打盹儿的猫都会立刻警觉起来。猫的外耳可以灵活移动，方便它准确定位声音的来源和猎物的位置。

交流工具——鼻子。 为了能和同伴更好地交流，猫的鼻子起主要作用。猫鼻子可以通过分辨不同气味的特征，分析环境特点并得出结论：谁在几时于某地逗留过。当猫在路上与同伴碰面时，它们会通过互相用鼻子嗅气味来打招呼，这是它们问候流程的一部分（见31页）。

可以灵活转动的猫耳是完美的扩音器，耳朵的形状可以帮助猫更好地判断声源方向

尽管猫不是嗅觉动物，但是其嗅觉在与同伴交流中发挥重要的作用

猫主要在夜间捕猎。它们的眼睛很好地适应了这种生活方式，可以对猎物的一举一动做出灵敏的反应

感官世界

与生活在嗅觉世界中的狗不同，猫的重要感官与人一样，是视觉和听觉。但猫的感官能力强于人类，并且拥有许多人没有的感官能力。比如猫拥有感知时间以及找到回家的路的能力，人却没有与之完全等值的感知能力。

感知能力超强的晨昏猎手

黑夜统治者。虽然有些猫已经适应了人类的生活节奏，昼起夜伏，但它们本质上属于在晨昏和晚上活动的动物。破晓和黄昏是猫尤其中意的捕猎时段。但是，想在光线如此暗淡的情况下捕到猎物还需要有足够大和足够好的眼睛。猫眼睛中的明毯能够增强眼睛对于光的感知能力，因此猫眼在昏暗环境中的视力比人眼高6倍。这种反光层并不是猫的专利，在许多其他动物，如马和牛的眼睛中也有这一构造。由于猫多在夜间活动，所以其辨色能力低也就可以理解了，有句老话说：暗夜里所有的猫都是灰色的。

猫的眼睛主要感知动作的变化，看物体的清晰度就一般了。如果一只老鼠躺在地上装死，那它很有可能逃过一劫，因为这位猎手压根就看不到它。

不可或缺的猫耳。猫的耳朵是高效的声音接收器，它尤其擅长捕捉细微的动作声响和主要猎物——啮齿目动物，比如老鼠的叫声。两只可以灵活转动的如扩音器般的外耳密切合作，在漆黑的夜晚便可以准确定位猎物声源的位置。

能感知周围每一种噪声的动物在受到过响噪声的刺激后，大脑中必定混乱不堪，但猫却不是这样。猫的听觉系统只会向大脑传输重要的声音信号——老鼠小跑或者食物罐碰撞的声音。这种能力被称作选择性耳聋。猫可以过滤掉无关声音信号的能力在它午睡时尤其明显——在吵闹的环境中也能安然入睡。

指挥官——猫须。 猫的髭须是高度敏感的触觉器官。硬挺的伸向两边的髭须（感觉毛）能够侦测出最细微的反射并做出可靠的判断，比如前方是否有猎物的洞穴，这一能力对于夜间捕猎的猫来说尤为重要。猫抓到老鼠后会用髭须触碰老鼠，以此来掌握猎物的位置，这样就可以在猎物试图逃走的时候迅速做出反应。除此之外，猫额头上的触须可以通过感应来使眼睛在受到刺激时及时闭上，以防受伤。

猫的视听地图

每日领土巡逻。 猫对于自己的地盘和交界的区域极其熟悉。在对自己领土巡逻的过程中，猫总是会一再检查确认领地的地形与之前已存储的视觉影像是否一致。它们会选择明显的物体作为路标。在这些路标以及领地交界处，猫还会留下气味信号来告知同伴这片区域为其所占有。

不可思议的归巢本领。 猫在其领地范围之外活动时，会利用视觉和听觉信息来寻找家的位置，另外，一座桥、一条小溪、教堂塔楼大钟的钟声，以及铁匠铺的打铁声音都可以指引着猫找到回家的路。猫离家的距离在半径10～12公里时，一般都能够凭借记忆中存储的视听地图顺利找到回家的路。如果超出这个范围，就很可

实用信息

值得一学的解剖学知识

➡ 猫眼明毯中的反光部分是晶体组织，而其他眼睛中有明毯的动物则是依靠结缔组织或者空气填充层来反光。

➡ 猫头部的触须（感觉毛）能够使猫在不触碰到物体的情况下对其做出反应。它经过人或动物时会感知到细小的气流变化。

➡ 猫主要通过人的动作、姿态和身体姿势来分辨可信的人，即使相隔很远。

➡ 突然坠落时，猫条件反射性的转身会救它一命（见285页），但幼猫的这项能力还没有完全发育成熟。

能会走失。也有报道称，猫可以在离家几千公里以外找到回家的路，但这都是经不住调查的。

分秒不差

猫是极为死板的动物，喜欢一成不变

的规律生活，按照日程表行事。它"内心的钟表"——严格的时间观念会告诉它食盆何时会装满猫粮，以及主人何时下班等。它头脑中对于时间的严格掌控，会保证它在露天农场散步时不会遇到其他同伴与之对峙。猫极其重视领地及交界处道路的使用权，对于它们来说，哪只猫被允许在何时走哪条路是提前协商好的，不得违规。

气味分析师——犁鼻器

从猫的面部表情——微微张嘴、皱起鼻子，上唇翻起等可以判断出猫的裂唇嗅反应。在此过程中，猫所吸入的芳香物质会经由舌头传导至位于鼻腔内的犁鼻器中。这一器官主要分析气味中所包含的大量信息，比如发情母猫所散发出的催情气味。

味觉控制器

猫的舌头上遍布满是倒钩的舌突，这可以帮助它们判断主人提供的猫食是否合口味。猫的味觉感受器可以分辨咸味、苦味、酸味和鲜味。鲜味主要是由富含蛋白质的食物散发的，而决定这种气味的物质是谷氨酸。人类将谷氨酸中的盐提取出来制成味精，用来增加食物的鲜味。由于猫的舌头上缺少特定的味蕾，所以它无法尝出甜味。其他的所有野生猫科动物也对甜食不感兴趣。总的来说，猫对于食物的味

猫灵巧地用前爪检查着陌生物体

道并不是很敏感。因此猫的舌头就有了许多别的用途，比如清洁梳理皮毛和按摩等（见213页）。借助舌头上细小的角质化的舌突，猫可以将骨头上的剩肉刮下，可以在裂唇嗅反应中吸收气味，还可以喝水。

震动警报器

人们将猫爪脂肪质肉垫中的感觉细胞称为环层小体或潘申尼小体。它是猫身上的震动感受器，能够注意到脚下极其细微的震动——人的脚步声以及几乎觉察不出的地震先兆。此外，其压力传感器和其他神经末梢也存在于皮下组织。

研究与实践

辨别方向的其他感官能力

科学家们试图通过不同的理论来探寻家猫这种在数百甚至数千公里外辨认方向的能力。

被候鸟和鸽子当作向导的地球磁场对于远离家园的猫来说同样重要。据说，如果人们把磁铁固定在猫的项圈上，它们辨认方向的能力就会受到干扰。此外，人们还讨论了根据地下电场辨认方向的说法。

›早在60年前，基尔的研究者就对"猫是否能找到回家的路"这一课题进行了基础性测试。测试方法是：将几只猫分别放置在离家不同距离的地方，看它们能否顺利回家。

人们把小猫放在一个密闭的且带有多扇门的迷宫里。在5公里的范围内，它们一直选择指向家方向的那扇小门。若把它们放到更远的地方，错误的概率就会上升。若距离超过12公里，它们就只能凭运气找到正确的出口。

›用糖来吸引猫的做法是行不通的。"甜味受体的缺失"早已出现在猫的发展史里。

事实上，研究人员已经在家猫、老虎和猎豹的遗传特征中找到了一个有结构缺陷的基因，而这种基因主要负责甜味识别。

›当猫受到接触刺激和重压时，它们的爪子就会对此做出反应。猫前爪的敏感性尤其高。

猫前爪的感受器会告诉它们脚趾与钩爪的位置，这对于捕获猎物至关重要。

行为、沟通和群体意识

猫喜独居，独自猎食，并且随性度日。但是，由此便猜测它们不需要且不愿容忍同类，是错误的——猫的群体意识之强令人惊讶。

猫似乎无法摆脱独行者的标签。然而，行为研究学家透过猫无法容忍同类的表象注意到其背后隐藏的现象，即猫在群体中为数不少的社交联系。比如在同一屋檐下生活的猫的群体意识，雌性间互相帮助抚育下一代的现象，夜晚同一居住区内特立独行者们神秘的聚会，以及延续一生的猫咪之间的友谊。虽然猫与人类并没有格外亲密的关系，但这不是本章的讨论内容。

家猫的狂野之心

除狗之外，猫可算是最早的家庭动物。几千年以来，它们都生活在我们近旁。但是猫与人类之间的关系却并不简单，它们有时会被驱逐、追捕、杀戮，有时又被宠爱或被视为神祇而崇拜。猫却自始至终都忠于本性——在和人的关系中，猫扮演着一个固定的角色，即需要人类照顾的无助孩子的角色。但它们自祖先继承下来的野性却未驯：就行为上看，家猫像老虎、豹子或者山猫。如同它们的野生亲戚一样，家猫也严密守护着自己的领地。它们是老谋深算的猎手，也是有献身精神的母亲。它们强烈的探索欲和永不满足的好奇心在与人类的相处中自始至终未有丝毫变化。

领地行为

猫是一种有领地观念的动物。它们会维护一个领地，其中心是它们最核心的家园，即睡觉和休息以及经常活动的区域。

领地大小和结构。一个没有其他活动场地的家猫的领地往往只限于主人家的住宅，也许只是几个房间。对于有自由活动权的猫而言，其领地的特点、结构和居住密度则起着调节作用。与向外的、和农田草地相连的地区相比，在空间划分严格、向内的后院和空间狭小的小块花园里，猫的领地自然要小些。交通繁忙的街道、高

互相舔舐毛皮是猫表示友好和亲密的行为

实用信息

雄猫俱乐部和猎食社团

- 有固定规则的兄弟情谊。在一个居住区内，雄性猫咪常常会组成一个较为松散的社团。在这里，年长的雄猫将决定吸收哪些年轻的雄猫入社。这虽然不是一个有特定目的的社团组织，但这样的兄弟会可以担负起自我保卫的责任。

- 流浪猫的猎食军团。在地中海沿岸，半野化的猫群分布很广。即使没有等级制度，这些军团也能同心协力，通常一起寻找食物。

- 夜间的峰会。有自由行动权的猫咪会时不时地在偏僻的地方或屋顶碰面，一起安静地小坐片刻，随后又各自分散。

年幼的猫咪倾向于寻求安全感，它们会紧紧地依偎着睡在一起

猫拱起背的动作是雄性的求爱行为，同时也是准备攻击或逃跑的信号

高的篱笆和围墙，以及小溪和河流都是自然的领地分界线。在领地边缘，有时在领地内部也会有禁忌区域，猫通常会避开这些地方，因为那里或许住着一只流浪狗，又或者是一个对猫不友好的园丁，为了保护自己的花圃，他常常驱赶猫。

雌猫和雄猫的领地。雌猫的领地通常比雄猫的要小。但是它们对领地的保护欲更强，也不会容忍不速之客。相比之下雄猫更显随和，尤其是在领地边缘，因为它们出去时也常常会越过别人的领地。

瞭望点。雌猫会注意到自己领地内的任何一点变化，它们每天要巡视自己的领地两到三次。即使是恶劣的天气也不能阻止猫咪视察自己的领地。猫咪会固定地巡视自己领地内的制高点或有战略意义的位置，即所谓的瞭望台，从这里它们可以俯视自己绝大部分的领地。

标注领地。猫在自己的领地里会留下特有的消息，使同类知道，它们正在谁的地盘上行动，谁拥有这块地盘的所有权。这些消息包括气味印记和视觉信号。猫通常会把这些信息留在特别醒目的地方，要么通过尿液和粪便标记自己的领地（它们会把尿液和粪便留在领地的边界线上），要么在柱子或树干上留下自己的爪印。

通行证和道路法则。在猫居住密度大的区域，各个领地常会互相交叠。为了不冒在某个树丛后遇到不友善的同类的风险，领主之间会默认一条道路法则，这条法则允许每位领主在特定的时间使用特定的道路，以避免冲突或类似的不愉快。猫绝佳的时间意识对此大有助益。有交情的同类之间似乎持有通行证，可以不受阻碍地在其他猫的领地里闲逛。

捕食行为

猫是食肉动物，大型猫科动物如狮

子、老虎和豹子会捕食比自己体形更大的动物，而小型猫科动物一般捕食与自己体形相当的动物。在家猫的食谱中，体形相对较小的啮齿类动物占了极大比重。豹子猎到一头羚羊就意味着解决了几天的食物问题，而家猫如果单靠吃老鼠度日的话，则需要每天出去捕猎好几次。

激起猫猎食的因素。猫对快速且以之字形行动的小型动物——如四处逃窜的老鼠，比较敏感。猫与生俱来的猎食天性也会被清澈的、高分贝的声响激起。

匍匐高手。除猎豹（本书对其有专门介绍，见64页）之外，猫科动物都会无声无息地潜近猎物，且会巧用掩蔽物。它们总是在猎物近旁发起攻击，只需几个跳跃就能将猎物收入爪下，但由于此时猎手会突然加快速度，以致越过猎物，所以虽然紧紧抓住了猎物，自己却也因为过大的冲势而往前翻滚。在杂草茂盛的区域，近距攻击所占的优势不大时，猫科动物则会像狐狸一样以弧形跳跃的方式冲向自己的猎物。

全神贯注。如果家猫在视线内看到了老鼠，就会一心一意地只注意自己的猎物而无暇旁顾。在进攻之前，它们会压低并伸展自己的身体，头部伸向前方，眼耳都朝向猎物，后腿有节奏地运动，尾巴也激烈颤动起来，这都显示其高度紧张。

放松游戏。猫科动物往往在猎物的脖颈处一咬而使其丧生，此时它们的犬齿会切断了猎物的神经和血管（致命一咬，见

捕食欲流淌在猫科动物的血液里。由于缺乏捕食训练，这只小猫在看到老鼠时显得有些犹豫不决

这只猫屏息静气、全神贯注地以典型的伏击姿势伏在地上，观察猎物的任何一个细微动作

286页）。然后猫科动物捕猎时的紧张状态就会在放松的游戏中得以缓解，它们会在猎物周围跳跃舞蹈——一些装死的啮齿动物就会利用这个机会逃遁。

性行为

爱情的香气。在发情期（见35页），雌猫的行为会有所变化。它们会变得焦躁不安，寻求亲密的接触，同时呼唤性伴侣。如果有人抚摸它们，它们就会摆出交配的

姿势（见35页）。雌猫的叫唤声和性气味会引来附近的雄猫，它们会附和回应雌猫的叫声，互相之间也会为争夺与雌猫的交配机会而打斗一番。

雌性的权利。 准备交配的雌猫会自主选择伴侣。在真正交配之前会有一段前戏：雌猫会反复从雄猫身边逃离，同时又刺激雄猫追逐自己。交配只持续几秒。长有肉刺的雄猫性器官会给雌猫造成疼痛，它会发出号叫并拍打雄猫，然后雄猫便迅速撤退。

典型的猫科动物

即使家猫已经适应了人类的生活，它们还是保留了很多从祖先遗传而来的行为习惯。

休息时间。 在它们活跃时，猫的行动速度很快，所有感觉器官都呈紧张状态，很少有什么动静能逃过它们的注意。它们会在睡眠中积攒活跃时所需的精力，每天的睡眠时间长达16小时。可以自由外出的猫比关在家里的猫需要的睡眠时间稍短。

日常作息。 虽然猫一般都是晚上活跃，但很多都已适应了人类的生活而在晚上睡觉。也有一些习性难改的顽固者，每天晚上都要出去溜一圈。

探索行为。 猫的脸上明白写着"我很好奇"这几个字。尤其洞穴、黑暗的角落和隐匿处，对猫更是有神奇的吸引力。行为研究学家称这样的行为为"洞穴本能"（见285页）。

猫真正交配前的前戏持续时间较长。雌猫会反复从被它选中的雄猫身边逃开，同时又确保雄猫会尾随自己而来

打架技巧。在和同类打架时，猫常使用爪子和牙齿。虽然有些雄猫身上和耳朵上挂着打架留下的伤痕，但绝大多数打斗都不会有特别严重的后果。一般来讲，在谁的地盘上打，谁就会得胜。

偏爱高处。猫都愿意往高处跑。谁占有制高点，谁就能掌控领地。在打斗中，高处的位置就意味着更大的优势，不管是面对同类还是其他侵略者。

嬉戏终身。游戏是孩子的特权，这句话适用大部分动物，但不适合猫。即使垂垂老矣，行动已不再灵活，猫也难以抵挡游戏的诱惑。而在游戏中，年轻的猫可以学习、提高与生俱来的行为模式和技巧，比如性行为和捕猎时不可或缺的技巧。

休闲行为。懒洋洋地伸展肢体、保养身体和皮毛、磨尖利爪、打哈欠和太阳浴都是猫典型的休闲行为。这些行为使猫感到舒适放松，还能强健身体机能。我们人类今天提倡的健康生活，猫早在原始时期就已实行。有交情的猫会互相舔舐皮毛，这既是它们的休闲行为，也有社交层面的含义。

社交行为。猫会在与自己共同生活的同类中寻找身体上的亲密接触，比如依偎着一起午睡。与同类交往使猫感到温暖、放松和安全，它们也会主动接近喜欢的人，将他当作同类以满足自己的交往欲，时机恰当时甚至会把人哄得团团转。

伪装行为。表象高于实质，这也是猫的处世准则。有时它们比我们人类更能彻

注意事项

行为的改变是身体异样的警报信号

　　猫咪异于往常的反应或放弃通常的行为方式往往是生病的征兆。

○ 猫咪活动比平时少，不爱跳跃或攀爬。

○ 当有人想抱它或抚摸它时，它会避开。

○ 在盆里留下大部分它通常能吃完的食物。

○ 待在自己窝里不爱出来。

○ 变得焦躁不安，在家里不停地转悠。

底地将这句话付诸行动，尤其是在它们想用伪装的表象吓退对手时。伪装可以省下不少的烦恼，典型的行为有：僵直身体、用身体侧面朝向对手、竖直毛发使自己看起来更加雄壮强大。

忽视障碍。在猫犹豫不决的情境中，它们通常会做出所谓的忽视障碍行为，如在面对敌人时频频舔舐毛发。这样的行为虽然不能解决冲突，但是却为自己赢得了时间来思考解决办法。

语言与交流

　　表达自己的情绪、意图和愿望，可以避免误解和烦扰。在这一方面，猫科动物无须担忧：它们拥有丰富的自我表达方式。猫科

动物的语言由声音语言、肢体语言、视觉信号和气味信号组成。它们往往组合使用这些语言要素，使自己的意思表达得更为明白确切，同时也传递更多的信息。

语言为沟通服务。语言的复杂性和多样性是衡量一个人拥有的社会关系具多少层次的标尺。在猫科动物的世界里，语言的丰富性可以作为证据来证明它们并非人们通常所认为的独行侠。

弦外之音

虽然猫能发出的声音并不多，但这区区几个音却因为富于变化而格外复杂。根据所处情境和所面对的接收者的不同，猫会改变它能发出的几个音的前后顺序和音高，在中间插入其他的音，拉长其中的某个音或将其重复多次，以强化自己想要表

猫在面对人类时也会避免眼神交流，因为这让它们感到威胁

达的意思。

猫身体语言中的姿态和肢体很难表现个体特色，也很难有变异和偏离，而声音的传递则使得它们有了展现个体特色的可能。天生耳聋的猫在发展语言这一点上并不会遇到障碍。天生耳聋的人类儿童学不会说话，因为对人类而言，如果没有耳朵对声音的反馈，想要学会说话是不可能的。而天生耳聋的小猫则可以与正常的同类一样表达自己。

右边的"实用信息"为您列出了猫能发出的几个典型的音。猫在发情期发出的音更多，有低沉的吼叫，也有声音的拖长和挑战似的尖叫。愿意共赴爱河的雄猫会发出响亮的、通常没有旋律的声音。

与人类的交流。与人类交流时，猫使用的语言又不同于它们与同类交流时所使用的。对猫主人而言，这样的语言通常是易懂的（见32页）。

在与人类交往时，有些猫沉默安静，有些却很健谈。爱喋喋不休的主要是暹罗猫和它的东方亲戚，相比之下波斯猫、布偶猫、英格兰短毛猫等则显得沉默寡言。

猫发出呼噜声表示它觉得舒服吗？

在动物世界中，猫的呼噜声是独一无二的。既没有类似的声音可以与它媲美，也没有什么其他声音能不间断地持续那么久。猫的呼噜声无疑是通过喉头肌肉快速收缩而产生的（见285页）。家猫及其小型

猫科亲戚（见63页）在呼气和吸气时都会发出呼噜声，而狮子、老虎和其他大型猫科动物只在呼气时发出呼噜声。但是没有一种小型猫科动物能发出像大型猫科动物所发出的那样的咆哮声。猫在发出呼噜声的同时甚至还能发出其他声响。

呼噜声表示什么？ 它表示猫觉得舒服，猫在得到抚摸时就常发出这样的声响。它也可以表示和解，当一只生病或残障的猫想向对方表示自己无害时也会发出呼噜声。刚出生的猫宝宝在吸母乳时几乎一直都在发出呼噜声——这是对母亲的反馈，表示一切妥当。

猫的身体语言

不同于猫发出的声音，它们的身体语言信号在较远的距离之外就能产生作用。猫的身体语言包括身体的姿态、头部的姿势、腿和尾巴以及皮毛的竖立情况。身体语言由多个要素组成，如身体的姿态和尾巴的摆动。为了表达自己的意思，猫也会辅助使用脸部表情和声响。在有些情境中它们的身体语言会显得不一致，各个要素都表达着互相矛盾的情绪。这种矛盾的情形说明猫处于矛盾的情绪中，不知道自己该做出怎样的反应。最典型的就是猫拱起背的动作，它传递着猫觉得恐惧的情绪，又表达了其准备进攻的信息。

实用信息

猫咪声音语言一览表

在同类间的交往中，猫咪主要在发生性行为和打斗时使用声音语言。

→ **喵叫声：** 小猫被母亲和兄弟姐妹独自留下时发出的典型声音。成年猫发出喵叫声表示身体不舒服，但它们很少使用这种声音语言。在与人类的交往中，喵叫声是猫发出的最常见的声响，根据不同的情境，猫会相应地改变这种声响。

→ **呼噜声：** 猫感到舒适时发出的声响，同时也表示和解。

→ **咩叫声：** 音调较高较响的声音，通常以比较紧凑急促的节奏发出。当猫看到无法捕获的猎物时通常发出这种声音，比如在屋里隔着玻璃窗看到外面飞过的鸟时。

→ **咕噜声：** 这是一种低沉而温暖的声音，用来问候熟识的同类和人类，母猫在叫唤小猫时也会发出这样的声音。

→ **咕咕声：** 低沉、带着威胁的声响用以警告和恐吓。

→ **吼叫声：** 这是一种嘶嘶声，由快速呼出的气流通过半开的口腔发出，用以警告和威胁。

→ **尖叫声：** 这是猫在受到惊吓和恐慌时发出的清澈、高亢、尖锐的叫声，比如被对手逼入死角找不到出路时，就会发出这样的声音。

→ **吐唾沫声：** 近似于吼叫声，此时气流被以更快的速度和更爆破的方式吐出，用以吓退敌人。

鼻子对着鼻子嗅闻是猫科动物互相问候的礼节。图片中灰猫脸上的表情说明它并不信任这个陌生的同类

脸部表情有助于避免误解

猫的面部表情在它们与同类打交道时有重要的信息表达价值。眼睛传递的信息和开闭程度、耳朵的位置、朝向与胡须、鼻梁、额头和嘴都扮演着重要的角色。

半边脸表情。猫有一种令人惊讶的能力，即只在面对对方的那半边脸上改变面部表情，以向其表达自己的情绪。

图片中的两只猫咪已经宣布开战，但躺着的那只还没有找到反击的姿势，所以维持着躺在地上防御的姿势

猫的语言字典

猫的基本语言表达可以描述它们身上最常见的情绪和行为方式。

友好。身体立起，头部抬高，皮毛平滑，尾巴静止不动。耳朵朝前，眼睛呈正常大小。

好感。用脸颊和肋部磨蹭人和动物，或将一只爪子搭在对方身上。舔舐人类的手或同类的皮毛。面部表情放松，眼睛闭合，同时发出表示舒服的呼噜声。

邀请嬉戏。此时猫会僵直腿，以一侧身体面对人跑动，邀请人来进行追逐它的游戏。这一行为也是雌猫在性行为中常有的，她们会常常从雄猫身边逃开，这样的追逐嬉戏被称为卖弄风情。

感到被冒犯。猫一动不动地背对人坐着，对人的主动搭话和以食物引诱的行为毫无反应。根据猫咪的反抗情绪，这样的别扭短则数分钟，长则几小时。

猫与狗并不是一见面就非得打得不可开交，图片中的两位对对方抱着小心翼翼的好奇心

大大的问号：惊讶、好奇、疑问都写在图片中猫咪的脸上，它对自己所看到的东西惊疑不定

伪装。猫的伪装行为与生俱来。它们会把自己身体较为庞大的一面朝向对方，竖起背上和尾部的毛发，以使自己显得更庞大些。耳朵向后倒，视线紧紧盯着对手。以身体侧面面向对手也是一种威胁的姿态。纯粹伪装时，猫不会发出任何声响。

恐惧。猫感到恐惧时会缩小身体，蜷缩在地上，把脸侧向一旁。耳朵竖起，瞳孔张开，避开眼神交流。在面对比自己强大的同类时，感到恐惧的猫还会发出吼叫和吐唾沫的声响。

威胁。此时猫的身体姿态、脸部表情和皮毛张开的状态和它在伪装时是一致的，但同时它还会发出声响（低咆声、咕噜声、吼叫声）。发出威胁的猫在情况不明朗、没有把握时，会有弓背的动作。

准备进攻。此时猫四肢伸展张开，头微微侧向一边。尾巴静止不动，耳朵朝后并不竖起，瞳孔缩小，目不转睛地盯住对手。

朝后的耳朵，下垂的头部，僵直、心不在焉的目光说明图片中猫咪此时的情绪：它觉得不爽

当猫遇到狗

猫和狗的身体语言各不相同。当猫愤怒时会摇动尾巴，而狗摇尾巴则表达愉悦高兴之情；猫举起爪子用来防御，而狗则以这个动作表示问候。但是人们口耳相传的关于猫与狗之间的敌对关系却有谬误。很多同时养着猫和狗的家庭证明，猫和狗是很好的同伴。若猫和狗在同一屋檐下长大，它们之间的语言差异甚至会消

猫咪会以后背着地的姿势来面对较大的威胁。只要不受到攻击，它就会维持这样的防御姿势

弳。这就为持续一生的友谊奠定了良好的基础。

视觉信号和气味信息

猫是以视觉为导向的动物。它们对同类、其他动物以及人类的身体语言反应尤为强烈。除此之外，视觉信号也发挥着重要的作用，因为它们传递着关于一只猫在某个领地内的活动范围和所有权的信息。

尤其是在领地边界和领地内部的制高点留下的气味信号，也展示着猫对这一领地的所有权。

这一过程是通过在这一区域蹭脸、侧腹、尿尿或放置自己的大便来实现的。气味信号会比视觉信号向同类们提供更多的信息。气味也决定了猫的性生活，能够让它们在相遇时决定是互相闻一闻还是形同陌路地走开。

✖ 您懂您的猫吗？

懂得了猫特有的反应和行为方式，就能帮助您避免在与猫相处时可能产生的关系危机，为相互间的和睦相处奠定基石。请在问题后的方框里打钩：

	是	否
1. 猫会在醒目的、竖直的物体上磨自己的爪子。它这是在给其他的猫留下某种信息吗？	☐	☐
2. 猫常会在您身上磨蹭它的头和侧腹。它这也是在您身上留下标记吗？	☐	☐
3. 您的猫在您面前僵直着四肢侧身跑动。它这是行为异常吗？	☐	☐
4. 猫躺在书架最顶层时会感到害怕吗？	☐	☐
5. 猫尤其喜欢在一切黑暗的角落探险，钻进每个篮子、箱子和纸盒子里一看究竟。这是因为它的好奇心作祟，告诉它在那里可能会有新奇的发现？	☐	☐

答案：1. 是，▶见31页；2. 是，▶见31页；3. 否，它这是在邀请您与它追逐嬉戏，▶见28页；4. 否，较高的位置给它们安全感，▶见25页；5. 是，▶见24页。

磨爪子

猫磨爪子有两个作用：第一是通过去除老旧的角质层，保持爪子尖利的形状；第二，当猫咪在大多数时候是竖直的物体上磨爪子时，能够为其他猫提供一些信息，例如树干、木柱子或者其他类似物体。如果木柱上已经有其他同类留下的抓痕，它就会尽可能地伸长爪子，把自己的抓痕留在更高的地方。磨爪子也有震慑对方的作用，尤其是在另一只猫盯着它看的时候，它就会用尽全力留下抓痕，让木屑四处飞溅。而在猫磨爪子的时候，气味也会通过爪子留在物体上。

在水平放置的物体上磨爪子，则更多是为了保养爪子，而不是留下什么气味信号。

用气味做标记

气味信号可以向同类提供这只猫的年龄、性别、身体状况以及当前心情之类的信息，还会暴露留下这个气味信号的时间。

蹭侧腹部。猫的脸颊、下巴和臀部都有腺体可以发出气味。为了把这些气味留在物体上、其他动物以及人类身上，猫会用它的脸颊、侧腹部或者臀部在这些物体上蹭。一只家猫会经常在它的"私人物品"上留下记号，这些"私人物品"当然也包括它所信任的人类。

撒尿。没做过阉割手术的公猫会通过撒尿的方式来做标记。它会用臀部对准一个竖直的平面，瞄准目标撒尿。这种对于人类的鼻子来说不太好闻的气味，在下过雨以后还不会消散。在属于自己的领地内（见第21页），公猫只有在遇到陌生公猫留下的气味信号时才会用撒尿的方式来做标记。与公猫不同，母猫则很少用撒尿的方式来做记号。

拉大便。大便信息一般会留在那些其他猫经常经过的地方，例如领地的边界。一般情况下猫会把自己的大便埋起来，但是在做标记的时候则是让它们暴露着。

伸头。这是一种典型的表达喜爱的身体语言，在两只猫交配前经常可以见到，这种身体语言还可以用在人类身上。在这个过程中也会留下气味信号。

以猫的方式问候其他猫的猫语

相识时尝试着闻一闻对方。在领地内以及巡视区域内，大多数时候猫会避免和同类的交流。一旦相遇，双方会慢慢地走向对方，直到两者的鼻子几乎触碰到对方，然后开始闻对方。猫的胡须和触须以这种姿势开始接收信息。在鼻子交流之后是"肛门脸"（见第280页），即臀部区域。这里有一些可以释放个体气味的腺体。

这可以透露消息给正在嗅闻的猫，告诉它正在和谁打交道。猫常常会避开陌生的、比自己强大的同类在自己臀部嗅闻的行为。而有交情的猫科动物之间在相遇时往往只轻微地用鼻子接触对方。

发情的信息。发情雌猫的体内激素分泌会发生变化，它们体内的芳香物质会散发出来。雄猫会在雌猫的尿液里嗅到这种气味，继而通过裂唇嗅（见18页）将其确定。

准备交配的信息。愿意进行交配的雌猫把自己的身体压低在地面上，尾巴放在身体一侧，有规律地摆动后腿，大多数雌猫会同时发出呼噜声。

友情的证明。猫会时常把尾巴放在交好的同类、自己信任的人类和与自己生活在同一屋檐下的狗身上，条件是它对它们有好感。在表示这样的友爱时，猫尾巴根部的腺体会散发芳香物质，以在对方身上标识它们之间的结盟关系——"你和我是一伙的！"

小贴士

与猫对话的五项规则

➡ 请轻声柔和地与您的猫讲话。大声的命令式语气会使它害怕。

➡ 在它愿意时再抚摸它。不要违背它的意愿抱它。

➡ 尽可能不用或少用香水、剃须水、古龙水之类的带有强烈气味的芳香剂。这些气味会激怒它，因为它嗅不到主人身上熟悉的气味了。

➡ 在和您的猫讲话时，不要直立身体，而要弯腰拉近您与它的距离。

➡ 不要直视猫的眼睛。直勾勾地盯着它是不礼貌的，会让它觉得您有侵略性。

病猫的行为。猫感到身体不适或生病时会躲藏起来或尽量缩小自己的身体。这是它们自野生前辈那儿继承下来的行为方式：病弱的动物是敌人最好的猎物，所以它们会试图把自己隐蔽起来。病猫最典型的表现是无精打采，蜷缩着身体，眼睛几乎全闭。

猫语教程入门

每一位养猫的人都应该知道他的猫想对他说些什么或在向他提出什么样的要求。这可以避免很多误解和烦恼。

你回来真好。欢迎主人回家时，猫会高高竖起尾巴跑向他，与他进行眼神交流，发出友好的喵叫声。

快摸摸我！此时猫会侧身或以背着地翻滚，同时发出呼噜声。

你把我忘了？猫会通过在你身上摩擦侧肋，用爪子或头部触碰你来提醒你注意它的存在。它会扒着你的腿竖起身体，同时露出爪子。

恳求。在做出上述行为的同时，猫也会发出似抱怨、似请求的喵叫声。

让我安静会儿！此时被人抱在手臂上的猫会从人身上撑开自己的身体，尾巴抽搐，耳朵朝后摆。要是人没有顺从它的意愿，它就会用锋芒毕露的爪子拍打你。

研究与实践

行为与语言

›本能行为于猫而言具有重要意义。行为研究学家认为猫的搜寻行为是与生俱来的。

猫并不是只在看到老鼠或听到老鼠的声音时才有捕猎情绪。它们会主动搜寻信号刺激，即猎物，以调动自己的情绪。类似的本能是促使猫有其他行为模式的原委，比如磨尖爪子。

›英国行为研究者米歇尔·福克斯博士将猫的声音语言分为3类16个不同的音。

他把喵音及其各种不同的变音和呼噜声归入猫的日常絮语一类。猫的呼唤声通常带有抱怨和需求的意味，比如当猫感到饥饿或想要外出时。猫情绪激动时发出的声音有低吼、尖叫和其他表示恐惧、准备搏斗的声响。猫和人生活得越紧密，就越会频繁地使用声音。

›家猫在很多活动中偏爱使用左爪。

习惯使用左手的人被认为是拥有细腻的感觉和创造力的。控制我们身体左半边的大脑半球也控制着我们的想象力和梦的产生。这一机能的分配在猫这种对情绪格外敏感的动物身上也是如此。

›雄猫为发情的雌猫所唱的小夜曲并非情歌。

雄猫发出的缺乏旋律的声音更多是战歌，表达着对其他竞争对手的威胁和恐吓。雌猫对此并不动情。

精彩纷呈的猫咪生活

猫咪也拥有独立的个性。还没离开它们出生时的箱子的小奶猫就已经展现出自己独特的个性了。猫咪独特的个性也对它们与人类的关系有很大影响。

当人们描述猫的个性时，完全可以借它们的口说出歌德在《浮士德》中的名言："有两个灵魂生活在我心中。"早在小猫离开妈妈之前的群居生活时，它们就展现各自的偏爱和特性，在此基础上发展成以后的个性。12周大的小猫就可以离开妈妈独立生活了。然而，在独立性和几乎可以适应所有生存环境的能力之外，与同类以及人类的亲近和联系对于它们来说也有特殊的意义。猫咪只要找到值得它信赖的主人，就不会再放开他的衣角了。

发情、求偶与交配

爱对于我们来说意味着亲密和柔情。人们也会如此去推测猫的爱情关系，因为它们是如此温柔、安静。可是，这完全想错了。所有跟猫有关的爱都是吵闹的、粗野的，尤其是涉及公猫的行为时，场面经常充斥着粗野的格斗。

爱的时节

母猫一般一年有两到三次的发情期，也就是准备好可以交配的时期。家猫很少受外界因素影响，但经常在外面的猫的发情期则会受到气候和白天长短的影响。因此德国的猫会在3月到4月、6月到9月进入发情期，一些品种在其他时期也会发情。猫在发情期的第5天开始就准备好了受孕。如果在此期间没有交配，它的发情期可以持续两周多。而下一次的发情期常常会在几周后又开始，在猫交配后大概6天，发情期就会结束。

发情的母猫。它们会不停在地上打滚（德语的打滚是rollen，"发情"这个词rollig就来源于此），有时候甚至会源源不断地发出信号引人关注。如果有人在这时给它爱抚，它马上会表现出交配的欲望：蜷缩起身体，弯曲脊柱和腰椎，把尾巴翘到一旁，屁股向上，后腿使劲跺着地面。母猫为了找到可以交配的性伴侣，会用哀怨低沉的声调向着公猫大声叫喊，然后奋力跑掉。对于猫的主人来说，想要阻止它这么做，是一件非常耗费体力的事。

选择母猫

当一只母猫发情的时候，公猫们不会被动等待。公猫在性方面总是很主动。除了母猫的叫声，空气中弥漫的爱的味道也会为它们指引道路。公猫灵敏的鼻子可以捕捉到几公里以外的母猫发出的求爱信号。这就导致了一种情况：一只发情期的母猫的门前聚集了相当多的做好交配准备的公猫。它们在这里大声唱着对于我们人类的耳朵来说不一定动听的"歌曲"，并且常常会为了争夺一只母猫而竖起浑身的毛，虎视眈眈，热血沸腾，甚至打得不可开交，伤痕累累。这

只要母猫还没有准备好交配，公猫都要为了安全和它保持一定距离

时，母猫会在一定的距离之外冷静地注视着这一切。只要它还没有准备好交配，就没有一只公猫可以得到行动的机会。如果有比较冒失的公猫离它太近了，它会用自己尖利的爪子愤怒地将它抓伤。不管公猫如何努力，可以选择性伙伴的始终是母猫。它们选择的不一定总是最强壮、最漂亮的公猫，相反，可能是那种不太显眼却能常常给予母猫关爱的公猫。

卖弄风情后逃跑和交配

交配之前会是这样的前戏：母猫用有礼貌的喵喵叫或者匆匆的眼神交流让公猫知道它的选择——它是被选中的幸运儿。但是这只公猫还不能马上得到它。母猫会在这时候跑开，在地上打滚，用低沉的叫声吸引公猫。如果公猫向它靠近，它会再一次跑开。母猫的游戏又一次从头开始了。在这个过程中，它始终关心的是这只公猫是否追随着自己。生物学家把母猫的这种行为称为"卖弄风情后逃跑"。直到母猫放弃防守，不再逃跑，并且向公猫展现自己的交配需求（见35页），这个过程才会终止。

交配本身只是几秒钟的事情。这时，公猫会骑到母猫身上，用牙齿咬住母猫脖子上的皮毛。有过交配经验的公猫会在这

猫的交配本身只是几秒钟的事情。交配结束后公猫马上从母猫身上下来，和它保持一定的安全距离，这样就不会被它的利爪抓伤

之后尽可能快地从母猫身上下来，这样可以躲开母猫狠狠的抓挠。只有完全没有交配经验的公猫才会在母猫身上待着不着急下来。公猫阴茎上向后的刺在抽出时会刺痛母猫的阴道壁，引发它痛苦的叫声和具有攻击性的行为。然而，几分钟之后这一切都会被忘记，母猫开始鼓励公猫进行下一次交配。一般情况下，交配行为会进行多次。

怀孕和生产

成功受孕的母猫在交配后最初的三到四周中，身体和行为并不会有明显的改变。四周以后才会慢慢显现出小肚子，乳头变得明显，呈现出淡淡的粉红色，也变得更加坚实。

怀孕的母猫需要亲近和安慰

在怀孕期间，母猫变得更加安静，多数深居简出。它不再到处攀爬，也不再剧烈蹦跳，比平时更经常舔舐自己，胃口也越来越好。它的体形变得越来越大，每周最多可增长300克。在生产之前，准妈妈根据不同的品种和所怀小猫的个数，会长两公斤多。这时，营养价值高的猫粮是非常重要的（见191页）。大多数怀孕的母猫都会变得更黏人，甚至那些平时喜欢和人保持一定距离的猫，在这个时候也会向它信

注意事项

人们可以这样区分公猫和母猫：

外表的性别区分很容易，可是从行为上区分就不是那么容易了。

○ 母猫裂缝形状的阴户紧挨着肛门下面。

○ 一般来说母猫比公猫更轻更娇小，看起来也保养得更好。

○ 人们可以这样去区分一只成年的公猫：在它的肛门和圆圆的丰满的阴茎之间是弧形的睾丸。

○ 大多数的公猫都比母猫更大，更强壮，更重，在成长过程中慢慢长出"公猫的屁股"。

任的人寻求身体接触。

生产地点。有些有生产经验的母猫，会等到"最后关头"才开始寻找合适的生产地点。其他的母猫则会在生产前几周就开始寻找合适的柜子、箱子和黑暗的角落，最终选定一个地点，两小时后又会为了一个看起来更合适的地方而放弃这个地点。

猫的主人要帮助即将生产的母猫选择合适的生产地点，尤其是那些第一次当妈妈或者看起来很紧张或很挑剔的母猫。人类的介入会激励母猫，和主人一起寻找最合适的生产地点。

比较合适的生产地点可以是房间里一个安静的、不那么明亮的角落。但是，准

妈妈也不希望和它的主人完全隔离开。如果准妈妈更喜欢另一个地方，就会把箱子叼到那里去的。

生产的地方应该为准妈妈和它的孩子们提供足够的活动空间。请您找一个纸板盒或者箱子，底部面积为50cm×70cm，侧面积为20cm×30cm，这可以防止小猫们过早地爬出妈妈的保护范围。由于在生产过程中会有血和其他液体溢出，生产的场所需要有防潮的设备。它可以保护猫妈妈和猫宝宝免受潮湿的侵蚀，并且为它们保暖。在底部应该放置一个可以清洗的垫子，防止猫咪感受到地面的寒冷。另外，还要有一个覆盖物、毛巾和几层报纸，当这些东西湿了或者被弄脏了的时候，人们可以快速地更换它们。

实用信息

猫产崽时要及时给予帮助

➡ 确定您有兽医的电话号码，并且询问您的兽医，在什么时间什么地点可以找到他。

➡ 如果刚出生的小猫不会呼吸，通常是因为它的肺部有羊水。这时您可以把小猫拿在手上，使它的头部向外，用您胳膊的力量完成圆周运动，这样可以让它肺部的羊水流出。

➡ 针对出生后不会动的小猫可以采取以下措施：把它放入温水并且按摩它的身体几分钟。切记它的头部不要浸入水中。在这之后将它小心擦干并且保护它不要受风。

新生命即将诞生

母猫怀孕63天至65天之后就会产下幼崽，早几天或者晚几天的情况也是存在的。身材苗条的东方品种有时会在怀孕58天到60天的时候生产。母猫有下列行为就表示它即将生产：不安地到处溜达，并且不再进食，这意味着还有几个小时它就会生产了。阵痛一开始，它就会去寻找可以生产的场所。

这会对您的猫有好处： 在这个时候不要丢下您的猫不管，而是应该温柔地和它说话，如果它愿意，请您对它表示亲热。

关于猫产崽，您应该了解的一些知识

母猫产崽这件事一般都不会出现危险，即使是第一次生产的母猫也会出于本能地顺利完成这一切。只有一些品种的波斯猫也许会在生产过程中遇到问题，这时候就需要主人的保护和帮助，有时候还需要兽医的介入。根据母猫所怀幼崽的个数不同，生产时间会从一到两个小时不等，有时候生产过程会持续6个小时。幼崽出生的时间间隔可能是5分钟，也可能是一个小时。如果母猫的阵痛持续超过两个小时，却没有幼崽出生，这时的情况就比较危急了，需要兽医帮助这位已经筋疲力尽的猫妈妈将幼崽掏出来。

当您看到猫咪幼崽的屁股首先出来

时，也没有必要太担心：猫在生产过程中，不管是头先出来还是尾巴先出来，都是正常的。

母猫的第一胎一般会产下2~3只小猫，之后再次怀孕就会产下4~6只小猫，很少会少于这个数字，很多时候还会产下9~10只小猫。刚出生的小猫一般体长在12~15厘米，重80~120克。比这小的幼崽就会很难存活下来。

在第一只幼崽出生之前，胎膜囊就已经排出体外了。准妈妈从一个孩子出生的这一刻就开始照顾它。它会用自己的舌头和牙齿剥掉包裹在幼崽身上的胎膜，将脐带咬断，并且将孩子舔舐干净。

您可以按照下面的提示来帮助刚做了妈妈的猫：

●如果母猫没有正确咬断幼崽的脐带，或者它"忘记"了做这件事，您可以用剪刀在幼崽肚脐前三厘米的地方剪断脐带。然后将剪断的地方压紧，这样可以帮助它止血。

●您可以用手指小心地剥掉仍然包裹在幼崽身上的胎膜。

●母猫会用舌头有规律地舔舐幼崽肛门附近的区域，帮助它刺激膀胱和肠道活动。如果母猫没有这样做，您就要替它来做这项工作了。您可以按摩幼崽的下腹部，以达到刺激膀胱和肠道活动的目的。

怀孕的母猫在生产前的一段时间会经常安静地趴着，很少出门，也不会再去偷袭猎物了

那些平时和人类关系很密切的母猫，在怀孕期间会比平时更喜欢跟人亲近

母猫在生下小猫之后，会马上开始照顾自己的孩子。它们会咬断小猫的脐带，并把小猫的身体舔舐干净

纯洁无辜的大眼睛和一个完全陌生的世界。对于未知世界的恐惧持续不了多久，小家伙们就开始一起踏上对这个世界的探索之旅了

母猫假孕的症状

虽然您的猫出现了典型的怀孕症状——肚子越来越大，乳头变成淡淡的粉红色，并且开始寻找生产地点，可是它有可能并没有怀孕。您可以在它出现以下行为时判断出它并没有怀孕：它开始把一些东西——大多数是它平时的玩具，拖到自己的窝里，并且像对待刚出生的幼崽那样抚摸、舔舐它们。假孕现象会发生在母猫发情期之后的大概两个月。母猫的这种母性行为一般会持续6周。如果反复出现假孕现象，您就可以考虑为它做卵巢切除术了（见238页的"实用信息"）。

猫妈妈和它的孩子们

生产过程顺利结束，猫妈妈和孩子们也都身体健康，但漫长艰辛的生产耗尽了猫妈妈的最后一点体力，现在它需要安静的环境来休养和照顾孩子。

猫是谨慎细致的好妈妈，极少会有不照顾自己孩子的。有些非常年轻的第一次做妈妈的母猫有时会明显地不能胜任这项工作，它们不知道该如何照顾自己的孩子。另一方面，外界大量的干扰会导致新妈妈的攻击性行为，而这种攻击性行为可能会直接指向自己的孩子。

请您尊重猫的意愿

大多数的母猫如果接受人类在自己生产时守在身边，那么在生下小猫后一般也不会拒绝人类的亲近。只有很少的母猫在生产后希望和自己的孩子独处。如果您的猫不希望您守在身边，那么请您在为它的饮水盆倒满水后离开，时不时地过来检查一下幼崽是否正常即可。

轻手轻脚。请您不要在猫咪的箱子附近大声说话或者脚步太重。在母猫生产后的最初几天，它会比平时更加敏感。至少在产后一周，不要让陌生人靠近它生产的箱子。

如果母猫感觉到周围环境有太多打扰会危及它的孩子们，就会自己去寻找一处更偏僻安静、没人能找到的地点来抚育幼崽。搬家的时候，它会用牙齿叼住幼崽后脖颈的皮毛。接着就会出现一种猫咪与生俱来的生理反应：小猫马上就不动了——它的后腿和尾巴紧紧贴着身体，它的手脚不可以乱动，也不可以让自己受伤。

干净的生产环境。在母猫产下幼崽之后，请您尽快将潮湿的毛巾和报纸更换掉，为它铺上干净、干燥的毛巾和报纸。潮湿会吸收刚出生的小猫的体温，并且导致会危及其生命的体温下降。

最初几天全方位的照料

小猫刚出生的时候看不到也听不到任何东西，因此要完全依赖妈妈的照顾。在最初它还没有睁开眼睛也听不到声音的时候，只有嗅觉和主动靠近有温度的东西的能力是可以培养的。这个时候猫妈妈会用舌头为孩子们洗澡，并为它们按摩肚子和肛门附近，以此来刺激小猫的消化系统。猫妈妈还会吃掉小猫的粪便，来保持它们生活区域的干净整洁。

猫咪灵敏的嗅觉可以保障刚出生的小猫根据气味爬向妈妈，并且准确地找到"属于自己的"乳头——乳汁最多的乳头会被最强壮的小猫占领。

在出生后的最初6周中，猫宝宝还没有能力使自己的体温保持恒定。一旦猫宝宝与它们的兄弟姐妹和妈妈之间的温度联系中断，它们的身体很快就会变凉，从而失去存活的机会。每只小猫都会尽力为自己寻找到最温暖的地点。一旦有谁感觉到失

正在吃奶的4只小猫：每只小猫都有自己的专属乳头，它们会保卫好属于自己的乳头

打闹也属于小猫日常生活的一部分。即使有时候打闹得很激烈，也很少会伤到彼此

独自一个的猫宝宝会有迷失的感觉。它需要妈妈和兄弟姐妹的亲近

去了与其他同伴的身体接触，就会发出尖细的叫声，吸引妈妈的注意。这时猫妈妈也会立刻回应孩子的叫声。

猫宝宝的日常生活就是睡觉和喝奶。在产下幼崽前以及生产后的最初几天，母猫会产生所谓的初乳。初乳富含抗体，可以保护刚出生的小猫免受感染，直到免疫系统发育完全。小猫会通过吮吸妈妈的乳头和用小爪子按摩妈妈腹部来刺激乳汁流出。成年的猫在受到爱抚时也会出现这种"蹬腿"。

如果母猫一次产下太多的小猫，会出现乳汁不够的情况。为了挽救小猫的生命，有两种可行的措施：最理想的就是找到另外一只刚刚生产完的母猫，让它接受别人的孩子，并且喂养它们。如果找不到这样的"乳妈"，就要使用替代的乳制品悉心喂养这些小猫。最初的时候要不分日夜以两小时一次的频率给它们喂奶。

公猫在这个时候可以靠近小猫吗？

和猫妈妈生活在一起并且和平相处的公猫，在这个时候也是可以靠近小猫的，有时候甚至可以在猫妈妈不在的时候担负起照顾小猫的重任。其他陌生的公猫则要和刚生产完的母猫以及它的孩子们保持一定的安全距离，否则很有可能会受到母猫的攻击。

小猫什么时候长大

猫的幼崽非常弱小，在它生命的最初三周内，是完全依赖于妈妈的。小猫身上稀疏的毛没有保暖能力，它瘦弱易折的腿没有能力让这个手无缚鸡之力的小东西学会移动。除此之外，它的头相对于它的身体来说太大了，也太沉了。想要抬起头来，对于它来说太费力了。由于它无法摆正自己的脑袋，因此走起路来也会摇摇晃晃的，随时都会摔倒。一般情况下会撞到自己的妈妈或者同胞的兄弟姐妹。如果它在试图站起来的过程中失败了，就会马上向妈妈发出求救信号。妈妈会及时赶来，把这个小东西叼回到温暖的窝里。

褪褓中的超速成长

即使是经验丰富的养猫人也会一次次地对这些刚出生时完全依赖妈妈的小家伙们的成长速度感到吃惊。

● 出生后8～14天，小猫就会睁开眼睛，但它们的视力还需要2～3天才能正常发挥作用。所有刚出生的小猫的眼睛都是蓝色的，但形成最终的颜色则需要将近两年的时间。形成它们眼睛颜色的色素从小猫出生后的第三个月就开始在眼睛中贮藏了。这种色素也可以保护眼睛免受刺眼的光线的刺激。

● 几乎同一时间，小猫对外界的声音也开始有了反应，比如它们会听到妈妈发出的呼噜声，这种声音能使它们平静下来。

● 两周之后，它们开始尝试着走路，虽然这时的步伐看起来摇摇晃晃，而且经常会不由自主地走两步后退两步。

● 小猫刚出生的时候没有牙齿。出生后的第三周开始长牙，第6～7周的时候，26颗乳牙就都长出来了。这些乳牙在它们长到4～8个月的时候会被恒牙（食肉动物的牙齿，见284页）取代。成年的猫有30颗牙齿，上面16颗，下面14颗。

● 三周大的小猫已经开始注重自己的身体保养了。

疯长的时期

从小猫出生后的第4周开始，它们就长得让人认不出来了：如果之前它们成长的速度像是电影中的慢动作一样，那么这个时期开始，它们会互相闹着玩，扭打在一起，互相追逐玩耍，而这些行为会随着它们一天天长大而变得越来越放肆，动作的难度也越来越大。猫妈妈在这个时候也要充当它们的体操器械，承受它们激烈的攻击。大多数时候猫妈妈会很有耐心地承受着这一切，只有当它的孩子们实在过分的时候，它才会发出呼噜呼噜的声音来斥责它们。

群居游戏。小猫在游戏中锻炼自己的运动技巧和反应能力，改善自身的身体素质。在互相打打闹闹中试探到对方的底线，会了解自己应该在什么时候收手。这种行为可以算作它们培养自己的"群居能

小贴士

"猛男"还是胆小鬼?

"三岁看老",猫咪在小的时候,其实我们已经可以看出它成年以后的性格了。

- 那些比较强壮的小奶猫会放肆地把自己的兄弟姐妹从妈妈乳汁最多的乳头前挤开。
- 小猫在6周大的时候就能区分可以信任的人和陌生人了。有自信的小猫见到自己熟悉的人时,会马上向他们跑过去,而胆小一些的小猫则会和人保持一定距离。
- 比较积极主动的小猫会时不时地向它的兄弟姐妹发起挑战,跟它们追逐打闹。
- 在食盆前面,那些"猛男"也会抢占到最好的食物。
- 在第一次走出它们出生的箱子,开始对周围进行探索时,比较勇敢的小猫会成为带头人。

力"的第一步,这对它们整个一生以及个性的发展都有至关重要的作用。

发现新世界。也是从这个时期开始,它开始探索居住区域以外的世界。孩童时代养成的探索欲望和好奇心,在它们成年以后仍然会伴随它们。不久之后,母猫会和它的孩子们一起探索居住区域附近的环境。即使小猫还没离开妈妈,不到6周大的它们已经开始相信自己对这个世界的感觉了。它们的反应能力和灵敏性会随着它们一天天长大而日益完善。

向榜样学习。猫会通过观察和模仿进行学习。小猫12周以前,它们的妈妈就是它们学习的榜样。猫妈妈很重视自己的教育任务,5周大的小猫就要学习认识猎物。母猫会将外面死掉的猎物带回家,这对于小猫们来说是件让人激动的事,虽然这个阶段它们还只是把老鼠当作玩具。不久之后它们就会了解老鼠是什么,以及捉老鼠意味着什么。

在这个阶段,没有必要要求小猫必须在大小便之后处理掉那些东西。在室外活动时它们依靠本能就可以学会,这也是它们学习使用猫厕的前提条件。

自立

从第6周开始,猫妈妈的乳汁会越来越频繁地发生短缺,最迟到第10周的时候,就完全没有乳汁了。这也没什么大碍,因为从第4周开始,小猫就可以吃一些固体的食物了。如果猫妈妈只需要为一只小猫哺乳,那么哺乳期通常就会比同时为多只小猫哺乳长一些。

猫妈妈开始拒绝哺乳,肯定和小猫慢慢长出的尖尖的牙齿有关,这些尖牙会在小猫吃奶时弄疼它。让猫妈妈感到更疼的应该是在小猫吃奶的时候,在它肚子上到处乱抓的小爪子。

性成熟。母猫在6～9个月的时候就会达到性成熟。一些东方的品种,例如暹罗猫,甚至会更早一些。它们的生育能力会一直持续很久。14～16岁大的母猫还是可以生育的。公猫的性成熟一般是在7～11个月的时候开始的。

猫在达到性成熟之后还会继续发育。成长发育会持续到12～15个月。有些体形比较大的品种，身体发育和行为发展甚至会在两岁多才结束。

把小猫送人。如果没有外力的干涉，小猫会自然成长到半岁，然后才自己离开猫妈妈。在小猫12周大之前，最好不要把它交到陌生人手中。尽管小猫在8周大的时候已经很独立了，但它们正是在最后的几周中，才可以向妈妈学到很多对今后生活有较大影响的技艺和行为模式。过早地使小猫离开妈妈，这种缺陷在以后也是无法弥补的。

当这些还是"孩子"的小猫有了自己的孩子

一旦小猫到了性成熟阶段，它们在性方面就会变得非常主动。不少猫的主人想为小猫提供机会，让它们跟自己的兄弟姐妹生活在一起，度过一个"愉快的童年"，可是到头来却发现，他们眼中的猫宝宝竟然又有了自己的宝宝。不管它们是兄妹还是姐弟，在猫的世界里，血亲并不能阻止它

到处游荡的猫通常会组成松散的组织，它们一起寻找食物或者抵御外敌。在这些组织中并没有明显的等级

提问和回答

解剖学，感官和发展

换牙期会出现问题吗？

在小猫换牙的过程中，它的乳牙直接就被吞掉了。只有极少数情况下乳牙不会脱落，而是继续存在于新牙的旁边（重牙），这时就必须把乳牙拔掉了。后面的臼齿由首先长出来的恒牙构成。坚硬的食物（大块的肉骨头）会使换牙变得更容易。

在爬树的时候，猫的爪子像人们登山时使用的冰爪一样钩住树干上的树皮

小猫真的可以比成年的猫看到更多的色彩吗？

小猫可以比成年的猫看到更多的色彩，这是真的，但是这种能力会很快消失。有很长一段时间，人们认为猫是一种有色盲症的动物。猫眼中识别色彩所需的视锥细胞数量相对来说比较少。猫眼中只有两种视锥细胞，它们只能识别蓝色和绿色，不能识别红色。猫作为一种夜行性动物，识别色彩的能力对于它来说并不是至关重要的。

猫前爪上的肉垫有什么作用？

在行走时这些肉垫不会触碰到地面，但是在跳跃着陆时会碰到地面。很有可能是防止猫着陆时滑倒。

为什么猫的舌头不光滑？

猫舌头上有一些像钩子一样的丝状乳头，它们在猫梳理皮毛时起着梳子的作用。帮助猫辨别味道的乳头状凸起物位于舌头两侧、舌尖和舌头后部。

为什么我们家的猫妈妈带着它的孩子们搬了两次家，尽管我们已经非常注意了，尽量不去打扰到它和它的孩子们？

即使是有经验的养猫人也不能理解是什么促使猫妈妈带着它的孩子们搬家的。有时候搬家确实也没有外部原因。野猫经常会搬家，因为经常搬家是保护自己免受敌人侵害最好的办法。

猫会做梦吗？

和我们一样，猫在睡觉的时候也会有深度睡眠和浅度睡眠。在深度睡眠期或者眼球快速跳动睡眠期，猫也会像人类一样做梦。眼球快速跳动睡眠期的长短是大脑发育程度的标志：如果平均睡眠时间按照13小时来计算，这13个小时又划分为多个时期，那么老鼠的深度睡眠期是30分钟，猫的深度睡眠期大约是3个小时。

我们家有一只14岁的猫，它的眼睛已经有些轻微的浑浊了。它的生活会因此受到妨碍吗？

当一只正在衰老的猫的眼睛变成乳白色，并且变得不再透明，这通常属于正常的衰老过程，对猫的视力影响很小。如果您想确认您的猫没有患上类似白内障之类的眼睛疾病，最好是让兽医为它做一次检查。

狗和狗之间通过吠叫保持联系，距离比较远的猫和猫之间也可以通过声音保持联系吗？

虽然猫和猫之间会在不同层面进行交流，但是它们其实是独行侠。狗和狗之间通过吠叫保持联系，大象和大象之间通过频率低于16赫兹的声音保持通信，但是这些对于猫来说没有任何意义。狮子是唯一生活在家庭组织中的猫科动物。它们的吼叫既是狩猎区的界限，也是群族中互相沟通的方式。

我家的公猫在外面会用头和脸在其他物体上蹭来蹭去。为什么它在家里也这样？

猫会在狩猎区故意使用它身上分泌的芳香物质来标记方向和道路。在家里，猫用脸和头在其他物体上蹭来蹭去，为它们涂上芳香物质，这种行为比在外面更能标示自己的占有权。这当然也包括对人类家庭成员的标示。

们交配繁衍后代。那些自己还是"孩子"的母猫，在怀孕生产过程中会遇到比成年母猫更多的问题。许多年轻的母猫不知道怎么处理刚出生的孩子，于是就把它们遗弃了。一般来说，母猫要等到一岁以后才可以第一次做妈妈。一些体形比较大的品种的母猫生长发育比较慢，它们更要尽可能晚地做妈妈。

为了避免意外怀孕，阉割术（见244页）是最安全的方法。否则，就必须在公猫和母猫性成熟之前将它们分开饲养。

 注意事项

我家的猫老了吗?

身体上的衰老症状一般比较难看出来，年纪比较大的猫可以很巧妙地掩饰自己身体素质正在变差这个事实。

○ 猫咪的皮毛失去光泽，开始显得比较蓬乱和欠保养。

○ 它不是每次都跑到门口来迎接你，而是继续待在自己的窝里。

○ 它放弃了曾经最爱的地方——书橱的高处，选择睡在暖气旁边的平地上。

○ 从前它和你家另外一只猫可以和平共处。可是现在它对这只比它年轻的猫发出呼噜呼噜的声音，并且驱逐它。

成熟的猫

猫咪最早在一岁的时候就会发育成熟，有些品种可能会迟很多。这个时候的猫已经具有了生育能力，也表现出猫所特有的反应和行为方式。只有少数的行为过程还需要更加完善，例如当小猫的狩猎经验日益增加，在懂得如何控制住猎物之后，怎样学会对猎物实施"致命一咬"。

家养的宠物猫可以常年保持身手敏捷和身体健康，即使出现衰老的征兆，也不会损害到它的敏捷性和身体健康。一只健康的14岁的猫，它的身体状况和同品种7岁的猫相比几乎没什么区别。

对上了年纪的猫多些体谅

一只猫的生育全盛时期持续越长，它就会越快地进入老年时期。最明显的症状是它越来越需要安静的环境。明明6个月之前它还去狩猎呢，现在却喜欢依偎在温暖的窝里睡觉。进入老年阶段的猫很少会攀爬和跳跃，对于细小的声音也不太能听到了，它的视力变弱，一些猫的肾和消化系统也会出现问题。这时的它需要易消化的食物，也需要更多的关怀和理解，因为它不再像以前那样宽容了。

家猫的历史

　　猫与人类的关系已延续了数千年——主要特点是人类对猫的好感和狂热崇拜，但这也被刻上了迷信与恐怖的烙印。这种关系经受住了时代变迁的考验，如今变得比以往任何时候都更加难解难分。

　　猫不顺从于人，不从属于人，它们自行决断，随心所欲。若想将一种动物维系在自己身边并为己所用，所需要的并不一定是最优渥的条件。对其他物种来说，早期人类在这方面做得非常成功，这些或多或少群居的动物不拒绝顺从人类。而猫之所以会成为家养动物，则是因为它想要如此，但它却并不像其他家养物种那样被驯化。尽管如此，这一结合仍是一桩幸事，既有利于人，亦有益于猫。猫是机会主义者，它坦诚地表达它的诉求并索取在它看来值得拥有的东西。这种行为并非在任何时期都能得到相应回馈，但如今却在很大程度上构成了我们对猫所持有的尊重。

非洲野猫的典型特征是长腿。其毛皮的颜色和斑纹差异很大

实用信息

食用动物和家养动物的驯养

→ 许多经过驯化的物种，例如牛、猪或马都是或多或少群居的，且相对容易控制和引导。

→ 食用动物提供肉和其他食用部位。在早期，狗也是肉食提供者。

→ 人类在约16 000年前驯养的第一批动物是狗以及经过驯化的狼。

→ 猫是唯一一种自愿依附于人类的家畜。在驯养的过程中，它们的各种特征出现了改变，不仅包括外貌和行为上的变化，也包括内部器官的改变。

变身宠物的漫长之路

家猫诞生在"新月沃土"所在地区，即气候适宜的干草原地区，这片干草原地区在阿拉伯半岛的沙漠与半沙漠地带以北3000公里的半径范围内延伸。如今处在该地区的国家有以色列、约旦、黎巴嫩、土耳其、叙利亚、伊拉克和伊朗。在这片"新月沃土"上，发现了最早将土地用于农耕的证据。几乎与人类早期的农业活动同时，这里的野生猫也在定居点周围安下了家。

追寻祖先

野猫（Felis silvestris，又称斑猫或山猫）分布于欧亚大陆和非洲的大部分地区。在这个巨大的生存空间内，动物学家将猫分成好几个亚种，其中包括：欧洲野猫（Felis silvestris silvestris）、南非野猫（Felis silvestris cafra）、中国野猫（Felis silvestris bieti）和亚洲野猫（Felis silvestris ornata）等，我们尤其感兴趣的是北非野猫（Felis silvestris lybica）。

家猫来源于野猫，对于这一点从未有过争议，其原因在于首先家猫和野猫这两个称呼就比较容易成双成对。实践中困难得是，将其归入始终无法明确界定的亚种中的某一个亚种。对于猫的驯化中心已进行多次探讨，除北非野猫外，在很长一段时间内也将欧洲野猫看作理想的候选者。

所有家猫的始祖

在探寻家猫祖先的过程中，始终被另眼相待的是今天仍生活在北非和近东地区的北非野猫。

迄今为止，做出这一估计大多是基于这项假设，即猫在约公元前2000年首次在古埃及被驯化。

英国和美国的研究人员通过对全世界1000只家猫和野猫的遗传物质进行分析，提出了明确的证据：所有家猫均来源于野猫。虽然人们认为分布在较远地区的品种和变种有其自己的驯化中心，但它们也被囊括在这项结论中。对来自古埃及的木乃伊猫尸的脑容量的测量证实，从"新月沃土"来到尼罗河畔的动物的大脑小于野生同类，并且已被驯化。

除了基因和脑部研究外，考古发现也为有关猫被驯化的时间和地点问题提供了新的认识。2004年在塞浦路斯发现了一个于9500年前下葬的古人的墓穴，墓中有许多陪葬品。紧挨着这个墓穴旁边有一个随葬有小猫的小墓穴。由于这一时期内，在大多数地中海岛屿上尚未有野猫生活，因此这只猫必定是被人乘船带到塞浦路斯岛上去的，这也印证了猫一贯对人的依附。在海路上，近东和中东——即"新月沃土"地区，仅相距咫尺，也为基因研究结果提供了依据。

如今人们认为，驯养始于中东和近东。且在约10 000年前，野猫在寻找食物

实用信息

驯养对猫的影响

➲ 与所有家养动物相同，家猫的大脑比其野生同类小1%～30%。其中，大脑变小是另一种物竞天择的结果。

➲ 家猫对感官印象的处理速度可能比野生同类更慢。

➲ 家猫孕期比野猫最多可长10天，大多一次会产下4～6只小猫，野猫最多产下5只小猫。

➲ 家猫主要食肉，但不是只吃肉。其肠子的长度大于野生猫种。

➲ 野猫的心脏更大更有力，因此比家猫的心脏更有效率。

的过程中首次出现在从事农耕与种植粮食的人类村庄中。

我们的家猫中还有多少是野猫？

根据生活区域的不同，野猫的颜色和体形可能各不相同。除了奶油色和淡黄色的干草原品种以及半沙漠品种外，还有灰褐色与深灰色的野猫，它们主要生活在丛林地带。有些野猫的毛皮斑纹几不可辨，有些野猫则带有点状斑纹或者拥有条状斑纹，这容易让人联想到带有虎纹的家猫。特别引人注意的是腿上的环状花纹和尖尾巴。野猫体长60cm，此外还有30cm的尾巴，肩高35cm，体形略大于家猫。经过55天孕期后，野猫会

产下2～5只小猫。家猫则大多会在约63天后分娩产下4～6只小猫。经过驯化的动物的典型特征是：它们拥有的后代数量多于它们的野生同类。

而在日常生活节奏和食物种类方面则没有差别：二者都是在晨昏以及夜间活动，并且主要以生活在陆地上的小型哺乳动物为食，但机会恰当也会捕捉鸟类。

听命于人类？

不论是马、牛、猪还是山羊，几乎所有被人类驯化的野生动物都是或多或少群居的。它们易于管理并且乐于服从，可以待在相对较小的场地内，大多能够顺利产下后代，并且后代能够迅速独立生活。它们以几乎遍地都能吃到的植物为食。

对于早期的农耕者来说，家畜的使用价值非常高：它们提供肉和其他食用产品、兽皮、肌腱、皮毛等。同时它们还是无可替代的挽畜和驮畜。

自愿的利益联盟。猫科动物——除狮子外——都是独行侠，它们独自行动，只有当它们碰巧有兴趣时，才会合作。它们每天都需要进食肉类，植物最多算是辅食。猫不能纯素食喂养，更谈不上像传统的家畜那样具有使用价值。因此，很多事实表明，野生猫在寻找食物的过程中越来越频繁地出现在人类定居点的附近，以便寻找食物残余和其他有用垃圾。与在自然猎区中屡屡徒劳无功的潜伏捕猎相比，这要轻松得多，且收获更丰。人会为储存食物设立仓库，随之猫也会为自己开辟一片更广阔的、取之不尽的猎场，这是因为仓库会迅速变成啮齿目动物真正的天堂。猫与人的首度接触或许最多只是一场无声的忍耐。它们来来去去，但肯定与村民保持着一定的距离。

一段特殊关系的开始

人们很快发现，他们的这些义务助手的帮忙是多么富有成效。以前，大部分的粮食收成常常被成群出现的啮齿目动物毁掉，如今粮仓却保持丰足。与将这些勤劳的捕鼠能手维系在自己身边、给它们提供栖息之所并让它们能够顺利地抚养后代相比，难道还有其他更合适的选择吗？更不排除人类从这位新室友友好得体的性格中发现了乐趣，并且不再仅仅只看到它所带来的好处。

欧洲野猫过着非常隐秘的丛林生活，避免人类的接近

这段振奋人心的关系中的第一个娇嫩的萌芽即便在最黑暗、最危险的时期，也得以存留下来。

从今天的野猫的行为也仍然可以看到，猫也主动地参与到了这段新的伙伴关系中。它们会经常在村庄附近逗留，却极少会看到夜间活动的动物。

尼罗河畔的猫崇拜

虽然研究表明尼罗河地区无法再被冠以最早驯化中心的美誉，但古埃及人依然对这种4条腿的家庭伴侣持有特殊尊重和崇拜之情。在公元前1550~前1070之间的新王国时期内，这一崇拜达到顶峰，猫被当成神灵一样崇拜。丰产和爱之女神巴斯特（Bastet）被描绘成人头猫身或者是猫头人身的女人。人们用仪典感谢她带来的仓廪丰实。猫死去时，全家哀恸，并会将其葬在猫公墓中。杀死猫的人甚至会被处以死刑。

家猫的扩张

扩张到希腊和意大利。从古埃及出口猫是被严令禁止的。在其他的地中海国家，公元前6世纪起才能在花瓶和马赛克上找到猫的图案。猫又从希腊去了意大利，只不过在那儿，它们又逐渐排挤掉了罗马人养作宠物的白鼬，即经过驯化的鸡貂品种。在罗马人开始掠夺迁徙之前，猫在阿尔卑斯山北边和中欧的其他地区便已有零星分布，但真正促成猫在罗马各行省内扩散的是罗马人的军队和贸易商人。

攻占全世界。猫到达意大利和中国的时间与到达德国的时间大致相同，约600年后又乘船到了日本，但在那里，它们很长一段时间都是不为人知的。由于猫能够抑制船上老鼠的数量，所以深得水手喜爱，于是它们追随人类到达了偏远的地区和岛屿上。约500年前，猫登上了美洲大陆。被引入澳大利亚则可能是400年前的事情。在这第5块大陆上，并没有可与之匹敌的食肉动物，所以对于本土的动物界来说，猫的到来是一场灾难，它造成了许多物种的消失。

迷信和迫害

诸多世纪以来，猫在与人类的伙伴关系中经历了浮浮沉沉，最终得以幸存。在深受异教习俗和迷信影响的中世纪，猫被当作邪恶的魔咒和听命于魔鬼的仆人而遭受迫害并被杀死，与巫婆一同被钉在墙上并被活活烧死。人们不将瘟疫和流行病的传染归咎于老鼠，而是命令消灭所有的猫。随着18世纪启蒙运动的开始，人们才不再将猫视为魔鬼，而且在小说、寓言和童话中还赋予了它可爱和几乎人性化的特征。

品种培育的开端

虽然猫无论如何都是家中一员，但通常仍得孤军奋战。几乎没人会关心它过得好不好，是否有食物可吃，以及它的后代如何。只有有闲暇雅致的人才会为了消遣而与猫打交道。那么这自然必须是一只奇特的、颜色和斑纹都很显眼的动物。随后在上流社会的沙龙中便诞生了有针对性地进行猫种培育的想法，从19世纪中叶起，这一想法便付诸实践。人们自然也希望向更多的人展示这些美丽的动物，因此，1871年便在伦敦的水晶宫（Crystal Palace）举办了首场猫展。参展名单上几乎只能看到贵族出身的女性育种者。不久便成立了以培育纯种猫为目标的俱乐部。此后，英格兰和苏格兰的协会合并成立了纯种猫联合协

会——"猫迷管理委员会"（Governing Council of the Cat Fancy），该联合会如今依然存在。育种的理念很快传到欧洲大陆。德国最古老的猫科育种协会是德意志第一纯种猫育种者联合会（der Erste Deutsche Edelkatzenzüchter-Verband）。该联合会是国际猫科联盟（FIFe，Internationale Féline Fédération）的成员。

然而，在开始有针对性地进行育种试验之前，人们便已经知道了一些猫科品种：波斯猫、暹罗猫、缅甸猫、卡尔特猫

宛如双胞胎：在纯种猫培育方面，行业标准不仅规定了性格方面的育种目标，也规定了外貌上的育种目标。这些半大的俄罗斯蓝猫连绒毛都一模一样

和科拉特猫。19世纪时，出现了缅因猫、英国短毛猫和阿比西尼亚猫。

猫的现状

在德国家庭中生活着800多万只猫，它是最受我们喜爱的宠物。狗的数量达到了550万，仓鼠和豚鼠之类的小动物达到了约500万。紧随其后的是观赏鸟、观赏鱼和饲育动物。估计全世界范围内养有2亿只家猫，其中将近1/4在美国，从统计学上来看，每4位居民中便有一位拥有一只猫。中国以拥有约4700万只猫居于第二位。如果从居民与猫的比例来看，奥地利则独占鳌头。在那里是人均拥有一只猫。在瑞士，1/4的家庭中都生活着一只猫。

猫作为家庭成员或者独居者的伴侣到底有多受宠，一项问卷调查的结果对此给出了证明：60%参加问卷调查的养猫者指出，他们会为他们的猫购买圣诞礼物。

事实上，有关家养动物的统计学调查永远也得不出实际数字，因为大多数动物——也包括猫——的拥有者并没有申报义务。即便是对于能够拿出每年的纳税证明的狗来说，其黑户数字也是非常高的。

热爱动物者的阴暗一面

很多时候热爱动物只是一个空洞的概念，这在每年都会上演，在度假期间更甚，

变野流浪的家猫数量在持续上升。大部分动物收养所都已超负荷

无数的猫和狗被逐出家门，因为在饲养者外出期间，他们无法照顾这些动物，或者他们本来就早已对这些动物感到厌烦。他们甚至不会将这些动物送入动物收养所，而是直接丢弃在街边的某个地方。四处流浪的家猫大军持续壮大也便不足为奇。不愿将已育有后代的家猫阉割，则是让情况恶化升级的另一原因。

有生育能力的猫都有阉割义务？

"凡养猫且为其提供在寓所和房子外逗留可能性的人，均须委托兽医对其进行阉割，并在当地警局的要求下出示阉割证明。"

越来越多的城市和乡镇试图通过这样的规定控制不断上升的流浪猫群体密度。这其中的主要问题是有生育能力的家猫，因为其中仅约一半是完成阉割的。动物保

护组织和动物友好人士早已要求，像在奥地利和比利时一样在全德范围内对放养的猫推行阉割和标示义务。

语言和艺术中的猫

猫是我们生活中的一部分，它无处不在——存在于我们的日常生活中，我们的语言中，以及文学和绘画中。

语言和惯用语。几个世纪以来，我们在日常用语中使用的许多概念和惯用语中都出现了猫：die Katze im Sack kaufen（指事先不看货色好坏和用处就胡乱购买）、es war alles für die Katze（这全是白费劲）、wie die Katze um den heiuen Brei herumlaufen（兜圈子、不敢直接说不愉快的事）、nachts sind alle Katzen grau（在夜间一切都辨别不清、不引人注意）。令人惊讶的是，多数带猫的词都具有贬低和消极意义：Katzengold（猫石）、Katzenjammer（难受的感觉）、Katzenmusik（刺耳的音乐）、Katzbuckeln（阿谀奉承）、Muskelkater（肌肉疼痛）。虽然猫对待自身的身体护理十分认真，"Katzenwäsche"表示的却是非常浮于表面的身体清洁。

地名和街道名。在许多城市和乡镇，

猫戴的颈圈须有裂解槽，以免其无法钩挂在其佩戴者身上。

猫都永存于路牌和地理名称中，从恩格尔斯基兴（Engelskirchen）的Katzelweg、仓库城（Speicher）的Katzstraße、科隆（Köln）的Kärtusergasse到达克斯韦勒（Daxweiler）的Katerich和罗斯托克（Rostock）的Katt-un-Mus-Weg。卡茨韦勒（Katzweiler）和卡策内尔恩博根（Katzenelnbogen）是有名的名字中带猫的市镇，但也有其他的地名如Katzenbach、Katerbow、Katzow和Katzwinkel。

文学中的猫。热爱猫并且在作品中为其竖立了丰碑的作家几乎列举不完：威廉·布施（Wilhelm Busch）、夏尔·波德莱尔（Charles Baudelaire）、戈特弗里德·凯勒（Gottfried Keller）、雷蒙·钱德勒（Raymond Chandler）、欧内斯特·海明威（Ernest Hemingway）、赫尔曼·黑塞（Hermann Hesse）、弗兰兹·卡夫卡（Franz Kafka）、马克·吐温（Mark Twain）、库尔特·图霍夫斯基（Kurt Tucholsky）、多丽丝·莱辛（Doris Lessing）、海因里希·海涅（Heinrich Heine）等。

画家与猫。无论何时，猫都让艺术家迷恋，赋予其灵感。从彼得·勃鲁盖尔（Pieter Breughel）、迭戈·委拉兹开斯（Diego Velázquez）到杰昂·米罗（Joan Miró）、马克·夏加尔（Marc Chagall）、保罗·克利（Paul Klee）、巴勃罗·毕加索（Pablo Picasso），均位列其中。

实用信息

超越死亡的爱

➡ 9500年前，在塞浦路斯岛上有人曾将猫葬在人的墓穴旁（见51页）。

➡ 4000多年前，古埃及人专门为猫建立了公墓。猫死后常被制成木乃伊并风光安葬。

➡ 1899年建成的动物公墓是世界上最早的公墓，位于巴黎阿涅勒（Asnières）城区。

➡ 德国约有120所动物公墓。也允许将猫葬在自然环境中，例如葬在可用于墓地用途的森林中。

➡ 家养动物死后也可以在专门用于火葬小动物的火葬场中火化。德国所有的联邦州都设有动物火葬场。

➡ 根据德国相应法律，也允许将家养动物葬在自家的花园中。

猫咪帮助人类

与不养猫的人相比，养猫者更平和、更知足，并且更少生病。如今猫对人所起的镇静作用也越来越多地用于治疗中。

工作、学业、大量的业余活动，以及各种日程安排决定着大多数家庭的日常生活。在这喧嚣万象中唯一的宁静乐土便是家中的猫，它可靠又殷勤、可爱又温柔。抚摸它不仅对猫有好处，人自身也会更惬意放松。顷刻间，不快与压力便不再像之前那样萦绕左右。

医生甚至能够用事实对这种主观感受进行论证：当与猫直接接触时，血压和脉搏会降低，行动更从容，反应更冷静。对于健康人如此，对于在身体上和心理上有疾病的患者甚至有更好的效果。动物辅助疗法正是利用了这一点。在老人院和护养院中也越来越多地开始利用猫来进行疗养。

拥有温柔小爪子的辅助治疗医师

在治疗时，有针对性地使用宠物、动物的辅助疗法并不是新近才有的。早在18世纪初便已有这方面的初步计划，当时，对精神病院患者的护理便被委托给了各种小动物。如今在社会福利工作（例如在对老年人的社会福利工作中）、教育领域以及在病人的治疗和复原过程中，也有动物辅助项目和措施。除了狗和猫，其他的小动物、马和部分食用动物也适合用于动物辅助支持治疗，例如已有使用海豚进行治疗的实践经验。

猫能加快康复与复原

与动物的接触能够加快康复速度、提高自愈力。经过证实的是，与未养有宠物的对照组患者相比，拥有宠物的患者在心肌梗塞发作后活下来的可能性更大。对于久病之人来说，与动物打交道能够将其注意力从对自身处境的纠结上引开，从而保持内心的安宁。

动物辅助治疗行为的目标。在动物辅助治疗行为中利用动物探望患者，以促进患者康复与复原。在动物辅助教育学的范畴内，用于探望的动物通常也包含在学校的教育措施之中。

动物辅助疗法的目标。在针对身体和心理上有疾病的患者的多个治疗领域中、

事故愈后护理以及复原措施的范畴内，都使用了动物辅助疗法。动物辅助疗法有助于增强病人的主动性和自我价值观念，促进与他人的交往，也有助于测试和训练——例如事故后的——身体机能。

猫能传递温暖与肯定

猫仅仅存在着，便已经会起到令人放松的作用。它能够帮助人们消除障碍和隔阂。精神病科医生和治疗医生一致同意定期将猫纳入其患者的门诊和住院治疗中。作为克服压力的媒介和催化剂，猫的作用与传统的放松手段，例如渐进性肌肉放松法、自律训练和各种物理疗法不相上下，特别是允许病人将猫放在膝头抚摸而使猫

人和猫之间的亲密关系有助于帮助人类忘掉日常生活中的烦忧

实用信息

猫让人变得勇敢

对于年纪较长的人来说，猫是理想的伴侣。特别是当爱人不在时，当行动受限给人际交往造成困难时，以及当步入老年而感到被边缘化时，情况尤其如此。

猫能够帮助消除孤独感和隔绝感。当此前缺少合适的话题而又不敢直接与他人攀谈时，猫还能够打破僵局并提供谈话素材。

➜ 猫无法替代人类伴侣，但它的存在和活力会减轻孤寂感。而且猫是耐心的倾听者，人们可以面对猫，将心事和盘托出并讲述他的乐与忧。

➜ 猫可以让人触摸。对于年纪较大的人来说，直接的接触尤其重要。

➜ 猫赋予生活新的意义。养宠物的人需承担责任和义务。必须精心照顾猫，猫也要求得到关注和亲近。这样的照顾使日常生活变得富有组织性并要求人具有计划性和自律性，而这有时候正是老年人所失去的。

与病人直接接触时尤其如此。

在针对儿童的心理疗法中，猫和狗也被证明是大有裨益的。不少治疗之所以取得成功，都依赖于被纳入治疗手段中的宠物。

猫的预感能够拯救人的生命吗？

凭借非凡的嗅觉，狗能够区分癌症病人和健康的人。就这方面来说，对于特定的癌症类型——例如乳腺癌——而言，狗的准确度超过了诊断方法的准确度。人们早已知道，当癫痫患者快要发病时，狗和猫都能够有所察觉，因而能够及时警告相关人员。这一病象的特征是由癫痫发作引起的微小的行为变化，但人却无法察觉。

许多证据表明，与阵发性疾病患者关系亲密的狗和猫会注意到患者与平常行为的偏差。英国生物学家和作家鲁珀特·谢尔德雷克（RupertSheldrake）还进一步提出：他坚信，狗、猫和其他动物能够感受我们所不能感受的。

研究与实践

猫让人更幸福

，家庭医生认为可将养有宠物的病人与未养有宠物的病人区别开来。

医生认为宠物饲养者的典型特征是，更加宽容、平和、体贴、合群、灵活，更有责任意识，更亲近自然。将近60%的门诊医生知道他们的病人所养的是何种宠物。

，与动物有接触的阿尔茨海默病患者能更好地集中注意力，并且更少遭受情绪失调的痛苦。

在一项临床研究中，在约8周的时间内，阿尔茨海默病患者每周与狗、猫和其他小动物接触两次。动物辅助治疗行为使患者的情绪有了明显好转，并提高了患者的积极性。

，澳大利亚一项基于6000个家庭的研究证实了宠物具有令人放松的效果。

研究证明，仅仅只需动物在场，便已能够减缓人的压力症状。此外，8%的养犬者和12%养猫者比未养宠物者更少看医生。

，对于医生、医疗保险公司和卫生部门来说，养宠物是一项重要的预防措施。

对于依赖轮椅或者其他行动受限的人来说，与猫在情感上的接近能改善其健康状况和情绪。患者表示，动物的热情和活力对他们是大有裨益的，并且能将注意力从其自身的处境和心境上引开。

猫科中的野生物种

在食肉目动物中，猫科动物似乎是最灵巧与聪慧的。它们是出色的猎手，而且可以毫不费力地适应各种不同的生活环境。

就连外行都知道，猎豹和美洲豹猫属于猫科动物。它们与家猫主要的区别只在于身材大小不同，在外观与行为方面则近乎相同。猫科动物属于地面食肉目，与其他动物不一样的是，它们更加依靠新鲜肉食来生存，即使是被驯服的老虎也不例外。大部分猫科动物的捕猎技巧都是不动声响地靠近猎物，其战利品也往往颇丰，唯有猎豹不同，它凭借闪电般的速度捕猎。在猫科动物中，除了狮子，即使有个别物种仍在交配期之外与同种动物保持相对密切的联系，它们依旧为非群居动物。在澳大利亚、马达加斯加还有南极，猫科动物的足迹几乎踏遍所有大洲和地区——从荒漠到高山。

一个家族征服世界

　　猫科动物深深吸引着人类。协调美观的身躯，犹如出自艺术家之手的皮毛颜色与纹路，优雅而又灵巧有力的动作，所有的这些特点使得猫科动物战胜其他生物，满足人类对于美丽高贵动物的全部想象。属于最原始猫科动物之一的假猫向我们展示，猫科动物是进化成功的典范。它的外形及行为方式应该都与现今的猫科动物极为相似。

猫科动物的进化

　　猫科动物最初的代表假猫与现在的家猫大小相仿，之后又进化出了如猞猁和美洲狮般大小的物种。假猫在奔跑或者行走时只用足尖触地，而从前的类似猫科的食肉目动物却是用整只脚。这些物种生存于2000万年前至800万年前的中新世时期，生存区域从欧洲和非洲扩展到了亚洲和北美洲。单从牙齿来看，假猫也近乎于现代猫科。某些较年轻的猫科物种进化出了长长的上犬齿，因此它们不仅仅被看作现代猫科的前身，也被认为是剑齿猫的前身。这种拥有长达28厘米可怕犬齿的动物出现在100万年前的欧洲、亚洲和美洲的辽阔之地。起源于南北美洲的物种剑齿虎灭绝于12 000年前（剑齿猫与剑齿虎之间的亲缘关系并不接近）。

大山猫或草原猞猁的大耳朵上带有的一撮深色毛发成为其最大的特点

实用信息

家猫与欧洲野猫的区别

　　生活在欧洲树林里的野猫与家猫有如下几点不同：

➡ 野猫看起来更矮小结实。

➡ 家猫尾巴与身体长度的比例最多为50%，野猫的则更大。野猫尾巴的毛发更为浓密。

➡ 典型的野猫皮毛纹路带有白色斑点，家猫的皮毛颜色则多为不同程度的灰色。

➡ 较明显的是，野猫尾巴后半边有深色横纹。

➡ 野猫的脑容量比家猫的大1/3。

➡ 野猫较害羞，不愿接近人。

实用信息

猫科动物——猫科大家庭

猫科动物属于最成功的陆地食肉目。它们的足迹遍布世界，有的甚至生存在偏僻地区。人类担忧，许多猫科物种的生存会受到威胁。下表列出的是几种较为常见的猫科动物名称、分布地区及现状。

- 欧亚猞猁（*Lynx lynx*）：欧洲，亚洲。
- 猎豹（*Acinonyx jubatus*）：非洲，数量急剧减少，生存受到威胁。
- 美洲豹（*Panthera onca*）：中美洲及美国南部；生存空间已大大缩小。
- 大山猫（*Caracal caracal*）：非洲、近东和中东地区。
- 豹（*Panthera pardus*）：亚洲，非洲；大猫科中分布范围最为广泛的物种。
- 狮（*Panthera leo*）：非洲，亚洲；分布在非洲的狮子数量已减少了50%，在亚洲其生存也受到了威胁。
- 兔狲（*Otocolobus manul*）：中亚。
- 云豹（*Neofelis nebulosa*）：苏门答腊，婆罗洲，印度，中国；生存受到威胁。
- 美洲豹猫（*Leopardus pardalis*）：美国南部，中美及南美（智利除外）。
- 西班牙猞猁（*Lynx pardinus*）：西班牙和葡萄牙；濒临灭绝。
- 美洲狮（*Puma concolor*）：北美洲，中美洲，南美洲。
- 雪豹（*Uncia uncia*）：中亚山区，生存受到严重威胁。

- 薮猫（*Leptailurus serval*）：非洲。
- 老虎（*Panthera tigris*）：亚洲，数量缩减到仅剩1000只。
- 野猫（*Felis silvestris*）：欧洲，亚洲，非洲；再次在欧洲定居繁殖。

猫科内部的亲属关系

真正的猫科动物早在剑齿猫时代就已存在。迄今为止发现的最古老的猫科化石来源于渐新统，大约3000万年前。

猫科动物的特征。如今的动物界中有37个物种属于猫科家族。猫科中不同物种之间体形大小差异明显，但整体身躯构造的差异却微乎其微。在食肉目动物中只有猫科具有这一特点。大部分时间里，猫科动物的利爪都收于脚掌之下，而在防御或狩猎时，它们就变成极其有效的工具和武器。所有猫科动物的舌头上都布满满是倒钩的舌突，像粗糙的砂纸，这一特点方便它们从骨头上剔肉。猫科动物的皮毛柔软且有条纹或花斑。在自然界中，所有猫科物种的生存都已多多少少受到了威胁。

复杂的家族构成。过去，人类曾经将除了猎豹之外的猫科动物仅划分为大型猫科动物和小型猫科动物。而现在，凭借新的研究方法，我们知道猫科物种之间的亲缘关系复杂得多：

●猎豹：一直以来，人们都将以前分布在亚洲、现在分布在非洲的猎豹看作独立的物种。按照其自身的生物学特征，猎豹也与其他猫科物种不同。比如它并不用伏击的方式，而是凭借高达100公里每小时的速度来追捕猎物。猎豹修长的躯干和四肢以及无法收回的爪完美地契合了其捕猎方式，并且使其自身与其他猫科物种区分开来。即使美洲狮与猎豹有较近的亲缘关系，猎豹以上的特点也足以使二者划清界限。

●独立的群体：猫科动物中，个别具有自身种系发展史的物种是独立的群体，例如带斑纹的亚洲孟加拉猫及4种亲缘物种，美洲豹猫及其6种南美亲缘物种，非亚金猫和4种长腿狷狲。

猫属亲缘关系。拥有8个物种、分布最广泛的猫属群体也经历了独立的种系发展过程。其中最出名的要数欧洲（亚洲，非洲）野猫欧林猫（Felis silvestris）。非洲野猫物种的亚种非洲野猫，也称沙漠猫（Felis silvestris lybica），是家猫的祖先。

●包括狮子、老虎和猎豹等知名成员的大型猫科动物值得我们对其给予特别关注。虽然它们名叫大型猫科，但决定这一群体属性的因素却不是其体长，而是分子遗传特征以及还未完全骨化的舌骨。因此云豹和亚洲纹猫也与大型猫科有亲缘关系。由于狮子属群居性动物，所以它们与其他喜欢单独行动的猫科动物有一定区别。其群居的特性使它们能够成群合作狩猎，共享猎物。

狮子是猫科中唯一的群居性动物。一个狮群通常由几只有亲缘关系的母狮、它们的孩子以及几只保护狮群的成年雄狮组成

2

心仪的
猫

　　头脑冷静的人几乎不会对某只猫一见倾心。猫喜欢触碰我们。这类行为对于加深动物与人的信任感大有益处。在选购猫的时候，第一直觉经常捉弄我们，让我们会在养猫条件并不成熟的情况下不假思索地把一只可爱的小猫领进家。现如今流浪猫的数量不断增长，原因就在于许多人受不了这位新家庭成员对他们所提出的"过分要求"。在这一章中您会了解到，您心仪的猫究竟有哪些诉求。

三思而后买

对于养猫者来说，如何买猫是其任务清单上的最终项。根据什么挑选呢？外貌？纯种或杂交？其实，最重要的是你向往一种什么样的生活。

作为一种要求高的动物，猫总是坚持不懈地向人索取尊重与关注，不过，别以为你善待它，它就会心存感激。你的关注对它来说理所应当，它的爱恨情仇全凭一套旁人摸不透的标准。比如有些猫唯独钟情对它爱理不理者，而把那"含辛茹苦"的主人视同于一把"开罐器"。如此看来，猫的确是铁石心肠、自私自利的冷血动物，但这恰恰又彰显着其独立自由、不受束缚的傲娇个性，也是其让人欲罢不能的魅力所在。

别把这想得太简单！

现如今，猫已是几百万家庭中的一员，是那些独自过活之人不可或缺的伴侣。此外还有不少人把养猫视为一种愿望，只要有一丝可能，就必会为其奋斗。

买猫需要用心思考，绝不能一时冲动就把某只猫带回家。同样，把猫作为"出人意料"的生日礼物或圣诞礼物也不合适，因为这样的猫最后往往只会出现在收容所里。

也许换个动物试试？

养猫人是有名的"再犯者"，一旦养过猫，就很难再养别的什么动物。也常有混合养几种动物的情况，但猫必不可少。

第一次养动物时，首先必须将自己的要求和动物的需求比较衡量一番。

猫：您适合养猫吗？第71页的小测试会告诉您是否具备条件。

狗：每天需要遛狗；它可以独自待一段时间，也能和全家人一起去旅行；饲料、玩具、看病、保姆、税费等开销比猫贵得多。

小动物：豚鼠、仓鼠、家鼠、老鼠等生活在笼子里，需要有规律的喂食和清扫；出差期间可以寄存在别人那里；刨去初次笼子及其他设备的开支，后续的花费较少。

鸟类：虎皮鹦鹉、金丝雀、鹦鹉相比之下更费心些，尤其是养一只或一群时；不能长时间冷落它，需要持续的开销。

鱼类和爬行动物：对于追求动物与自然融合的人来说，这完全符合他们的标准；缸的大小、造型和内部设置，仅首次装备就是一笔不小的开支，和鱼类相比，爬行动物花费更甚；多亏现代电脑自控技术，无论是鱼缸还是饲育箱，都几乎不需要什么养护，数天不闻不问也没问题。

赞同还是反对：养猫前最重要的几点说明

租赁法：根据德国现行法律，租房过程中房客使用住房的权利中包括养猫，一般情况下房东不得拒绝，但同时豢养数只的情况除外。

家里有了猫，孩子就得学会如何尊重它的要求

家庭决议：所有家庭成员需一致同意；如果有老人担心猫将给其带来不便，那么其顾虑必须纳入考虑范畴之中。

恐惧和过敏：不少人惧怕蜘蛛、蛇、老鼠和家鼠，虽说很少有人怕猫，但一旦有此类情况，就必须放弃这一想法，这同时适用于过敏人士。

责任书：请与您家人商量，谁要履行什么责任。您最好制定一本有约束力的责任书；单身者也需要未雨绸缪，为紧急情况找一位可靠的朋友做委托人。

经济：除去食物，您还得考虑各种装备设施、周期检查等开销，以及节育手术和生病或事故的治疗费用。

假期计划：猫不喜欢出远门，您想想，谁会一边度假一边伺候他的猫，而动物旅店的专业养护或请保姆都需要不少花费。

自由活动：开头几周内猫必须在屋里待着，如果您接下来打算让它出去自由活动，那最好提前告知邻居们。

养第二只猫

要是您家里已经有动物，比如一只狗或一只养了多年的猫，那开头几个星期必定困难重重。如果您愿意花力气改变一下家具摆放位置，这个磨合期将缩短许多。而一个重新布置的饲育箱只会让其居住者再次定位方向，它们倒不会固执坚持自己的权利，而是随和接受新环境。

您对猫过敏吗？

对猫过敏者只要稍微接触就会产生过敏症状，通常是发痒，个别人会哮喘。起因就是那些隐藏在猫唾液腺、皮脂腺和肛门腺中的过敏源，猫舔舐身体时将其覆盖于皮毛处。即使几个月不养猫，房子里也会留下这些过敏源。它们在猫与猫之间的繁殖量不同，因此引发的症状也各不一样。如果您对此没有把握，那么最好先去皮肤科做个测试。

流浪猫——令人头疼的问题

谈到猫，首先映入脑海的必然是些美好画面和愿望，因此谁要是此时煞风景地指出其种种弊端、处处瑕疵，就会被看作吹毛求疵者。但是养猫前我们必须弄清以下几点：

●流浪猫在各处屡见不鲜，较之于欧洲南部国家和地中海岛屿的情况来看，德国还比较乐观。在那里，成群结队的流浪猫出没于城市或农村，要是没碰上好心人施舍，它们只能流离失所，艰难度日。然而其数目依旧有增无减，德国也一样，柏林10万只，科隆将近4万，其中不乏第三代甚至第四代流浪猫。

●恶劣的居住环境、传播型疾病等威胁它们生存，同时它们也给家猫带来诸多健康隐患。

●不论是节育手术，还是疾病诊疗，动

物保护协会与相关组织都竭尽全力为其提供救助。但在成千上万的数量面前，这只是杯水车薪。

- 出现今天这种棘手局面，那些不给动物实行节育手术的主人也要负部分责任。任何一只发情的母猫都能轻而易举地找到伴侣，然后一年生2~3窝幼崽，一胎有4~6只小猫，如此一来，便不难算出一年总共生几只。

- 在奥地利或比利时，给猫节育是一项义务，德国一些城镇也已出台相关规定，但联邦法律依旧空白。

饲养者的责任

- 猫不会只在篱笆内玩耍，一只猫邻居还可以忍受，但是多了的话就行不通了。因此主人必须注意，不要让几只猫同时出去。

- 如果自家的猫给邻居带来损失，主人就得为此缴罚金或者做出补偿，即使发生意外情况也需如此，比如邻居车上一串脏兮兮的脚印。

✖ 小测试：5个关于猫的判断题

　　豢养动物即意味着改变，您已经决定好为此做出牺牲或妥协，甚至为此改变旧习惯吗？

	是	否
1. 全家人都赞同养猫吗？每个人都愿意参与进来，承担喂养照顾它的责任吗？	☐	☐
2. 我能为猫提供一个舒适的居住环境和安全的活动区域（比如花园）吗？	☐	☐
3. 我是否愿意持续为养猫负担开支？	☐	☐
4. 作为独居者，工作期间每天让小猫独自在家的时间是否少于4小时？否则也许再养一只猫是最好的选择。	☐	☐
5. 家具上总是留下猫的毛发和爪印，我是否觉得这是豢养动物的正常现象？	☐	☐

答案：如果您不假思索，每个问题都选择"是"，那么您至少已经具备与猫和谐相处的基础条件了。

寻找适合您的猫

虽说猫是喜欢单独行动的动物，但在人身边，它们还是会像小孩子一样，渴望被呵护。而对养猫人而言，这项责任重大的工作需要从开始就处处留心。

猫适应能力强：譬如家猫的亲属——野猫，足迹就踏遍地球上的每一个生活区域，再如流浪猫，它们基本上可以在糟糕得令人同情的环境中存活下来。对猫进行的试验会开启一段新的友谊，但其过程不会很顺利。

猫的动作体态所表达出的诉求与其性别和年龄有关。年龄稍大一些的猫还与其以前的生活情况有关。人们在与猫共同生活的过程中通常会摸清其性格特点。而对纯种猫的性格测试会更容易一些，因为人们对这种典型纯种的性格特征能更好地进行评估。有经验的养猫人会帮您做选择。

应该选择哪种猫？

选猫有时靠一见钟情：对！这就是我想要的猫！有些时候人们会本能地把这种喜爱之情表达出来，之后就需要有很强的自我控制力，以便不让这种强烈的喜爱之情冲昏了自己的头脑。

为了能够从容应对这种情况，请先问自己几个问题：如果选择成年猫，我是否能清楚了解它的性格特点？如果选择年幼的猫，那我是否愿意在刚开始的几周甚至几个月里花费时间和精力照料它？我想要的是活泼的雌猫还是安静的雄猫？杂交猫更符合我的要求还是纯种猫更合我意？

成年猫还是幼猫？

一般来说，您在购买幼猫的时候也有机会了解它的母亲甚至是双亲。父母的行为习惯至少能够说明，猫宝宝在成长过程中都具备了哪些性格特点。这种可能性对于成年猫来说几乎为零，如果它是在收容所长大的，那就更不可能从父母身上去了解幼猫了。

成年猫。一个成年猫的成长轨迹决定了它的行为和权利。原主人所容忍或者让猫养成的习惯，比如说允许猫在床上睡觉，对您来说有可能是个麻烦。优点是：这样的猫很独立，不用主人一直照看和操心。它们被训练得不随地大小便，也懂得在屋内怎样与孩子及其他动物相处。

幼猫。大多数情况下，小猫在12周大

初嗅：陌生人的身体气味会向猫泄露许多信息

实用信息

拜访养猫人

您的亲人朋友中一定有人养猫，您可以选择在他们的家中待一天来观察猫的行为举止。

➡ 向养猫人询问猫的喜好及习惯。

➡ 会不会到最后很难或者根本无法离开这些猫？

➡ 怎样与照料它的人相处？怎样在猫舍中生活？

➡ 可以与其他猫和狗共同生活吗？

➡ 多久生病一次？可能患有需要人持续照料的慢性疾病吗？

➡ 养这只猫的花费大约是多少？

幼猫主要在室内活动，需要人们更多的关怀

两只猫相处融洽。对于上班族来说，一对幼猫是最好的选择

的时候就可以出售了。它们虽然在母亲那里受到过一些训练，但在新的环境下仍然会感到害怕，因此需要主人的陪伴。简单说，第一周必须有人一直陪在小猫的身边照顾它。因此，单身的上班族们必须把年假纳入他们的计划，多抽时间去陪小猫。作为猫的主人，您要和小猫一起见证它成长过程中每个激动人心的时刻。渐渐地，你们之间就会产生一种特殊的信任关系。尽管猫有自己的头脑，教育在幼猫身上已经开始起作用了。

公猫还是母猫？

母猫。几乎所有的母猫都很敏感，并对发生在它们身边的事充满好奇。母猫总是争做"当事人"，而不仅仅是"旁观者"。它们有所作为的愿望很少受到限制，有时它们

倾诉的欲望及总做"当事人"的想法也使它们心情烦躁。但为这种温柔、忠实而又让人想拥抱的生物所做的一切都是值得的。

公猫。"为了和平与自由"——这是大多数公猫的生活准则。那种远离忙碌、没有惊喜的按部就班的生活正是"先生们"所期望的。偶尔和小公猫与小母猫亲热亲热是可以的，但不能总是这样。

提示。请您不要忘记，每只猫都是独立的个体。世界上没有两只完全一样的猫。有的公猫比最执拗的母猫还要固执和敏感。

如何分辨是公猫还是母猫？

●母猫：略长形的生殖器开口直接位于肛门下方。

●公猫：在肛门与圆形的生殖器开口之间是睾丸。当公猫还小的时候，睾丸还没有完全形成。

拥有一只年龄稍大的猫是幸运的

猫在数年之后仍精力充沛。八九岁的猫已经属于年龄稍大的猫。但年龄大了之后所出现的诸如行动迟缓、不断提高的热量及休息需求等一系列典型症状很久之后才会到来。对于年龄稍大的猫来说，人们的亲近与关怀特别重要，这比与其他猫的交流更为重要。随着猫年龄的增长，其要求也有所提高：它们开始挑食，如果有人打扰了它们的午睡，它们会表现得非常愤怒。

纯种还是非纯种?

对于非纯种猫的选择，人们可能会考虑一些诸如外貌、行为举止及性格等方面的因素。而纯种猫不仅以独特的外表出众，也具有无法改变的性格特征及品质。在挑选猫及饲养纯种猫的过程中，猫的性格和品质特征起着越来越重要的作用。

这种所谓的纯种标准确定了纯种的类型及表现型。此外，标准还给出了关于毛皮结构、颜色和斑纹的精确指标。

纯种的限制。 像波斯猫这种长毛物种以及一些半长毛物种，它们的皮毛很容易打结，必须每天进行梳理和保养。一些物种只能在室内饲养。

为什么不同时养两只猫呢?

家中养两只猫意味着，人们几乎不为其中一只猫支付额外的花费。但人们会把钱花在基础配备、饲料及兽医身上。其优点是显而易见的：消遣是猫自己的事，人们不用一直陪在它们身边。如果上班族们偶尔回家晚了，他们也不必感到内疚。如果能和一胎产的兄弟姐妹还有母亲在一起，那是最好不过的了。崇尚"家庭和睦"的公猫可以很快地接受新成员的加入，而成年的母猫对此则表现得有些情绪化。

它们对外部世界的了解至少已经让它们不会因为对陌生环境的恐慌而匆忙逃跑，也不会因为沙发底下陌生的声响而消失得无影无踪。猫妈妈们从事着教育孩子的工作。对小猫来说最关键的时期是与猫妈妈及其兄弟姐妹共同生活的最后3~4周。幼猫在这一阶段所学的东西，终生都不会忘掉。因此购买时最好挑选三个月大的小猫。但您也要谨慎挑选，确保在适应环节（见142页）不出问题。

注意： 家族中最小的幼猫必须及时进行节育手术，以避免不良后代的出生。

购买时的注意事项

选择合适年龄的猫。 12周大的小猫已经能够很好地进行活动了，并且几乎被训练得不随地大小便。

对幼猫进行健康检查:

● 幼猫的行为活动没有受到明显的阻碍，并且能和同伴玩得很开心。

那些寻找有特定表现型和特性的猫的人，会因从饲养员那里得到纯种猫而感到幸运。从展览会上挑选出来的猫的后代价格当然不菲

- 幼猫活泼且具有好奇心。
- 幼猫食欲好，排泄有规律。
- 幼猫有小肚子。
- 幼猫的皮毛发亮，眼睛澄澈，肛门干净，口腔无异味。

买猫的最佳地点

从友好的猫主人及养猫协会那里，您不仅可以获取一些有价值的忠告，还能得到饲养者及猫主人的地址，在他们那里您能找到梦寐以求的小猫。

忠告： 在决定买猫之前，您最好先在家附近找一位兽医，和他谈一谈此事。在养猫协会那里，人们可以认识一些善于同猫打交道的兽医。去咨询一下您家附近的养猫爱好者也是一个不错的选择。当然兽医也乐意把一些养猫人的信息告诉给您，以便您与他们联系。

买卖动物时的权利与义务

虽然动物的法律地位有所改变，但在购买法中它们仍然被视为商品。但与商品不同的是，动物会因年龄的增长及饲养条件的差异而有所改变。原则上买家有权要求健康的动物。一旦买家发现动物有健康缺陷，他们可以要求降低购买价格，也可以要求对有健康缺陷的动物进行治疗，或者要求卖家赔偿损失。当然在这种情况下买家也可以放弃购买。购买动物的保障期限是两年。如果卖家是专业饲养者，他必须在头半年内证明，动物在出售时没有缺陷。动物收容所的小猫需签订宗主权条约后才可出售。卖家要能保证，买家可以很好地照料所买的动物。若您想了解在购买纯种猫时购买合同上都提到了哪些内容，请参见81页。

猫展

在不同规模的猫展上，您既可以看到各种类型的猫，也能认识许多不同品种的纯种猫。一般来说，人们在猫展上也能看到家猫的表演。展出者很乐意向您介绍各个品种的特点及要求，也会给您一些建议，这些建议会使您初次与猫共处变得容易一些。您可以在报纸的广告专栏找到展览举办的时间和地点，当然您也可以去养猫协会咨询猫展的相关信息。

从朋友那里购得的小猫

那些想养猫的人经常会在亲戚、朋友和熟人那里找到他们所心仪的小猫，因为他们只对特定品种的猫感兴趣。这样做的优点是显而易见的：人们可以迅速了解猫的生活及居住情况，并且能够获悉猫主人是怎么照料猫的。如果朋友把小猫转交给了您，您可以去看看小猫的妈妈。从猫妈妈的举止中，您可以推测出小猫的一些性格特点。

注意：请您不要出于同情去收养一只猫。在朋友之间经常会出现这种情况：

如果一只猫生下了畸形的后代，猫主人就会绝望地寻找买主。那些为了讨朋友欢喜而敷衍地说"是"的人，很快就会对这个鲁莽的决定感到后悔。而对于小猫而言，一再去往陌生的家庭绝对是一场灾

 注意事项

购买合同应包括以下内容：

购买合同明确了买家和卖家的权利与义务。

○ 姓名、地址、买卖双方的签名、购买价格及出售的时间和地点。

○ 猫的性别、年龄及颜色；关于纯种猫的更多信息请见83页。

○ 猫的健康状况，包括疫苗接种及蠕虫治疗。

○ 购买法所规定的保障期限；可能的支付方式。

○ 动物及其接种证的转交证明。

购买合同明确了买家和卖家的权利与义务

难。这会损害小猫与人们之间的关系，更严重一点，还会导致小猫行为异常。

从养猫者那里购得的小猫

您可以去养猫者那里寻找特定品种的小猫。公认的养猫者属于养猫协会的成员，他们的猫符合纯种标准。但也有可能出现这种情况：就一些品种而言，您必须把等待下一拨或下下拨一胎产的幼猫的时间考虑在内。纯种后代会在12周大的时候开始出售。这个时候小猫已经注射过疫苗（基础免疫详见228页）并且除过蠕虫了。购买完毕后，您会得到纯种证明材料以及购买合同。您至少要拜访两位养猫者，以便了解更多关于您心仪品种的信息。

好的养猫者。借助于下边测试中的问题，您可以对养猫者的素质进行一次初试。此外，一位好的养猫者在交易结束之后还会牵挂猫的健康，并尽力解答您在养猫时遇到的问题。

何不选择动物收容所里的猫呢？

在动物收容所，您可以挑选不同种类的猫：年轻的和年长的、纯种的和非纯种的。收容所的护理人员熟悉这些猫的成长经历，也了解它们的需求和特点。您需要花些时间，多去几个动物收容所。在您做最后购买决定之前，多观察一下这些动物。

动物收容所的职责。动物收容所的猫只有在签订宗主权条约之后才能转让给他人。此外，动物收容所的负责人会向您提一些关于住房及生活情况等方面的问题，以便了解您是否有资格养猫。

报纸广告及网络

报纸上登的广告及互联网会提供有关出售家猫及纯种猫的报价。您也可以在互联网上比较饲养者们给出的报价，但这些登广告的人住得通常都很远。在纯种猫协会的网站及协会杂志上您可以找到饲养者提供的报价。为了避免盲目购买，您有必要去拜访一下卖家。只有这样才能确保在网上购买时，不会沦为为牺牲品。

✖ 测试：饲养者到底称不称职？

不要通过打电话来购买小猫。多去拜访几个饲养者，在您决定购买之前，仔细观察小动物及它们的生活状态。

	是	否
1. 饲养者只养一至两个品种的猫。所有的小猫都是家庭成员，饲养者不会成窝饲养小猫。	☐	☐
2. 小猫睡觉的地方很干净，盛放饲料和水的碟子每天都会清洗。	☐	☐
3. 所有的小猫都会给人留下健康活泼的印象。	☐	☐
4. 饲养者会详细地询问您是否有能力养猫，然后才决定是否把小猫卖给您。	☐	☐
5. 饲养者要求您在购买小猫之前至少去他家两次，以便更好地了解您心仪的小猫。	☐	☐

答案：在这个测试中，所有问题的答案应该是"是"。如果有一个问题的答案是"否"，那么这个饲养者就不是特别值得推荐。养猫协会会告诉您其他饲养者的地址。

 **访谈**

我在买猫时
都应该注意些什么?

那些决定与猫共同生活的人，数年来都承担着一种责任。共同生活的基础在买猫的时候就已经确定下来了。行为学专家黑尔加·霍夫曼博士将向您讲述，养猫时的注意事项。

黑尔加·霍夫曼博士

黑尔加·霍夫曼是研究生物学的专家，但她对动物习性学特别感兴趣。霍夫曼及其家人与猫共同生活了30多年，其间对猫的行为举止做了深入了解。霍夫曼博士把她所了解的养猫知识以及她数年来积累的经验写了下来，人们在许多专业书籍中都能看到她的养猫理论。她也特别希望这些可爱的小动物能在人们的呵护下过上一种尽可能简单自然的生活，并一直致力于此事。

您对初次养猫者有什么建议？成年猫还是小猫？

黑尔加·霍夫曼：小猫在刚开始的一段时间需要特别多的照料。在这方面，幼猫大多数情况下都能很好地适应新家的生活习惯。成年猫会把过去养成的生活习惯及特性带到新的环境中去。这需要人们的理解与宽容。在人们做最终决定之前，应该尽可能多地去了解这些成年猫以前的生活情况。如果彼此"合拍"的话，那么性情温和的成年猫对于年龄稍大的人来说是更好的选择，但前提是，这种猫能在室内饲养，偶尔还能独自待上几个小时。

动物收容所里的小猫是不是更适合有经验的养猫爱好者呢？

黑尔加·霍夫曼：不一定，但通常是这样的。这需要比往常更多的耐心。许多收容所的小猫都有过不好的经历，它们对人的信任出现了裂痕。因此，人们的信任及移情能力就变得重要了。与养猫新手相比，有经验的养猫者会更胜一筹。

能一开始就养两只猫吗？

黑尔加·霍夫曼：对于单身上班族来说，他们的猫不能到室外活动，所以养两只猫是理想的情况，最好是一窝生的。对于老年人或者有孩子的家庭来说，他们有大量的时间与猫相处。因此，养一只猫也挺好的。

我能从一窝产的小猫那里看出，它们以后会变成什么样吗？

黑尔加·霍夫曼：人们在一窝小猫刚出生的时候就已经能看出它们的性格了。无论是爱做白日梦的猫还是好管闲事的猫，它们的性格特征至少在头几年就形成了。但随着阅历的增加和生活条件的改变，它们的性格也会得到进一步发展。

纯种猫的购买合同都应该包括哪些内容？

黑尔加·霍夫曼：书面合同并不是强制要求的，但人们最好还是签订一份书面合同。一旦买卖双方出现了争执，就可以将书面合同作为证明依据。除了77页注意事项上所列出的几点外，纯种猫的购买合同上还应包括以下说明：品种名称、所属物种及种畜登记簿的编号。通常在合同里也会约定好试用期和饲养者的赎回权，还应包括品种禁令和转卖禁令。在签订合同时，饲养者应把纯种证明材料移交买家。

当12周大的小猫来到新家时，大多数能很快地适应家庭生活。在刚开始的一段时间内，如果小猫的表现不尽如人意，人们需要给予它们更多的关怀、容忍和理解

最美纯种猫

　　纯种的猫总是很特别，它们外形夸张，充满异域风情，皮毛拥有独特纹理、颜色和花纹，使得它们在成千上万的宠物猫中脱颖而出。而且它们之中的很多好像也对自己的独特性有所了解……

　　纯种猫和非纯种猫在体格和行为方面没有很大的区别。到目前为止，猫很好地抵制了人类对它们的改造。纯种猫也是一种典型的猫，但是换作狗的话，人们就不会这么肯定了，因为狗的种类太多了。和350多种狗相比，猫的家族显得微不足道，猫只有100多个品种，其中有大约50个品种得到大家的公认。新的品种还在不断出现

在人们的视野中，因为纯种猫的养殖相对来说还比较不成熟。从阿比西尼亚猫、埃及猫到雪鞋猫和肯尼亚猫，这些都出现在纯种猫的名单上。对于喜爱纯种猫的人来说，从中做出选择不是件容易的事：除了短毛猫，还有很多非常漂亮的长毛猫，例如波斯猫，以及一些非常有吸引力的半长毛猫，例如缅因猫。

品种标准以及饲养原则

每一种纯种猫都有一个所谓的理想型。养猫协会（见84页）制定的猫的品种标准里记录了每个品种理想型的标准。参加这个协会的组织和个人都要遵守这套标准。它也是在猫咪展览会上对参赛动物评分的基础。不同的协会会对某些品种制定它们自己的不同于其他协会的标准。

外貌和性格

这套标准不仅对一个品种的外貌特征，还对它典型的理想的性格特征进行了描述和定义，尤其侧重于体格、体形、体长、皮毛的纹理、颜色和花纹。许多品种都有不同的颜色变种，它们之间可以通过颜色的深浅程度或者颜色和花纹的不同组合来区分。

每个品种典型的特征

在品种标准里详细记录了每种猫的皮毛、体格和性格。

皮毛。毛的长度、颜色和花纹是猫最明显的特征，也是人们区分不同品种最好的标准。一般猫的皮毛由底层绒毛和披毛组成，披毛又由护毛和芒毛构成。

●短毛猫：根据猫的皮毛的结构和构成的不同，人们把猫毛分成不同的种类。一般的短毛：柔软的底层绒毛，坚固的护毛和比较短的芒毛，典型的是欧洲短毛猫

（见93页）。丝质毛：没有或者只有一层薄薄的底层绒毛，披毛紧贴绒毛生长，典型的是东方短毛猫（见97页）。长绒毛：底层绒毛和披毛呈长绒毛状，并且非常浓密，典型的是俄罗斯蓝猫（见101页）。卷毛：皮毛几乎只有一层绒毛，披毛退化或者完全没有，典型的是雷克斯猫（见101页）。

●长毛猫：它们的底层绒毛非常浓密，赋予了它们的皮毛典型的特征。它们的披毛有可能长到15厘米，典型的是波斯猫（见98页）。

●半长毛猫：它们的底层绒毛不如长毛

实用信息

纯种猫有哪些特别的地方？

➜ 和普通家猫不同，纯种猫都属于某一种特定的品种。

➜ 对于每种得到猫咪饲养协会认可的品种，都有属于它们自己的品种描述，即品种标准。

➜ 这个品种标准对每个品种的猫的外貌进行了规定，其中包括猫的体格、皮毛的结构、颜色和花纹的特征。除此之外，还对每个品种的猫的性格特征进行了说明。

➜ 人们看到一只小猫崽，基本就可以预测到它长大后是什么样了。

➜ 纯种猫不便宜，稀有的品种和花色甚至会超过1000欧元。

➜ 长毛猫和一部分半长毛猫的饲养费用也相对比较高。

猫那么浓密，披毛也比长毛猫的明显短了许多。典型的是挪威森林猫（见97页）。

●皮毛的颜色：猫的皮毛上的颜色是由毛发里面的色素决定的。根据色素的轻重不同，形成了皮毛不同的颜色。色素一般只存在于毛发的某些部分。Tipping指的是发尖颜色较深，其余部分颜色较浅。Ticking指的是整个毛发从表面上看颜色呈深浅交替，例如阿比西尼亚猫和索马里猫（见105页）。

●皮毛的花纹：人们把虎纹的、条纹的或者斑点的叫作虎斑；双色指的是白色和其他颜色相间的皮毛；玳瑁猫的皮毛是黄色和黑色相间的花纹。玳瑁猫（养猫人的专业术语叫作Tortie，即龟壳纹）跟性别有关，这种猫几乎都是雌性的。雄性的玳瑁猫一般没有生育能力。三花猫（有三种颜色的波斯猫，也叫作三色猫）皮毛上的颜色除了黑色和黄色以外，还有白色。斑点猫的脸上、耳朵上、腿上和爪子上都长着深色的斑点。

体格。东方的品种，如巴厘岛猫和暹罗猫，体形非常苗条。它们的头部非常地瘦，呈楔子形，耳朵很大，而且尖尖的（见96页），有着大大的脑袋、圆圆的脸和小小的耳朵。波斯猫（见98页）和缅甸猫（见91页）典型的地方是额头和鼻子之间明显的凹陷。

性格。暹罗猫和其他体形纤细的品种比较活泼，充满好奇心，也很"健谈"。而波斯猫和俄罗斯蓝猫则属于比较谨慎的类型。

颜色透露性格？

许多养猫的人都坚信，猫的颜色反应了它的性格。他们认为，黑色的猫性格比较鲁莽，黑白色的猫喜欢讨好人。虎斑的猫喜欢伏击猎物，而黄色花纹的猫更宅一些。但是，至今未发现在猫的颜色和它的性格之间有必然联系的科学证明。

猫咪展览

在展览会上，各种猫会角逐不同级别的奖项和称号。少年组的参赛猫年龄最大的是10个月，除此之外，还有无限制组、冠军组和国际冠军组。只有那些在种畜登记簿中登记了品种的猫才可以参加比赛。这也就对参赛猫的主人提出了要求，也就是他们必须是得到认可的养猫协会的合法会员。对于那些没有在种畜登记簿中进行登记的猫，可以参加新手组，那些非纯种猫可以参加家猫组。

养猫协会和猫咪品种协会

养猫协会。作为保护协会，这些养猫协会是世界范围内纯种猫的管理负责机构，它们负责批准新的品种进入协会，制定品种标准，组织协会内部和协会之间的猫咪展览。它们下属的猫咪协会要承认它们的地位和由它们制定的品种标准。最大的几个协会拥有世界上很多国家的会员。其中，最有名的养猫协会包括：

- ●国际猫科联盟（FIFe）
- ●爱猫者协会（CFA，美国）
- ●爱猫者理事会（GCCF，英国）
- ●世界猫咪联合会（WCF，德国）
- ●国际猫咪协会（TICA，美国）

一只纯种猫究竟有多贵？

小猫崽的平均价格。卡尔特猫500至700欧元，孟加拉猫800至1200欧元，英国短毛猫700至1000欧元，伯曼猫600至1000欧元，缅因库恩猫500至1100欧元，波斯猫450至800欧元，布偶猫800至1200欧元，暹罗猫400至700欧元，挪威森林猫400至800欧元。

以上的价格只是给大家提供一个大概的参考。那些外表漂亮的猫和稀有品种的猫常常会高于这个价格。例如，一只萨凡纳猫（家猫和薮猫的杂交品种）至少要1500欧元。

也会有人出售一些没有身份证明的猫，这些猫没有完全符合品种标准，因此相对比

✕ 小测试：找到适合您的猫

可供选择的约有100种猫，它们在外貌、性格以及一部分猫的行为方面都各有不同。请您做个小测试，找出适合您的品种。

	是	否
1. 如果您想选择一种特别的猫，比如哈瓦那猫（见109页）或者肯尼亚猫（见110页），那么您也愿意付更多的钱吗？	☐	☐
2. 您一直都很想养一只波斯猫（见98页）那样的长毛猫。每天照顾它是您的责任。您有时间和耐心做这件事吗？	☐	☐
3. 缅甸猫（见91页）和索马里猫（见105页）喜欢孩子。您觉得这样非常好吗？	☐	☐
4. 暹罗猫（见103页）以及和它有血缘关系的其他东方的品种非常黏人和"健谈"。您能接受这样的猫吗？	☐	☐
5. 有一些猫，例如克拉特猫（见96页）和雷克斯猫（见101页），一般只在室内饲养。这种"宅猫"是您的菜吗？	☐	☐

答案：这5个小问题只是为您选择适合自己的猫提供了一点初级的帮助。详细的信息您可以在各种猫的照片（见88页至111页）和表格（见92页、99页和102页）中找到。

较便宜。对于那些没有非常高的饲养追求的爱猫者，这样的猫也是很不错的选择。

为什么纯种猫比较贵？

非纯种的猫一般都低于100欧元，甚至会不要钱。相对而言，纯种猫的价格在一些爱猫者眼中就太高了。但是大家不妨计算一下，直到把小猫卖出去为止，它的主人花在它身上的钱，就不难知道，饲养纯种猫是一件非常需要责任心的事，并且它的主人费了力却没有赚多少钱。

饲养纯种猫最初的时候至少需要花费：养猫协会入会需要交的会费和猫舍费用大约100欧元，每一只猫的购买价格大概800欧元，和猫咪有关的其他费用300至400欧元。

饲养一窝4只小猫崽几乎不会低于2000欧元。其中包括疫苗接种、除虫、猫窝里铺盖的东西、猫砂、正在吃奶的小猫崽的食物的费用。这2000欧元中并没有包括去看兽医、参加比赛和找公猫交配的路费以及其他活动的费用。

生活在动物收容所的猫。要想从动物收容所领养小猫，必须签订保护合约，并且要交一定的费用：母猫要大约120欧元，公猫大约100欧元。这部分的费用同时也是一种补贴，因为每一只猫都需要注射疫苗、除虫和阉割。由于母猫的阉割需要更多的钱，因此领养一只母猫往往比领养一只公猫更贵一些。

饲养猫咪

每个品种的猫，它们的品种特征都会按照遗传规律（基因）得到延续。显性基因决定的那些特征一般都会显现出来，而那些隐性基因所决定的特征，只有在不被显性基因决定的特征所覆盖的情况下才会显现出来。例如，猫的长毛基因就是一种隐性的遗传信息，它会被隐性遗传，也就是说，有可能一只长毛的母猫生出的一窝小猫中，没有一只小猫是长毛的。与此相反，短毛这种遗传信息是显性基因，一只短毛的母猫生出的一窝小猫中，每一只小猫都是短毛的。

纯种猫的饲养

纯种猫的饲养者只考虑饲养那些符合协会标准的猫，就为每个品种所特有的特征能够被后代继承并且代代相传不发生改变提供了保障。不同花色的猫进行配对，经常会产生新的、非常有吸引力的花色。每种花色的变种都必须首先经过养猫协会的认证，才能再继续进行繁殖。仅仅是波斯猫这一个品种，在历史上就繁殖出了超过一百种经过养猫协会认证的变种。

谱系。所有出生的小猫都要在养猫协会的登记簿上进行登记。每一只猫都可以从中获得自己的谱系（也叫作家谱）。这个家谱可以证明这只猫的品种，它的名字和它的前辈祖先，并且为饲养它的机构和

实用信息

纯种猫饲养过程中的几个基础概念

➡ 饲养基础是由养猫协会（见84页）认证的一个品种。

➡ 饲养目标是保持甚至加强这个品种的猫所特有的特征。

➡ 养猫协会对每个品种的猫应该具有的理想标准做出了规定，在饲养过程中应该选择尽可能地接近这种规定的猫。

➡ 一些特征是和性别有关的遗传因素，它们允许人类可以通过有目的的选择来培育出自己想要的颜色和花纹的猫。

➡ 经过养猫协会认证的纯种猫是有属于自己的家谱的，它们也在登记簿中进行了登记，也有参加猫咪展览的资格。

个人提供准确的信息。

公猫。 在饲养中，公猫和母猫几乎从来不放在一起饲养。在交配的时候，饲养者一般会带着母猫去寻找合适的公猫。这是因为在母猫平时生活的环境中，公猫一般会被它们视为入侵者而加以驱逐。

作为一个独立的品种得到认证。 一种猫的新品种只能通过相应的养猫协会得到认证。这需要养猫协会和饲养者提供这只猫4代以内的品种纯洁度证明，而品种的认证由评定委员会来完成。

可疑的饲养目标

所有物种的基因都有可能发生自发的改变。这种基因突变会导致它们的特性和遗传的表型发生变化。与基因饰变不同，基因突变的结果会被后代继承。如果一种动物或者植物的基因突变被证明对其自身生存发展是不利的，那么这种基因突变的结果在其后代身上不会持续很久。人类通过饲养的手段可以消除生物进化中"优胜劣汰"的影响，并且使一些消极的特征稳定下来。这体现在养猫方面，我们可以举的例子就是那些原本需要自己克服身体和行为缺陷的品种，例如没有尾巴的曼岛猫，几乎没有毛的斯芬克斯猫，以及耳朵弯折导致听力受损的苏格兰折耳猫（见111页）。

蓝眼睛的白猫。 这些猫通常听力很差或者天生耳聋，例如异国白猫（暹罗猫）、土耳其安哥拉猫和波斯猫。

易过敏的人可以养的猫？ 美国的品味生活宠物公司（Lifestyle Pets）培育了一种猫，据他们说这种猫不会引起对猫过敏的人（见70页）发生过敏反应，因为Allerca公司培育的这种猫身上可以引起人类过敏反应的蛋白过敏原被消除了。专家对此表示怀疑，因为猫身上除了蛋白过敏原以外，还存在其他可以引起人类过敏的过敏原。

纯种猫概览

可以保持种族纯净度的纯种猫是非常引人注目的。许多纯种猫都散发出人类无法抗拒的魅力，这种魅力甚至可以将养猫人禁锢一生。

猫科动物的基础原型在生物进化的过程中几乎没有很大的改变。家养的猫和野猫在身材和体格方面几乎没什么区别。即使是作为例外的猎豹，也还一直都保留着猫科动物的特征。饲养猫科动物，培育出新的独立的品种，人类是在大自然母亲"实验"的基础上开始的：猫的皮毛、体长、体形、皮毛的颜色等。事实证明，

虽然起步较晚，但人类在纯种猫饲养方面非常拿手。迄今为止，有将近100个品种的猫，人们通过它们的外表就可以将它们区分开。所有这些猫也都拥有自己独特的个性。这也恰恰证明了，在猫的饲养上，很早就不仅仅只看重外表了，它们的性格和行为方式也同样受到重视。

阿比西尼亚猫

› **外貌**：风度高雅，中等体形，肌肉发达；头部较小，略呈楔子形，宽宽的鼻子，大大的耳朵上有一撮毛；细细长长的腿；大大的杏仁形状的眼睛，深色的边缘。

› **皮毛**：短毛，有丝一般的光泽，紧贴在身上，毛发颜色较深，从表面看，整个皮毛呈现出深浅交替的颜色（Ticking）。

› **颜色**：最典型的是棕色，除此之外还有栗色（红棕色）、银色、巧克力色和蓝色（灰色）等；背部有一条一直到尾巴的深色线条。

› **性格**：殷勤、充满好奇心、热情、好动；总是对玩耍和攀爬充满热情。

› **特点**：不喜欢独处；一胎所生的小猫个数相对较少。索马里猫（见105页）是阿比西尼亚猫的一种长毛变种。

› **饲养**：适应能力强，易打理；与其他猫和狗能够和平共处。需要关心和照料；不适合上班族。

埃及猫

› **外貌**：中等体形，身材苗条，细细长长的腿，后腿比前腿长；额头较宽，眼睛比较大，呈浅绿色。看上去像东方猫，但是相对要强壮一些。

› **皮毛**：皮毛底色较浅，使得深色的斑点状花纹更加突出；额头上有M形斑纹，面颊上和腿上有深色的条纹，背部有一条长长的深色条纹，尾巴上有小圈圈的花纹。

› **颜色**：银色、烟色、青铜色、锡纸色；黑色的埃及猫不能参加展览。

› **性格**：活泼、积极、合群、喜欢亲近人。这种聪明的猫比较容易接受人类的驯养。

› **特点**：这种身上长有斑点的埃及猫让人们想起古埃及壁画上对猫的描绘。斑点的花纹在换毛的时候会变得越来越浅。属于跳跃最灵活敏捷的品种中的一种。

› **饲养**：需要很多关注，喜欢在户外活动。

巴厘岛猫

› **外貌**：体形苗条，肌肉发达；长形、楔形的"暹罗猫头"，耳朵很大；尾巴长长的，有着浓密的毛。脸上最突出的是闪闪发光的蓝色的大眼睛，它的眼睛轻微向上倾斜。

› **皮毛**：巴厘岛猫的祖先是暹罗猫（见103页），它的毛是半长毛，是暹罗猫的长毛变种。它们的皮毛有着丝绸一般的光泽，没有绒毛层。巴厘岛猫最典型的特征是脸上、背上、尾巴上、耳朵上、腿上和爪子上的斑点。

› **颜色**：得到不同协会认证的巴厘岛猫也有不同的颜色，例如海豹皮斑点（黑色斑点）、巧克力斑点（棕色斑点）、蓝色斑点（深灰色斑点）、紫丁香斑点（浅灰色斑点）。底色是浅色。

› **性格**：积极活泼，喜欢与人亲近，但是没有暹罗猫那么大声音和需要人类的关注。

› **特点**：最聪明的猫之一。

› **饲养**：需要主人付出很多的关心和时间。

孟加拉猫

› **外貌：** 看到孟加拉猫，人们不由自主地就会想到猎豹：首先是因为孟加拉猫的花色是豹纹的，红棕色的皮毛加上黑色的斑点，这与它野生的亲戚长得很像。孟加拉猫的体形高大，肌肉发达，可以伸展得很长，宽宽的头部上最显眼的就是它的触须，大大的眼睛略微向上倾斜。

› **皮毛：** 浓密柔软，比典型的短毛猫要长一些。它身上的斑纹可以分为两种：大理石花纹和斑点状花纹。

› **颜色：** 玫瑰花形和线条形的图案应该尽可能地与底色形成鲜明对比。颜色类型：红棕色或者银色带深色斑点，金色带微红色斑点。

› **性格：** 活跃、友好、喜欢对人表示亲近，一部分孟加拉猫非常喜欢和人交往。

› **特点：** 在美国的饲养史还比较短。

› **饲养：** 孟加拉猫需要很多运动（尤其是攀爬运动）和可供玩耍的玩具；不太需要保养。

伯曼猫

› **外貌：** 中等体形，比较粗壮，其中公猫比母猫强壮很多；圆圆的头部，两只耳朵距离较远，毛茸茸的尾巴。唯一得到认证的眼睛颜色是蓝色。

› **皮毛：** 半长毛，非常柔软，具有丝绸般光泽。脸上、耳朵上、腿上和尾巴上有斑点。伯曼猫标志性的特征是白色的爪子（前爪被称为"手套"，后爪被称为"短袜"）。

› **颜色：** 底色较浅，斑点颜色为蓝色、红色、巧克力色、奶油色、海豹色、紫丁香色，也有虎纹斑点。

› **性格：** 较安静、随和，温柔，喜欢和人亲近。

› **特点：** "缅甸圣猫"的叫法来源于一个传说，在这个传说中，一位缅甸僧人的灵魂以一只猫的方式继续生活着。

› **饲养：** 喜欢有人陪伴，不喜欢自己独处；由于猫毛几乎不会打结，所以保养费用相对比较低。

英国短毛猫

› **外貌**：矮而结实，是一种非常粗壮的纯种猫，胸部较宽，腿短而粗壮。圆圆的大脑袋，公猫下巴有明显的胡须；两只小小的耳朵向外生长；尾巴较短；毛的颜色不同，眼睛的颜色也相应地不同，有蓝色、橙色和绿色。

› **皮毛**：短而浓密的毛，厚厚的皮，由于底层绒毛很多，所以它的皮像长毛绒一样长在身上；除了单色的猫以外，还有斑点猫，例如虎纹和玳瑁色。

› **颜色**：黑色、白色、蓝色、巧克力色、奶油色、红色和其他颜色。

› **性格**：虽然它拥有驯服的、安静的、悠闲的性格，但是有些时候也需要一些空间来独处。

› **特点**：两岁的英国短毛猫才算是成年了。成年的公猫明显比母猫长得高大。美国短毛猫是生长在美国的"英国"短毛猫。

› **饲养**：由于它不喜欢运动，所以比较适合养在家里。虽然皮毛很厚，在室外也需要防寒。出去散步时需要用遛猫绳牵着。

缅甸猫

› **外貌**：中等身材，非常苗条，但是肌肉发达。圆圆的头部，额头和鼻子之间有明显的凹陷；令人印象深刻的是它琥珀色和金黄色的眼睛。缅甸猫和长毛的伯曼猫没有血缘关系。

› **皮毛**：短毛，紧贴在身上，没有底层绒毛和图案。腹部颜色比背部和腿部的颜色浅。脸上和耳朵上的斑点有时不能和底色明显地区分开。是玳瑁猫的不同变种。

› **颜色**：美国最初饲养的缅甸猫是深棕色的。除此之外还有奶油色、巧克力色、蓝色、紫罗兰色和红色。

› **性格**：喜欢玩耍、胆子大、非常热情，喜欢和人亲近；因此也比较需要更多的关注。

› **特点**：可以和孩子们玩到一起，经常从外面叼回自己捕获的猎物。

› **饲养**：需要大量的运动，因此不适合只在家里饲养；学习能力强，出门需要使用遛猫绳。

🐾 适合养在家里的猫

家庭，不是永远都安安静静的。因此一只适合养在家里的猫需要沉着冷静的性格和自信。它得和孩子们和平相处，遇到客人来访要不怕生，而且还要能够应付家里的狗。

品种	照片 在哪一页	对于第一次 养猫的人来说合适度	对于 家养的合适度	皮毛 保养的需求	简短描述
阿比西尼亚猫	88	••	•••	•	比较合群，聪明，活泼，喜欢玩耍。好动，停不下来。
孟加拉猫	90	••	••	•	对家里其他小动物比较宽容，喜欢运动，喜欢和人交流。
伯曼猫	90	••	••	••	是个既温柔又懂得讨好人的美人，需要主人的亲近和关注。
英国短毛猫	91	•••	•••	•	拥有不紧不慢的个性，不会很快从安静的状态中出来。
缅甸猫	91	•	••	•	比较勇敢，有时会有些鲁莽，会不停地强调自己的需求。
欧洲短毛猫	93	••	••	•	活泼，细心，对家里其他小动物比较宽容；需要经常外出活动。
异国短毛猫	94	•••	•••	••	克制谨慎、和气的性格应该感谢它们的波斯猫祖先。
哈瓦那猫	109	••	••	•	好奇心重，活泼，喜欢和人亲近；不可否认自己有暹罗猫血统。
夏特尔猫	95	••	••	••	奇特的外貌；内心安静、喜欢与人亲近，招人喜欢。
缅因猫	96	••	•	••	仪表堂堂，性格平和稳健，非常宽容，也热爱自由。
挪威森林猫	97	••	•	••	典型的"户外猫"，非常喜欢与人亲近和平易近人。
布偶猫	100	••	••	••	温柔，有耐心，孩子们理想的玩伴。
俄罗斯蓝猫	101	••	•••	•	非常漂亮、高雅的品种；非常安静，黏人。
西伯利亚森林猫	104	••	••	••	全天候热爱自由的猫，敏感，独立。
索马里猫	105	••	••	••	阿比西尼亚猫的半长毛变种：合群、活泼，但是要求很多。
东奇尼猫	106	••	•••	•	好奇心重，喜欢玩耍，可以和家里其他宠物和平相处。
土耳其安哥拉猫	106	•••	••	••	非常可爱的猫，宠物猫的典范。

对于第一次养猫的人来说合适度：●不太适合 ●●适合 ●●●非常适合　　对于家养的合适度：●不太适合 ●●适合 ●●●非常适合
皮毛保养的需求：●需求不大 ●●需求适中 ●●●需求较大

色点猫

› **外貌：**色点猫是一种有着暹罗猫的毛色和花纹的波斯猫。体形符合波斯猫的特征：高大，腿短粗有力。头大而圆，鼻子短，波斯猫典型的额头和鼻子之间的凹陷非常明显；耳朵小，尾巴短，蓝色的眼睛闪闪发光。

› **皮毛：**浓密的长毛。脖子上的褶皱从肩部延伸到胸部；毛茸茸的尾巴。脸上、腿上、爪子上，还有尾巴上有深色的斑点。

› **颜色：**不管是什么颜色类型的色点猫，它的皮毛的基色都非常浅，可以很好地突出斑点的颜色。最常见的颜色有：蓝色斑点、红色斑点、巧克力色斑点、海豹色斑点和奶油色斑点。

› **性格：**安静，随和，但是总体来说比一般的波斯猫要更活泼，好奇心也更重。

› **特点：**由波斯猫和暹罗猫杂交而来。幼崽的斑点还不明显。这种猫还有另外的名称：喜马拉雅猫。

› **饲养：**皮毛需要经常梳理。

欧洲短毛猫

› **外貌：**看起来很像普通的家猫，但是肌肉发达，从正面看起来尤其健壮。头部很大，几乎是正圆形的，耳朵不大不小。中等身材，尾巴强壮，眼睛比较大。

› **皮毛：**毛短而浓密。得到认证的猫身上没有或者有白色，分为三种：双色、小丑图案和梵纹（其中，梵纹的白色部分最多）。花纹的种类很多，例如虎纹、条纹、圆点纹。

› **颜色：**颜色种类非常多，包括黑色、红色、白色、蓝色、奶油色，发尖颜色深，其余部分颜色浅；多种玳瑁色变种。典型的欧洲短毛猫是银色皮毛加上黑色虎纹。

› **性格：**积极活泼，聪明，易于接受新事物，喜欢与人亲近，但是也很喜欢冒险，热爱自由。

› **特点：**适合行家的品种，因为普通人不能第一眼就把它和普通家猫区分开。这个品种在几十年前才得到认证。

› **饲养：**一般能和其他宠物和平相处。至少应该偶尔外出活动。

异国短毛猫

› **外貌：** 从它的体形来看，它的波斯猫血统不容否认：异国短毛猫是一种有着粗短腿的壮实的猫。头部大而圆，小小的耳朵朝外生长；尾巴短而有力。它的毛并不如其名是短的，而是半长的，和身体不紧贴。它的皮毛的基因来源于美国短毛猫。是由美国短毛猫和波斯猫杂交培育而出的。美国短毛猫和英国短毛猫（见91页）是其亲戚。

› **皮毛：** 半长毛，毛非常浓密，毛茸茸的。一种或者两种颜色，身上有斑点，图案是虎纹或者玳瑁纹。

› **颜色：** 和波斯猫（见98页）的颜色一样。

› **性格：** 异国短毛猫从根本上来说很像波斯猫：安静，不引人注目，非常黏人。

› **特点：** 尽管它的毛比波斯猫的毛要短很多，但是也要每天都梳理。掉毛比较多。

› **饲养：** 这种深居简出的猫很适合养在家里，但是需要主人给予很多关注和照料。

爪哇猫

› **外貌：** 中等身材，高雅的东方品种，楔子形状的头，大大的略微向上的耳朵，绿色或者紫铜色的眼睛。细长的腿，后腿比前腿长；细细长长的尾巴。

› **皮毛：** 中等长度的毛，非常细。尾巴上的毛很长。单色、斑纹、玳瑁色。没有斑点。

› **颜色：** 巧克力色（雪茄色）、黑色、蓝色（灰色）、薰衣草色（浅灰色）、乌黑色（黑色）、白色、红色、肉桂色（浅黄褐色）、淡米色等。

› **性格：** 积极活泼、合群、喜欢玩耍、喜欢和人亲近和交流，但是比较敏感。

› **特点：** 爪哇猫是东方短毛猫（见97页）和巴厘岛猫（见89页）的杂交品种。在美国，这种猫不是独立的品种，而是属于巴厘岛猫。

› **饲养：** 适合家养；需要与人类亲近和定期护理皮毛。

夏特尔猫

> **外貌：**体形较大，长得很结实，胸部宽厚。公猫明显比母猫肥大，有显著的公猫才有的"公猫的背"。头顶上是两只耳朵；鼻子宽而直；大大的琥珀色、紫铜色的眼睛，周围颜色较深。

> **皮毛：**毛短而浓密，轻微直立，底层绒毛很多；单色没有花纹。

> **颜色：**得到认证的只有深浅程度不同的蓝色和蓝灰色。躯干、四肢和尾巴上的颜色必须一致。

> **性格：**安静、平和，深居简出，对人友好，喜欢和人交往，比较随和；和人的关系比较亲密。

> **特点：**这种猫很聪明，很容易被人类驯养；这种猫原产于法国，在法语中它的名字的意思是"狗猫"，这种猫经常会从外面叼回一些小的猎物。

> **历史：**夏特尔猫的祖先可能起源于古代东方，现代的品种可以追溯到法国。由于当时的饲养基础长时间比较差，所以当时的法国猫和蓝色的英国短毛猫（见91页）交配产下的品种被FIFe协会认可，命名为夏特尔猫。法国的饲养者一直坚持按照原始的饲养方式进行品系繁育，最终FIFe协会认可了夏特尔猫作为一个独立的品种。在此之后，夏特尔猫和英国短毛猫的杂交就不再被允许了。尽管它的名字"夏特尔"和法国夏特尔教士一样，但是这种猫和法国的夏特尔教士没有任何关系。

> **饲养：**由于它们的皮毛非常厚，所以几乎感觉不到低温。因此人们可以毫无顾虑地让它们在寒冷的冬季外出活动。它们安静的天性以及较少的"交流需求"决定了它们很适合被养在家里。

克拉特猫

> **外貌：** 中等偏小身材，但是身体柔软灵活，身材比例非常好。最标准的头部应该是接近心形的；鼻子和额头中间有轻微的凹陷；大大的耳朵；后腿比前腿长；中等长度的尾巴，越往尾巴尖越细。大大的眼睛总是闪烁着绿色的光芒。

> **皮毛：** 短毛，有着丝绸般的光泽，紧贴在身上，没有底层绒毛；单色，没有图案或者颜色的渐变。

> **颜色：** 得到认证的只有蓝灰色，毛发尖呈现银色。

> **性格：** 非常喜欢和人亲近，喜欢玩耍，比较合群。对于克拉特猫来说，主人的亲近和照料尤其重要。由于它们天性非常有耐心，因此也可以和孩子们（不要太小的孩子）成为好朋友。但是它们不喜欢杂乱的环境。

> **特点：** 它们眼睛鲜艳的绿色最早两岁才可以显现出来，经常会更晚。在它们的家乡泰国，这种猫被视为可以带来幸运的猫。

> **饲养：** 即使一直养在家里，它们也会觉得很舒服。

缅因猫

> **外貌：** 一种非常高大强壮的猫，令人过目难忘。体重最重的猫之一，公猫可以长到超过100厘米（鼻子到尾巴尖的距离），9～10公斤。线条分明的头部；大大的耳朵，耳朵底部比较宽，耳朵里面有一绺毛，有些会有一撮毛。尾巴上的毛非常浓密，尾巴的长度至少是和体长一样的。

> **皮毛：** 非常厚的半长毛，可以防风挡雨，冬天的猫会有明显的颈部浓毛；爪子上也有毛。单色或多色，斑点纹或玳瑁纹。

> **颜色：** 单色有白色、蓝色、红色、黑色和奶油色；许多种斑点纹和玳瑁纹以及双色组合，还有多种多样的渐变色（发尖颜色较深，其余部分颜色浅）。

> **性格：** 比较合群，能够和其他猫以及家里的其他宠物和平相处，非常好动，喜欢玩耍。

> **特点：** 爱玩耍，叫声小。被定为美国缅因州"州猫"。

> **饲养：** 喜欢自由外出，不是一种纯粹养在家里的猫。

挪威森林猫

> **外貌：** 这种身材魁梧强壮的猫，和缅因猫（见96页）以及布偶猫（见100页）一样，属于身长体重的猫。公猫体重可以达到9公斤，体长可以达到130厘米。三角形的头；高高直立的耳朵里面有一撮毛，耳朵尖上通常会有猞猁一样的一撮毛；后腿比前腿高；毛茸茸的尾巴。

> **皮毛：** 乱蓬蓬的半长毛可以防风挡雨，冬天会长出一层非常厚的底层绒毛；它们非常有光泽的披毛可以防水。这种猫很典型的地方是脖子上的浓密毛发，像是"衬衫的假前胸"，后腿上的长长的毛构成了"灯笼裤"。和缅因猫类似，挪威森林猫的爪子上也有浓密的绒毛，像"雪地靴"一样。

> **颜色：** 养猫协会制定的标准认可几乎所有的颜色。

> **性格：** 容易相处、比较合群、沉稳。

> **特点：** 发育较晚，三岁成熟。属于最受欢迎的品种之一。

> **饲养：** 皮毛需要时不时地进行梳理。尽管它们很独立，但是和人类的亲近对于它们来说也很重要。应该让它们外出活动。

东方短毛猫

> **外貌：** 典型的东方品种，身体纤长，看起来非常优雅；和苗条的身材相配的是细长的腿。楔形的头，长长的笔直的鼻子，鼻子尖很明显，耳朵底部非常宽。细长的尾巴；向上倾斜的绿色的眼睛。

> **皮毛：** 短毛，有光泽，紧贴身体；单色、多色以及种类繁多的斑纹。

> **颜色：** 单色有蓝色、黑色、紫罗兰色、红色、奶油色等等，还有两种或三种颜色组合。斑纹的东方短毛猫颜色应该与底色形成鲜明对比。常见的颜色有蓝色（灰色）、棕色（雪茄色）、黑色（乌黑）以及浅灰色（薰衣草色）。

> **性格：** 活泼、喜欢玩耍、喜欢与人交流和亲近。

> **特点：** 东方短毛猫是暹罗猫和单色的短毛猫杂交的产物。

> **饲养：** 不适合第一次养猫的人饲养。主人需要经常跟它们说话，给它们很多照顾。很适合养在家里。

波斯猫

▸ **外貌**：中等身材，比较敦实，看起来非常粗壮，胸部和肩部比较宽，腿比较短、比较粗。圆圆的脑袋，颅骨比较宽，小小的鼻子和额头之间有明显的凹陷；小小的圆圆的耳朵向外生长，耳朵里面有一撮毛。给人印象最深的是它们大大圆圆的眼睛，有绿色的、蓝色的、橙色的，还有紫铜色的，它们眼睛的颜色应该和毛的颜色达到完美的和谐。一只白色的波斯猫可以有一只蓝色的眼睛，另外一只是紫铜色或者橙色（鸳鸯眼）。和所有猫一样，白色波斯猫刚出生的时候眼睛的虹膜是浅蓝色的，最终的眼睛颜色在它们三个月左右的时候才慢慢开始形成。

▸ **皮毛**：毛又长又密，披毛可以长到15厘米；底层绒毛非常多，从肩膀到胸部有厚厚的颈部浓毛，爪子上也有毛，还有毛茸茸的尾巴。单色、双色、三色、玳瑁纹、梵纹、小丑纹以及多种斑纹。

▸ **颜色**：很多种颜色的波斯猫都得到了认可。单色的，如红色（见右上方的图片）、白色和奶油色属于传统的颜色。黑纹灰猫（见左上方的图片）的绿色眼睛和它们皮毛的颜色形成非常漂亮的对比。

▸ **性格**：波斯猫是一种非常安静的猫，不需要很多的运动，但是如果你引诱它们进行活动，它们通常会很配合。它们友好、平和的个性也可以和孩子们相处得很好。波斯猫的声音非常小，通常也不是很喜欢叫。

▸ **特点**：由于它们的皮毛很厚，面积很大，所以每天都要梳理，否则很容易就会打结。波斯猫拥有像狮子狗一样的脸，它们的扁平鼻子导致它们呼吸困难，而且眼睛经常会流泪。

▸ **历史**：人们一直认为波斯猫的祖先是中东地区的长毛猫，最新的研究结果证实了这种猜测：波斯猫的祖先生活在欧洲。

▸ **饲养**：完全可以养在家里的猫。每天需要大约30分钟的时间来打理它们的皮毛。

😺 适合老人养的猫

　　许多老人都喜欢那种比较黏自己，温柔细心的猫。即使稍微贵一些，他们也愿意买这种猫。下面这些猫比较适合老年人养。

品种	照片 在哪一页	对于第一次 养猫的人来说合适度	对于 家养的合适度	皮毛 保养的需求	简短描述
巴厘岛猫	89	●●	●●●	●●	暹罗猫的亲戚，半长毛。相对于暹罗猫需要较少的照料。
伯曼猫	90	●●	●●●	●●	是个既温柔又懂得讨好人的美人，需要主人的亲近和关注。
英国短毛猫	91	●●●	●●●	●	拥有不紧不慢的个性，不会很快从安静的状态中出来。
色点猫	93	●●	●●●	●●●	性格非常像波斯猫：安静、小声、不是很喜欢运动。
异国短毛猫	94	●●●	●●●	●	克制谨慎、和气的性格应该感谢它们的波斯猫祖先。
哈瓦那猫	109	●●	●●●	●	好奇心重，活泼，喜欢和人亲近；不可否认自己的暹罗猫血统。
爪哇猫	94	●●	●●●	●●	需要和主人交流；细心、积极活泼，但是比较敏感。
夏特尔猫	95	●●	●●	●●	奇特的外貌；内心安静、喜欢与人亲近，招人喜欢。
克拉特猫	96	●●	●●●	●	喜欢玩耍，喜欢和人亲近，即使不能经常外出活动也行。
波斯猫	98	●●	●●●	●●●	安静、平和、喜欢和人亲近。对于皮毛的护理需要很多时间。
布偶猫	100	●●	●●	●●	温柔、安静、平和、有耐心，是个很好的倾听者。
雷克斯猫	101	●	●●●	●	热情、细心，需要主人很多的关注和照料。
俄罗斯蓝猫	101	●●	●●●	●	非常漂亮、高雅的品种；非常安静、黏人。
新加坡猫	105	●●	●●	●	身材娇小，非常喜欢和人亲近；是家养的不二之选。
雪鞋猫	109	●●	●●	●●	稀有品种，需要很多的时间和精力去照料。
东奇尼猫	106	●	●●●	●●	好奇心重，喜欢玩耍，可以和家里其他宠物和平相处。
土耳其梵猫	107	●●●	●●	●●	容易相处，喜欢玩耍，比较合群。

对于第一次养猫的人来说合适度：●不太适合　●●适合　●●●非常适合　　　对于家养的合适度：●不太适合　●●适合　●●●非常适合
皮毛保养的需求：●需求不大　●●需求适中　●●●需求较大

布偶猫

› **外貌**：一种仪表堂堂的半长毛猫，身体高大强壮。雄性布偶猫体长可以超过100厘米（包括尾巴），体重可以达到10公斤。头部比较宽，略呈楔形，两只耳朵距离较远；长长的尾巴毛茸茸的；大大的蓝眼睛闪闪发光。

› **皮毛**：半长毛，有丝绸般的光泽。没有底层绒毛，皮毛直接紧贴在身体上。胸部、腹部和尾巴上的毛最长。布偶猫有三种颜色图案：重点色、双色和手套色（脚是白色的）。

› **颜色**：蓝色（深灰色）、巧克力色（棕色）、丁香色（米色）、红色、海豹色（黑色）和奶油色。养猫协会制定的标准对布偶猫皮毛上的白色部分的比例做了严格的规定。海豹色和巧克力色经过稀释就可以得到蓝色和丁香色。

› **性格**：非常黏人、宽容、喜欢与人亲近、喜欢玩耍。这种猫非常容易驯养，对人类的命令也会积极做出反应。许多布偶猫都喜欢从外面叼回小的猎物，也可以用遛猫绳拴着它们。

› **特点**：和所有其他斑点猫一样，布偶猫刚出生的时候全身是白色的。过了几周以后，颜色才慢慢出现在毛发上。不同的颜色出现的时间不一样。

布偶猫属于比较晚熟的品种，最早三岁，有时会更晚，四五岁才可以算成熟。它们闪闪发光的眼睛中的蓝色也是慢慢才生长出来的。布偶就是布娃娃的意思，布偶猫的名字是这样来的：当人们用胳膊抱着它们的时候，一些（不是所有的）布偶猫就喜欢像布娃娃那样松松垮垮地挂在人的胳膊上，所以被叫作布偶猫。

› **历史**：这个品种在20世纪60年代的美国开始繁育。和它有相同繁育基础的品种是褴褛猫，最近几年在欧洲也有繁育，但是并没有得到所有协会的认可。

› **饲养**：布偶猫非常有耐心，也非常安静，可以和孩子们相处得很好。保养费用一目了然。可以养在家里，外出活动的话也会非常开心。

雷克斯猫

›**外貌：**雷克斯猫和其他猫的显著区别特征是它们卷曲的波浪形的毛发，以及大大的耳朵。其他区别特征还有不是很大的、呈现楔形的头以及长长的鼻子和尾巴。雷克斯猫有很多亚种：短毛的有柯尼斯卷毛猫、德文卷毛猫、德国卷毛猫，乌拉尔卷毛猫有短毛和半长毛的变种。同样是卷毛的还有塞尔凯克卷毛猫，这种猫更加粗壮，很容易让人们想起英国短毛猫。

›**皮毛：**卷毛或者波浪形的毛，几乎只有一层底层绒毛，没有护毛。胡子也是弯曲的。德国卷毛猫的毛比德文卷毛猫的毛要更加柔软，比柯尼斯卷毛猫的毛要更加厚。

›**颜色：**许多颜色种类和图案种类都得到认可。

›**性格：**聪明、喜欢与人亲近、喜欢玩耍、好奇心重。

›**特点：**它的卷毛是一种基因突变（自发的遗传基因的改变），这种基因突变在柯尼斯卷毛猫和德国卷毛猫的身上是一样的。

›**饲养：**皮毛较薄，只适合家养。尤其是德文卷毛猫。

俄罗斯蓝猫

›**外貌：**中等身材，纤长而优雅，头部微呈楔形，大大的耳朵，大大的眼睛呈现鲜艳的绿宝石色，和它全身银灰色、非常有光泽的毛形成鲜明的对比。细长的腿；尾巴越到末端越细。

›**皮毛：**浓密柔软的短毛，与身体不紧贴。

›**颜色：**得到认可的只有蓝色（专业术语中的灰色）。发尖没有颜色，使得整个身体呈现出一种银色的光辉。

›**性格：**安静到不引人注意，非常黏人，但是在陌生人面前比较谨慎。

›**特点：**三个主要的饲养派别有不同的标准。是唯一一种拥有双重披毛的品种，底层绒毛和披毛一样长。皮毛可以和身体轻微分离。

›**饲养：**适合养在家里，几乎不掉毛。

🐾 适合单身贵族养的猫

对于单身贵族们来说，猫是一个完美的伴侣：当你需要它们的时候，它们总会在你身边；当你向它们诉说自己的愿望和烦恼时，它们会认真地倾听；当你回到家时，它们已经守在门口等候着你了。单身贵族养的猫非常积极、警觉，但是一般也会要求很高。

品种	照片 在哪一页	对于第一次 养猫的人来说合适度	对于 家养的合适度	皮毛 保养的需求	简短描述
埃及猫	89	●●	●●	●	爱好运动，非常聪明；容易学习，很听话。
巴厘岛猫	89	●●	●●●	●●	非常喜欢与人亲近、警觉、聪明；需要主人给予它很多关心和照顾。
孟加拉猫	90	●●	●●	●	对家里其他小动物比较宽容，喜欢运动，喜欢和人交流。
缅甸猫	91	●	●●	●	比较勇敢，有时会有些鲁莽，会不停地强调自己的需求。
欧洲短毛猫	93	●●	●●	●	活泼，细心，对家里其他小动物比较宽容；需要经常外出活动。
异国短毛猫	94	●●●	●●	●●	克制谨慎、和气的性格应该感谢它们的波斯猫祖先。
哈瓦那猫	109	●●	●●	●	好奇心重，活泼，喜欢和人亲近；不可否认自己的暹罗猫血统。
爪哇猫	94	●●	●●●	●	需要和主人交流；细心、积极活泼，但是比较敏感。
夏特尔猫	95	●●	●●	●●	奇特的外貌；内心安静、喜欢与人亲近，招人喜欢。
缅因猫	96	●●	●	●●	仪表堂堂，性格平和稳健，非常宽容，也热爱自由。
克拉特猫	96	●●	●●●	●	喜欢玩耍，喜欢和人亲近，即使不能经常外出活动也行。
东方短毛猫	97	●	●●	●	活泼、要求高，适合有养猫经验的人。
布偶猫	100	●●	●●	●●	温柔，有耐心，孩子们理想的玩伴。
俄罗斯蓝猫	101	●●	●●●	●	非常漂亮、高雅的品种；非常安静，黏人。
西伯利亚森林猫	104	●●	●●	●●	全天候向往自由，敏感，独立。
索马里猫	105	●●	●●	●●	阿比西尼亚猫的半长毛变种；合群、活泼，但是要求很多。
雪鞋猫	109	●●	●●	●	稀有品种，需要很多的时间和精力去照料。

对于第一次养猫的人来说合适度：●不太适合 ●●适合 ●●●非常适合　　对于家养的合适度：●不太适合 ●●适合 ●●●非常适合
皮毛保养的需求：●需求不大 ●●需求适中 ●●●需求较大

暹罗猫

› **外貌**：中等身材，苗条优雅，长长的腿。现代培育的品种，头是明显的楔形，传统的暹罗猫（泰国猫）头更圆一些。鼻子长而直，大大的耳朵底端较宽，和脸一起构成等腰三角形。所有颜色的暹罗猫的眼睛都是杏仁形状的，向上倾斜，闪烁着蓝色的光泽。尾巴细长。

› **皮毛**：薄薄的短毛非常柔软，有光泽，紧贴身体。几乎没有底层绒毛。典型的暹罗猫脸上、耳朵上、腿上和尾巴上会有斑点。脸上的斑点不能覆盖整个脸，但是要包括耳朵。斑点的颜色应该和身体的基色形成鲜明对比。暹罗猫的花纹分为许多种不同的玳瑁纹和斑点纹。

› **颜色**：暹罗猫可以遗传的4种基色是：海豹色重点色（奶油色配深棕色斑点）、蓝色重点色（白色配蓝灰色斑点）、巧克力色重点色（象牙白配棕色斑点）和紫罗兰色重点色（白色配浅灰色和蔷薇色斑点）。其他的颜色类型还有：红色和奶油色，新的颜色类型还有焦糖色、浅黄褐色、肉桂色和杏黄色。

› **性格**：非常积极活泼、热情，喜欢玩耍，很聪明；经常会黏着一个人。

› **特点**：所有暹罗猫刚出生的时候都是白色的，身上的斑点都是在6个月以后慢慢出现的。只有纯白色的暹罗猫是"外国白猫"。暹罗猫有一部分是白化动物。有白化病的暹罗猫会出现斜视。斜视的暹罗猫不可以被人饲养。泰国猫体现了最原始的暹罗品种的猫，它们的头部是圆的（苹果头），身体也是圆滚滚的。暹罗猫一般4～6个月的时候就达到性成熟了。

› **饲养**：暹罗猫的要求非常高，非常喜欢叫，嗓门也很大，需要花费很多的时间和精力去照顾它。

西伯利亚森林猫

> **外貌**：身材中等偏大，强壮，腿短粗，体重比较重；头部宽而圆，耳朵中等大小，眼睛较大，向上倾斜，两只眼睛距离较远；毛茸茸的尾巴。

> **皮毛**：半长毛，底层绒毛厚而柔软，披毛有光泽，并且防水。身体的下半部分和后腿的后面只有底层绒毛。颈部和前胸有大量的颈部浓毛，后腿有"灯笼裤"。这种猫典型的"雪地靴"是长在爪子上的绒毛。夏季的皮毛较短，并且没有底层绒毛。多种斑纹图案。

> **颜色**：得到认可的颜色有巧克力色、肉桂色、紫罗兰色和浅黄褐色，各种颜色和花纹以及皮毛上白色部分的不同比例都是允许存在的。

> **性格**：独立、随和、细心，喜欢它的主人。

> **特点**：在整个俄罗斯普遍存在的是长毛的和半长毛的西伯利亚森林猫。西伯利亚森林猫的祖先也是自然生长的半长毛的家猫，没有受到人工繁育手段的影响。西伯利亚森林猫的重点色变种被称为涅瓦假面（Neva Masquarade）。FIFe协会把它算作一个独立的品种。

> **历史**：早期英国的猫咪展览上就出现了来自俄罗斯的长毛猫，但是很长时间以来数量都比较少。首次人工培育是在20世纪80年代的联邦德国，这种猫也在这里得到了认可。国际养猫协会在1992年（WCF）和1998年（FIFe）认可了这种猫。

> **饲养**：由于它们的毛非常厚，而且防水，所以对于零度以下的温度和雨水也是很好的防御装备。这种猫应该经常得到外出的机会，最理想的是你家里有一个用篱笆围起来的花园。尽管它们的个性比较独立，但是和主人亲密相处对于它们来说也很重要。夏天对皮毛的护理费用相对较低，冬天较高。

新加坡猫

› **外貌**：身材娇小，体重最高可以达到3公斤（公猫）；纤细灵活的身体，强壮的腿。小小圆圆的头部，短短的鼻子，耳朵底部比较宽，顶部比较尖。两只大大的杏仁形状的眼睛，彼此之间的距离比较大，深色的眼线；尾巴比较短，尾巴尖有些圆。

› **皮毛**：比较厚的短毛，非常有光泽，与身体紧贴。皮毛呈现褐色，从表面上看整体颜色深浅交替。

› **颜色**：新加坡猫被养猫协会认可的唯一颜色就是刺鼠褐色（Sepia Agouti），底色是象牙白，表层呈深褐色，整体颜色深浅交替。腹部、下巴和胸部颜色较浅，尾巴尖是深褐色。

› **性格**：对主人忠诚、适应能力强、喜欢玩耍；在陌生人面前比较谨慎。

› **特点**：最初由生长在新加坡这个城市的野猫和阿比西尼亚猫（见88页）和缅甸猫（见91页）交配得到。这个品种在德国还是很少见的。

› **饲养**：比较容易打理，非常适合养在家里。

索马里猫

› **外貌**：中等身材，身体柔软灵活。头部呈稍圆的楔形，鼻子略呈弧形，耳朵较大，底部较宽，眼睛周围眼线较深。尾巴上毛很多，越往尖上越细。

› **皮毛**：厚厚的、柔软的半长毛。标准的索马里猫应该有颈部浓毛和"小裤子"（后腿的后面部分长长的毛），以及耳朵尖上的一撮毛。品质极佳的索马里猫会呈现多重环状羽毛型的披毛。

› **颜色**：深红色（英语为ruddy，意为红润的，基础色是温暖的红棕色）。其他颜色还有：银色、巧克力色、红色和紫罗兰色。

› **性格**：积极主动、喜欢玩耍、非常可爱、细心。

› **特点**：索马里猫其实就是一只半长毛的阿比西尼亚猫。这两种猫的身材、皮毛颜色和性格基本一致。这种多重环状羽毛型图案一般在一岁之后才慢慢长出来。

› **饲养**：索马里猫喜欢有事情做，也需要主人给予它们更多关心。它们的皮毛不需要经常打理。

东奇尼猫

›**外貌：**身体纤长有力，长长的腿。略呈楔形的头部，鼻子和额头之间有明显的凹陷，明显的胡须。两只耳朵相隔较远，使头部的楔形更为明显；大大的杏仁形的眼睛呈现深蓝色、海蓝色和黄绿色；尾巴越往末端越细。

›**皮毛：**厚厚的短毛，有着丝绸般的光泽。脸上、耳朵上、腿上和尾巴上的深色的重点色应该与身上其他地方的浅色过渡自然。

›**颜色：**除了基础色蓝色、巧克力色、紫罗兰色和自然色以外，还有红色、奶油色以及其他种类的斑点纹和玳瑁纹。人们用"貂皮"来形容东奇尼猫身上非常有光泽的皮毛（貂皮色、紫罗兰貂皮色、自然貂皮色、香槟貂皮色）。

›**性格：**比较合群、喜欢玩耍、好奇心重；喜欢从外面叼回一些小的猎物。

›**特点：**由暹罗猫和缅甸猫杂交而得。

›**饲养：**易于打理，可以和家里其他动物和平相处。

土耳其安哥拉猫

›**外貌：**苗条纤长的身体非常轻盈，腿比较长。略呈楔形的头部；大大的耳朵，底部较宽，多数长有绒毛；大大的杏仁形的眼睛，有绿色的、蓝色的、金黄色的、紫铜色的或者鸳鸯眼；长长的毛茸茸的尾巴。

›**皮毛：**半长毛，有着丝绸般的光泽，没有底层绒毛；颈部和尾巴上的毛相对长一些，后腿上有"小裤子"。换毛比较严重：冬天全身的毛都明显比夏天时的要长。

›**颜色：**最初培育的品种是纯白色的。现在培育出了多种颜色，例如黑色、奶油色、红色、银色、白色以及花斑色、斑点纹和玳瑁纹。最经典的土耳其安哥拉猫仍是白色，并有鸳鸯眼的猫。

›**性格：**平和、简单、自信。

›**特点：**世界上最古老的长毛猫。

›**饲养：**理想的宠物猫，可以和其他宠物和平相处。

土耳其梵猫

› **外貌**：体形中长而结实，体重比较重（公猫可以达到9公斤）；强壮的腿；头部较短，呈楔形，鼻子较长，大大的尖尖的耳朵；中等长度的尾巴上有非常多的毛。眼睛的颜色有蓝色、琥珀色或者鸳鸯眼。

› **皮毛**：厚厚的半长毛有着丝绸般的光泽，没有底层绒毛；显著的颈部浓毛，后腿上有"小裤子"，腹部的毛比较长。夏天的毛薄一些，天气变凉以后，毛就明显增多。梵纹仅局限于两种颜色的斑点，并且只在头部耳朵旁边和尾巴上。

› **颜色**：主要是白色和奶油色。这个品种最经典的颜色是白色粉笔一样颜色的基色配上红褐色的斑纹。其他得到认可的斑纹还有奶油色、黑色、蓝色和玳瑁色。没有斑纹的土耳其梵猫也登记成为一种独立的颜色类型。

› **性格**：积极主动、好奇心重、喜欢玩耍，并且喜欢热闹，学习能力强；叫声甜美悦耳。

› **特点**：喜欢玩水，喜欢用小爪子抓水里游动的物体（如果有机会，它们也会去抓玻璃容器里的鱼）。土耳其梵猫属于成熟较晚的品种，一般将近4岁的时候才算成熟了。

› **历史**：很久以来土耳其境内的梵湖地区就以生活着的一种野生的梵猫而闻名。首次人工培育是在20世纪50年代的英国。也是在那时的英国，这种梵猫（也叫作游泳猫）作为一个独立的品种得到认可。20世纪90年代末土耳其境内的这种梵猫的数量下降到了100只以下。研究计划应该保持这种品种原始的形式。

› **饲养**：土耳其梵猫很适合家庭饲养，但是需要同种的猫作为同伴。护理费用中等。

新品种与稀有品种

养猫注重的是它们漂亮的外形以及和人类的亲密度。新品种的猫和其他的猫最大的区别就是它们有非常特别的颜色。

在人类养狗的历史上，近几百年的时间内，注重的都是狗的实用性。猫却一直致力于对这种实用性的反抗——虽然它们是捉老鼠的能手，可是捉老鼠却是它们的兴趣爱好，它们不想因此成为"有用的"动物。一些品种，如波斯猫、暹罗猫、夏特尔猫或者最古老的长毛猫土耳其安哥拉猫，早在几百年前就很有名了，但是有目的地进行驯养，是直到19世纪末才开始的。而

且将养猫作为兴趣爱好的只是少数人。直到20世纪50年代，才有越来越多的品种出现，例如异国短毛猫、布偶猫、欧西猫、索马里猫、新加坡猫，以及欧洲短毛猫。现如今，养猫人也不惧怕"异国交配"，例如萨瓦那猫就是家猫和薮猫交配的产物。人们在养狗的时候，评判饲养价值一般会注重狗的健康和身体状态是否良好，这种评判标准却不适用于养猫。

加州闪亮猫

›**外貌：**身材纤长苗条，拥有运动员一样的运动神经，长长的腿；略呈楔形的头部，长有明显的胡须；中等大小圆圆的耳朵；大大的眼睛，向上倾斜，呈现出黄色到橙色；中等长度的尾巴。

›**皮毛：**柔软的短毛，生有斑点，与猎豹身上的斑点接近。斑点可以有多种不同的形式。

›**颜色：**红色、巧克力色、银色、黑色、蓝色、奶油色以及肉桂色。

›**性格：**非常活泼，好奇心重、聪明，喜欢玩耍，喜欢黏着主人。它们捕猎的冲动比其他品种的猫都要强烈。

›**特点：**非常稀有；在培育之初，阿比西尼亚猫、美国短毛猫和英国短毛猫都曾起过作用。

›**饲养：**需要主人花费很多时间和精力，喜欢周围热热闹闹的。

哈瓦那猫

> **外貌：** 中等身材，看起来非常优雅，肌肉发达，长长细细的腿；头部较长，略呈楔形，鼻子比较短，杏仁形的眼睛闪着绿色的光芒；长长的尾巴。

> **皮毛：** 柔软的短毛，非常有光泽，紧贴着身体，单色，没有斑点。

> **颜色：** 毛色为均匀的鲜栗褐色。这种颜色让人联想到哈瓦那雪茄烟的颜色。

> **性格：** 喜欢玩耍、聪明、细心、喜欢黏人，有时候当主人不把它当作中心时，它们就会向主人讨要关心。

> **特点：** 虽然名字叫作哈瓦那猫（Havana），但是它和古巴首都哈瓦那（Havana）并没有关系。哈瓦那猫是由单色的短毛猫和以巧克力色为重点色的暹罗猫杂交而成的，1958年在英国第一次得到认可。

> **饲养：** 哈瓦那猫好奇心重，很喜欢伏击猎物，最理想的活动场地是篱笆围起来的花园。由于它们对主人很忠诚，喜欢与主人亲近，所以很适合养在家里。

雪鞋猫

> **外貌：** 中等身材，比较粗壮；略呈楔形的头部，大大的耳朵，底部比较宽，椭圆形的眼睛。唯一得到认可的眼睛颜色是蓝色。尾巴越往尾巴尖的部分越细。

> **皮毛：** 厚厚的短毛，紧贴身体，只有少量底层绒毛。得到认可的图案：和暹罗猫一样，重点色和白色部分同时存在。最典型的是前腿和后腿上的"白色手套"。

> **颜色：** 海豹色、巧克力色、蓝色和紫罗兰色搭配白色。

> **性格：** 积极主动、非常友好、好奇心重、对主人忠心。

> **特点：** 雪鞋猫的祖先是暹罗猫和美国短毛猫。在雪鞋猫的故乡美国，可以和暹罗猫交配，但是在德国不可以。

> **饲养：** 要求非常高的品种，需要主人付出许多时间和精力，但是不如暹罗猫的要求高，也不如它的嗓门大。

肯尼亚猫

› **外貌：** 中等身材，优雅苗条，同时又拥有发达的肌肉，长长的腿；头部比较小，略呈楔形，胡须明显；直直宽宽的鼻子；中等大小的耳朵，底部较宽，耳朵里面有绒毛。绿色到琥珀色的眼睛；长长的尾巴，越往顶端越细。

› **皮毛：** 有光泽的短毛，紧贴身体，没有或者只有很少的底层绒毛。非常显眼、特别的斑纹。

› **颜色：** 金黄色到深棕色。棕色夹黑色的花岗岩纹，总是令人想起有纹理的木头，人们也把它叫作"非洲斑纹"。

› **性格：** 活泼、独立、适应能力强、好奇心重，也非常喜欢和人交流。特别喜欢和人说话。

› **特点：** 起源于野外生长的猫（很有可能是野生的家猫），这种猫生活在肯尼亚的索科凯森林地区。

› **饲养：** 肯尼亚猫非常喜欢运动和攀爬，因此不太适合养在家里。它们可以和同类以及狗和平相处；不喜欢独处。

尼比龙猫

› **外貌：** 中等身材，身体纤长，肌肉发达。大大的耳朵，黄绿色到绿宝石色的眼睛。

› **皮毛：** 厚厚的半长毛有着丝绸般的光泽。尾巴长，覆厚毛。

› **颜色：** 蓝色（蓝灰色）是唯一得到认可的颜色。发尖颜色较浅，赋予皮毛一种银色的光泽。

› **性格：** 随和、喜欢玩耍、温柔、谨慎；在陌生人面前大多数时候比较害羞。它们要求其所信任的人给予其很多关注和照料。

› **特点：** 这种猫原来的名字叫作尼伯龙（Nibelung），来源于德国的英雄史诗《尼伯龙根之歌》中的两个主人公Brunhilde和Siegfried。在得到养猫协会认可之后，名字改成了尼比龙（Nebelung）。

› **饲养：** 尼比龙猫比较敏感，适合养在比较安静的家庭里面，不适合养在有孩子、乱哄哄的家庭里。皮毛需要定期梳理。

其他

很多品种的猫在饲养的时候会出现生理上的变化或者行为上的问题，这些变化和问题一部分可以导致巨大的危害，给猫带来痛苦。这种饲养被动物保护法定性为虐待，并且严令禁止。以下品种的猫会在饲养过程中出现健康问题：

苏格兰折耳猫。这个品种的猫最大的特点就是耳朵向前弯折。在饲养过程中会遇到骨骼方面的缺陷，导致运动受阻，还有耳道螨虫。类似的还有一些半长毛猫，如高地折耳猫、牧羊猫和美国卷耳猫。

马恩岛猫。尾巴或短或无，这种猫在运动和交流方面有问题，骨盆和脊髓有缺陷。相似的还有威尔士猫和日本短尾猫。

斯芬克斯猫（无毛猫）。几乎没有一根毛，也没有触须。容易被太阳晒伤，没有能力抵抗寒冷，在黑暗的地方寻找方向也很困难。相似的还有雷克斯猫，尤其是德文雷克斯猫（见101页）。

科哈那猫。无毛并且皮肤褶皱。在斯芬克斯猫基础上培育出的基因突变品种。

曼切堪猫（腊肠猫）。身材矮小，腿短。有运动问题和椎间盘疼痛。

哈巴狗脸的波斯猫。颅骨畸形（短头畸形），小而微翘的鼻子。呼吸有问题，眼睛总有眼泪，由于头很大，所以在出生的时候很困难。相似问题还有异国短毛猫。

马恩岛猫的尾巴或短或无，这给它们在交流和运动过程中造成很多不便，尤其是在跳跃的时候无法控制方向

斯芬克斯猫对炎热和寒冷都没有抵抗力。由于它们没有触须，所以在黑暗中很难找到正确的方向

曼切堪猫是相对较新的品种。它们和腊肠狗一样的小短腿使得它们无法像正常的猫那样运动

❓ 提问和回答

纯种猫的饲养和培育

1 在一次展览上，挪威森林猫给我留下了深刻的印象。从什么时候开始有了这个品种的？它们有多长时间的历史了？

挪威森林猫的起源可追溯到古代时期，常常出现在北欧神话中。1930年才开始进行人工培育。其他比较古老的品种还有伯曼猫、土耳其安哥拉猫、暹罗猫、土耳其梵猫、克拉特猫、夏特尔猫、波斯猫和埃及猫。其中一些猫几百年前就被人们所熟知，但是爱猫人开始接近它们并且尝试饲养，却是现代的事。

缅因猫拥有大量的颈部浓毛，这给人们留下了深刻的印象，使它成为了一个独特的品种

2 哪些品种的猫最受欢迎？

如果问卷调查的结果可信的话，那么最受欢迎的猫应该是半长毛猫。根据问卷调查，缅因猫名列第一，挪威森林猫和欧洲短毛猫并列第二。接下来的是英国短毛猫、夏特尔猫、波斯猫和俄罗斯蓝猫。

3 如果我想养猫，那么我该注意些什么呢？

首先，要从养猫协会的会员那里购买知名品种的猫。想要为您的母猫寻找一只可以交配的公猫，您自己也必须加入养猫协会，并且遵守它的规则，例如，协会对猫可以进行交配繁育的频率进行了规定。所有培育的猫都有自己的族谱。对于那些没有"身份证"的母猫，拥有可供交配使用的公猫的会员是不会提供自己的公猫的。

4 什么是人工合成猫？

人工合成饲养指的是有明确目的的饲养。为了达到预期的目的，饲养者会让完全不同体质的猫进行交配，也会用非纯种的

猫与纯种猫进行交配。典型的例子就是玩具虎猫，这种猫有老虎一样的颜色和斑纹（它的英文名字叫作Toyger，是由玩具Toy和老虎Tiger组合而成的单词）。许多人工合成饲养会导致一些不好的结果，或者成为虐待动物，例如曼切堪猫（见111页）。

5 有聪明的猫和不那么聪明的猫之分吗？

聪明这个词首先是用来形容人的。用在动物身上，指的更多的是解决问题的能力。在这方面所有的猫都很优秀。区别在于，它们对问题和发生改变了的情况的反应速度。在这方面，暹罗猫和其他东方品种表现最优秀。长毛猫中巴厘岛猫是最"聪明的"。

6 "现代"暹罗猫和传统的暹罗猫区别在哪里？

当前培育出的暹罗猫在极端的情况下拥有非常纤细的身体，楔形、三角形的头，大大的耳朵。传统类型的暹罗猫更圆润一些，尤其是头的形状（"苹果头"）。一些养猫协会把传统类型的暹罗猫归到了泰国猫名下。

7 有能带来好运气的猫吗？

在许多国家，玳瑁猫（黑色和红色）和三色猫（黑色、红色和白色）都被视为能带来好运气的猫。在日本，三色的招财猫（"招手猫"）非常多。这种被视为能带来好运的猫被人们做成陶瓷和塑料形象，它坐在那儿，一只前爪抬起来向人们招手。这种形象的原型是日本短尾猫（见111页）。

8 如何理解猫在培育过程中的渐变？

渐变这个概念来源于生物学上的变态概念，也就是生物的变化阶段，比如一只蝴蝶由毛毛虫破茧成蝶的过程。现在这个概念被用于描述一个物体渐进性的变化，这种效应可以在电脑上进行模拟。在人工合成培育中，这个概念可以帮助人们预先确定想要得到的培育目标。

猫咪
来到我家了

如果猫咪只把我们当作可以为它们提供开罐头服务的开罐器，那么就不会有数百万人愿意按照这些"家养小老虎"的需求去调整自己房子的陈设了。猫咪需要的可不仅仅是一个可以睡觉的地方和一个食盆。它们需要能够理解它们的特点甚至怪癖的人，需要有极好的耐心，更重要的是在它们刚刚进入这个家庭的时候出现的一双手，帮助它们尽快适应陌生的环境。

我的猫咪需要这些

对于猫咪来说，家意味着一切。它们熟知这里的每个角落，每个隐藏点，在这里它们感觉到安全、强大、自由。作为伴侣的人类，在它们的眼里也和家这个私人领域不可分割。

幸福对于猫来说意味着一个一目了然且井井有条的生活环境——有秩序并且整洁干净。这就是说，所有事物都要保持原样，不要出现变化、惊喜和移动。人们可以很明显地感受到它们对移动的反感：如果主人总是在猫生活的区域把家具搬来搬去，又或者每周在起居室放一个新沙发，都会给猫带来压力，引起它们的愤怒（见117页）。猫是对习惯非常狂热和执着的支持者。这也适用于它们的日常起居：每天准时来到食盆前，准时去狩猎，准时回家和主人玩耍亲热。养猫的人很快就能把宠物猫的这一切内化成自己生活的一部分，然后就可以和这个非常棒的小伙伴建立起很好的关系，这个小伙伴恰恰会对一些小的细节非常在意。

猫的要求和饲养它们所需要的条件

　　和它们野生的亲戚一样，宠物猫也需要一个私人领地，而这个区域的中心就是它们睡觉和休息的小窝。除了流浪猫和少数几种生活在农家的猫，一般的宠物猫睡觉和休息的地方都是主人为它们准备好的篮子和软垫（见132页）。

家庭区域

　　宠物猫的"管辖区域"一般可以延伸到走廊或家里的大门处。这片区域的所有者对它们所管辖的"王国"的权利和义务与它们生活在室外的同类们的权利和义务差别不大。对于两者来说，对它们的不动产的检查是每天固定的工作。在室内，这不可避免地成为了一个长期的工作，猫咪每天都会轻松熟练地进行这项单调机械的重复性工作。与此相反，它们在室外狩猎的时候，经常会遇到惊喜和意想不到的遭遇——有时候是一只好奇的狗，有时候是邻居家讨厌的公猫。

　　熟悉的居住环境。 即使闭着眼睛，猫也可以在它的狩猎区毫不费力地找到正确的路，在空间相对狭小的室内更是比室外容易得多。房间的地貌地形和大小，家具的位置，门和门之间的距离，都成为了一张三维的地图存储在猫的脑袋里。只要所有东西都在它们原来的位置，猫就觉得很安全很舒服。如果主人经常在猫的居住环境周围进行

改变，那么可怜的"小老虎"就不得不一次又一次重新考察物体的位置，并且用它的气味为它们做标记。

　　标记自己的所有物。 猫会用嗅觉信号和视觉信号来标记它们自己的所有物，这样，从它们身边经过的同类就可以从这些信号中读出这些物品所有者的各种信息。生活在室内的猫在做这项工作的时候比生活在室外的猫要少费好多力气。它们只要用头和腹部在物品上蹭一蹭，就可以留下属于自己的气味。这些气味来自于它们脸部、身体和屁股上的腺体。值得信任的人类对于它们来说也是私有财产，它们也会用同样的方法对人进行标记。当它们遇到别的陌生的猫留下的

实用信息

猫脑袋里的时钟

➡ 植物、动物和人类身体里面都有一种生物钟，它可以控制生物的新陈代谢过程以及行为方式，一个周期是24小时。

➡ 猫体内的这种生物钟走得尤其准确。对于小猫来说，准时来到妈妈身边吃奶完全不是问题。

➡ 上班族在工作日一般会起得比较早，这点和猫一样。周末在他们的日程表上标注了"不用上班"，因此可以睡个懒觉。

➡ 在领地（见22页）道路使用上，精确的时间起了非常重要的作用。因为有时候需要看时间，以避免遇到不友好的同类。

气味信息时，会采用更加明确的方式来做标记。让主人感到很头疼的是，猫经常会在房子里留下自己的大小便，以此来掩盖住它们意外遇到的陌生气味。

一切尽收眼底。在猫的管辖区域，一个有利于观察一切的战略性制高点不可缺少（见22页）。不仅仅是在室外，在室内同样需要一个可以用于瞭望的观察点。它们最喜欢的就是餐具柜或者书柜上面可以让它们蜷伏的地方。

睡觉和休息时间

即使一只猫有了安全的家，不再需要自己出去寻找食物，它们的日常活动还是非常耗费体力的：每天定时视察领地、探索未知领域、打猎、遇到同类以及和主人疯玩。这些都需要耗费体力。为了给"电池"充电，只有一种有效的方法：睡觉，尽可能多地睡觉，有时间就睡觉。猫很聪明，知道怎么做对自己好，于是会抓住一切机会睡觉。一天平均12～16小时的睡眠是最基本的，但是那些对室外活动痴迷、只在吃饭的时候才回家的猫，睡眠时间通常会少于12小时。

猫需要睡觉。那些一睡就是半天的人，会被人叫作"懒汉"。可是对于猫来说，半天的时间用来睡眠却是不可缺少的。如果人在猫睡觉的时候不停地去打扰它们，不仅会招来它们的不满，而且也会损害它们的敏捷灵活性；同时，它们的能力也会受到伤害。睡眠受到严重干扰，会导致猫的免疫能力下降，对疾病没有抵抗力。

因此：请您一定要尊重猫的睡眠时间。也要提醒您的孩子们，因为他们总是恰恰在这个时间喜欢和猫玩耍。

猫喜欢怎样睡觉。猫是真正懂得如何放松的艺术家。我们费尽心思去学习冥想术，或者自然的休息方法，但是猫不用学就会了。它们能够在最不利的情况下和嘈杂的环境中完全放松地打盹儿。但是，这并不意味着它们的主人就可以不用为它们提供一个合适的休息睡觉场所。这个地方应该尽可能地远离"家庭主要交通要道"，尽量选在一个昏暗的角落，并且没有穿堂风。为

小贴士

您可以这样为您的猫咪打造家的感觉

➔ 睡觉的小窝、可以让它磨爪子的物品、食盆、水盆以及猫厕所都在房子里有它们固定的位置。

➔ 家具和家中其他的陈设不要经常移动位置或者更换。

➔ 在家里要有温度不同的地方，以便猫咪可以按着自己的喜好找到温度合适的地方。

➔ 至少要在窗台上为它准备一个可供它远眺的地方（最佳方式：宽宽的窗台铺上软垫）。

➔ 在屋里不要抽烟，也不要喷空气清新剂（例如柑橘气味的喷雾）。

了自己的猫好，就要尽量给它们多提供几个可以休息的地方——最好是地势较高、温度各异的地方。猫咪喜欢洞穴。如果它们可以自由选择，它们会更喜欢有房顶、像洞穴一样的地方，比如柳条筐或者半球形的窝（见133页），类似的物品宠物用品店里会有出售。

在饮食方面，猫咪非常坚定。如果食盆里的食物不让它们满意，它们会坚持不懈地向人类索要它们喜欢的食物

饮食上的要求

　　猫是食肉动物。它们的传统食物——老鼠和其他小动物，可以供给它们每日所需的维生素、矿物质和其他营养元素。人类膳食和剩菜剩饭是不适合猫咪吃的。狗粮也不适合猫吃，因为狗粮里面的蛋白质和脂肪的含量还不足猫咪每日所需数量的一半。那些素食主义者，如果也给自己的猫咪吃纯素的食物，那就是在害它们了。

　　猫不是跟我们人类搭伙吃饭的动物。它们经常偏爱某一种食物或者某一种口味，应该尽量避免它们单一的饮食。最好是在它们还是小猫崽的时候就控制它们不要挑食，因为在小的时候，饮食习惯和偏好就已经成形了。

猫咪会花费很多时间来保养自己的皮毛。舌头在这个时候就成了洗澡巾和小刷子。对舌头够不到的地方，它们会用口水蘸湿爪子进行皮毛清洁

身体和皮毛的保养

　　人们看到猫的第一眼就知道，它们是一种爱干净的动物。即使是长时间在外面的流浪猫，看起来也干净整洁，因为它们很注重自己的清洁卫生。皮毛的短期清洁保养随时都在做，而大范围地清洁也没有一只猫会

从小的时候开始，就应该时常给猫咪更换不同的食物，这样可以避免它们长大以后变成个偏食挑食的坏孩子

把猫厕所放在一个安静的地方，就可以避免猫的如厕问题

忽视。猫在很小的时候，甚至连站都站不稳的时候，就开始注重自己的身体清洁了。

重要的是：如果一只猫只是偶尔才清洁自己的皮毛，或者它们压根就不再清洁自己的皮毛，那么多半是生病了。

如厕行为

猫在清洁身体和皮毛的时候几乎不需要人类的帮助。可是，在上厕所这件事上却希望得到人类的帮助。人类要负责保证猫厕所时时刻刻干净没有异味，否则猫就不会再使用这个厕所，并且对这种有失体面的情况进行反抗——最坏会导致它们在厕所旁边随地大小便。即使总在室外活动的猫，也应该在室内给它准备一个厕所。如果您家里同时生活着两只或者更多的猫，那么您应该在不同的房间里至少准备两个可供它们使用的厕所。

猫不喜欢在上厕所的时候被别人盯着看，因此厕所的位置应该选在隐蔽的地方。上面有罩子的厕所比较合适。但是，不是每只猫都能接受一个封闭式的厕所。

节奏感十足的日常生活

猫是一种独立的生物，它们不像群居动物一样必须适应群体的活动和要求。因此它们可以无忧无虑地过日子，只做自己想做的事。

猫的日常生活结构非常清晰。活动时间和休息时间有节奏地互相交替。它们为自己规定了每天早上和晚上必须打猎的时间、每天上午和下午必须休息的时间、每天必须去拜访邻居的时间（也许那里会有美味可口的食物等着它们）、每天晚上和主人亲热玩耍的时间。它们的日程安排也考虑到了家庭中的关系和它们领地中的关系。也就是说，大多数情况下是猫在根据人类的生活来调整自己的生活节奏。每天上午所有人都离开房子，这个时候就是它们睡觉的最佳时机。这样，到了中午它们就能精力充沛地迎接放学回家想和它们玩耍的孩子们。如果一只猫在正确的时间出来活动，就不会在领地碰到它的同类——不过前提是，所有猫都必须在属于自己的时间出来活动。

不要让您的猫等待！当然没有人能把自己的日程安排按照猫所希望的样子进行调整，但是，每个养猫人都应该准备好做出妥协和让步。例如，您应该按时为它们准备食物，因为猫对吃饭这件事计划得非常精确，甚至精确到分钟了；您也应该遵守每天和它们一起玩耍的时间，因为这件事对于它们来说和吃饭一样重要。如果您一般白天出门，让您的猫在家独处，就至少要在晚上按时回家。这时，您的猫已经在等您了！如果您偶尔迟到个一次两次，还可以原谅，但是如果经常不按时回家，这就有可能会影响到家庭团结了。

什么对猫有益

运动的需求。狗喜欢跑，每天都要跑，尽可能远、尽可能多。而猫则是选择性的跑步运动员：如果必须跑，那么它们可以跑。但幸运的是，它们很少必须跑。它们做得最多的是闲逛。即使是生活在室内的猫，也不会缺少运动。对于它们来说，走廊就足够它们练习短跑了，更重要的是有事可做以及生活环境清晰的结构。

❌ 小测试：我适合养猫吗？

您觉得猫很棒，但是抛开对这种动物的好感，您准备好养猫了吗？您愿意并且有能力在未来的15～20年里面满足它们所有的要求吗？

	是	否
1. 尽管猫是很独立的生物，但是您也需要花费很多精力。您有时间在一天中多次为它们的事而忙碌吗？	☐	☐
2. 猫是最干净的动物之一，但是它们会掉毛，有时候掉得多些，有时候掉得少些。您可以接受这点吗？	☐	☐
3. 您可以接受家具上、门上的抓痕吗？	☐	☐
4. 如果您的猫生病了，或者出于其他原因需要您的照顾，这时您能为了它们而放弃旅行和度假吗？	☐	☐
5. 养宠物需要钱。除了装备、食物和疫苗注射以外，还会有其他的费用，例如看兽医的费用。您能接受这点吗？	☐	☐

答案：针对上述每一点，人们都应该进行思考：它们到底在实际生活中有多重要。但是坦诚地说，只有当您对上面的5个问题都毫不犹豫地回答"是"的时候，才说明您可以考虑养一只猫了。

有事可做。非常明显的是，如果一只猫有事可做，它就会觉得自己很幸福；相反，如果它找不到可以做的事，就会觉得很无聊，然后就会产生一些愚蠢的想法。满是抓痕的门、起了毛的沙发和地毯、破了洞的窗帘就能说明这个道理。所有"家里的小老虎"，也包括那些可以在室外生活的猫，都需要在屋子里有事可做，有机会可以尽情玩耍（见255页）。

没有异味的区域。猫灵敏的小鼻子不喜欢任何刺激性的气味。强烈的柑橘气味几乎可以吓跑所有的猫。尼古丁也会损害猫的鼻子，更不用说吸二手烟对于猫的危害和对于人的危害是一样的。经常喷香水的人会让小猫感到不安，不知所措。它们通过声音和姿态来识别自己信任的人，同样也通过他们特有的味道。如果被香水味所掩盖，它们对这个人所产生的交流和亲近的意愿就明显变得冷淡了。

安静的房子。猫是安静的动物，也喜欢安静。尽管它们可以忽略噪声，在吵闹的环境中平静地打盹儿，但是懂得关心它们的主人不会把收音机和电视调到最大的音量。同样让人容易理解的就是，不要大声斥责您的猫咪。

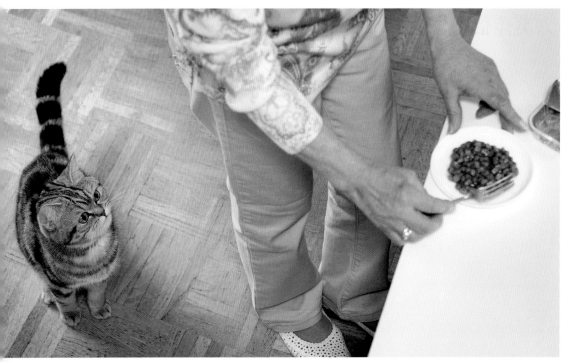

吃饭时间：猫咪把自己的吃饭时间精确到分钟。如果主人不能按时为它准备可口的饭菜，它就会一直发出抱怨哀求的叫声，直到主人为它准备食物

外出活动会让猫感到快乐吗？

只在室内活动的猫很可怜吗？自从猫和人生活在同一个屋檐下，关于猫是不是必须到室外活动的讨论一直非常激烈。生活在一个适合猫生活的房子中（见132页），如果它们的主人对它们关爱有加，那么它们的生活中就不缺少什么东西了。可以外出活动的猫肯定会有更多的经历，但同时也会遭遇更多的危险。仅仅是道路上的交通事故，每年就会导致非常多的猫丧命。这就使得生活在外面的猫的存活率，不足单纯生活在室内的猫的存活率的1/10。

人类伴侣

通往无忧无虑和轻松享受的道路，对于我们人类来说充满了坎坷和荆棘，而且这个美好的目的地常常只是个遥远的梦。然而猫却拥有与生俱来的享受舒适生活的本领，它们内心平静，是适应环境的大师，即使周围的环境非常不利，它们也可以安然自处。也许正是这种毫不费力的生活能力，使得猫拥有了神奇的吸引力，而正是这种吸引力，吸引着大多数人类。

永远的孩子和专业的猎人

人类驯养动物，为的是使动物为其所用，利用动物的能力为人类服务。在人类驯养动物的过程中，人类自己的需求和期待

实用信息

养猫的费用

➡ 一只重量在4～5公斤之间的成年猫，它的伙食费每月约25欧元（成品猫粮）～60欧元（比较好的牌子的成品猫粮）之间。特种饮食的费用一般来说会更贵。

➡ 草垫每个月花费20～30欧元。

➡ 身体检查和注射疫苗的兽医费用（每年）：40～70欧元。

➡ 养猫的基础装备至少要花费200欧元（见133页"实用信息"）。

一直处于中心位置。只有养猫这件事不是这样的。猫自愿地找到人类，待在他们身边，因为这种最初非常松散的关系使得它们的生活和觅食变得容易了许多。尽管这种伴侣关系在几千年的历史中不停发展，可是猫的本质却没有在这个过程中发生任何改变。它们曾经为了在自然界中生存，必须成为完美的猎人，现在，它们仍然这样。生活在室内的猫，有时候会在房子后面捕猎，它们的行为方式和它们生活在野外的猫科亲戚没有什么区别。

在和人类的交往中，猫扮演了特定的角色：一个不能独立生活的小孩子，它必须得到主人的关心和母亲般的照顾，需要主人经常跟它亲热，表扬它，而且永远长不大。在角色扮演中，猫特别入戏——不仅在行为方式上，而且在身体语言和叫声上。这些语言

小贴士

有工作的养猫人应该遵守的5条规则

➜ 每天按时从办公室回家是您的义务。您的爱猫已经等了好久了，它一直在等着您把钥匙插到锁眼儿里的声音。回家时间经常改变的人，有可能会受到猫咪的反抗。

➜ 回到家之后，请您马上抽出几分钟的时间和您的爱猫说会儿话，爱抚一下它。

➜ 尽可能每天都在同一时间和它玩耍一会儿。当您和爱猫一起玩耍或者亲热的时候，请不要同时做其他事情（例如读信件或者打电话）。

➜ 如果您必须每天将爱猫单独留在家里超过4个小时，那么请您再买一只猫，让它们互相有个伴。

当小猫第一次外出活动的时候，主人应该在不远处保护它

因素，例如对于我们来说也许是猫所特有的"喵喵"声，它们却不会对同类们使用（见27页）。它们的行为可以持久、成功地唤起我们的保护者本能和关心，甚至有时候人们会自问：到底是谁驯养了谁啊……

猫充实了我们的生活

猫咪坦诚、毫不犹豫地走向我们。它们对我们的亲近和活泼让我们感受到温暖，让我们变得勇敢，加强了我们的自我价值观念（见59页）。气愤、压力和消极灰暗的想法突然间消失不见了。猫咪会非常坦诚地告诉我们它喜欢谁，讨厌谁。它们把头凑过来，用肚子蹭一蹭你，举起小爪子轻轻碰碰你，都是很明确地向你表达友谊的举动。猫咪也会用这样的方式来表达它们的愿望，例如想要吃美味可口的食物的时候——这也无伤大雅。

抓住它的胃，不一定就能抓住它的心。如果您感觉到您的猫对您不如对其他家庭成员那么友好，而您想改善一下这日渐冷却的关系，可以尝试着每天给它喂食。但是也不会这么简单就能成功：相关测试证明，猫和人类之间的关系亲疏远近并不取决于这个人是否天天给它喂食。

猫咪外出活动一般会停留在它们领地中心（见21页）的周围某一特定区域。它们的领地以及邻近散步区域的大小，与这片区域的格局和建筑物有关，也和相邻的其他猫的领地数量有关。当主人或者主人一家人

创建和谐气氛的方法：和猫咪的玩耍可以加强猫咪对主人的喜爱和信任。简单的反应游戏和锻炼运动细胞的球类游戏、捕猎游戏一样，非常适合增进猫咪和主人之间的感情

出门散步的时候，许多猫会陪着他们。在房子附近的时候它们还是会很开心地跟着主人。但是当散步的地方超出了它们的领地，到了陌生的地方时，它们就会停止不前，坐下来，目送主人离它们越来越远。一只猫可以陪它的主人在陌生的地方走多远，与它的胆量、经验和所属品种有关。举个例子，暹罗猫和缅甸猫在这方面比其他品种的猫更勇敢。陪主人散步这种行为同样也是对猫和人的关系亲疏远近的一个测试：如果猫和主人之间互相信任很深，那么即使超出了它的领地界限，它还是会陪在主人身边。那些主动陪在主人身边散步的猫，一般也会接受主人用遛猫绳牵着它们。性子比较慢、喜欢悠闲的品种，例如英国短毛猫、缅甸猫和布偶猫，更容易习惯被绳子和胸带挽具牵着。

与单身贵族对话

猫咪喜欢有着官僚灵魂的人。这并不意味着这个人要把书桌收拾得非常死板，而是要有一个精确的日程安排。一只猫和它的单身主人之间的关系非常亲密，到了缺了对方就不能生活的地步，而且为了维持和谐的伴侣关系，双方都愿意为对方做出妥协和让步。一个养猫的单身上班族需要注意，一定要尽可能地在固定的时间下班回家。因为他知道，他家的"小老虎"已经满怀期待地等他回家了。另一方面，他的爱猫也为了等待主人打开门的那一刻而安排好了自己的一天，它睡足了觉，让自己心情愉悦。

请不要停下来！对于一只正在和主人亲热的猫来说，它非常希望时间能够停止

最好是两只。 由于工作原因或者其他应尽的义务而经常不在家，或者在家的时间不固定的单身贵族，如果想养猫，那么我的建议是一开始就养两只猫，最好是一窝出生的同胞。这样，尽管和人的相处时间很短暂，它们也可以互相陪伴来打发时间。如果您选择的是一个猫妈妈生的兄妹或者姐弟，那么应该尽早给它们进行阉割（见238页）。

对于那些经常需要独处的猫来说，一个安全的生活环境（见137页）尤其重要。

参与其中，而不是只做旁观者

您的四条腿的家庭成员当然有一个属于自己的地方，它可以躲到那里去，不受外界干扰地打盹儿休息（见118页）。除此之外，猫咪还希望参与家里发生的所有事——

当所有家庭成员都坐在电视机前面的时候，当爸爸坐在电脑前面工作的时候，当妈妈熨衣服的时候，当孩子们做家庭作业的时候。家里的猫，即使它不自己主动要求，也应该被允许在家人吃午饭的时候坐在一把椅子上，看着大家吃饭，观察餐桌上是否有有趣的事情发生。如果这时候正好也是它该吃饭的时间，那么它无论如何也不该对人类餐桌上的食物有什么兴趣了。您可以耐心地教育您的猫咪，告诉它，它不可以到人类的餐桌上去。如果猫咪在小的时候就已经知道了什么可以做什么不可以做，那么这些事情就不会成为问题了。

动物对于老年人的意义时至今日还没有得到人们足够的重视，甚至是医生和诊疗师也没有意识到它的重要性（见59页）。心理学家艾哈德·奥尔布里希教授总结他的实际经验后认为："动物可以使老年人保持生机与活力。"对于那些行动不是很方便的老年人来说，猫比狗更适合做他们的伴侣，因为狗必须每天都出门活动。对比研究证实，那些养猫多年的老人出现孤独感和抑郁症的情况要比那些不养宠物的老人少得多。在"适合老人养的猫"这个表格（见99页）里面可以找到适合老人养的品种。

一些老人不想养小动物，因为担心这个动物也许会比他活得还长，在他离世之后，它会居无定所。这种担心完全没有必要，因为现在人们可以通过遗嘱的方式来保证自己离世之后宠物的照料问题。

猫和孩子们

在这里，就不需要再拿出证据来证明那些从小和小动物一起长大的孩子们，会在之后的生活中从中受益匪浅。和那些成长过程中没有小动物陪伴的同龄人相比，这些从小和小动物一起长大的孩子在小的时候就学会了承担责任、履行义务，发展社会性的行为方式，因此在与周围的人相处过程中，他们也表现得更加开放并且乐于助人。

和天竺鼠、仓鼠以及其他小的宠物不同，猫咪拥有独立的个性和独特的要求。年龄比较小的孩子一般没有能力时刻考虑到猫咪的这些要求。建议8岁以下的孩子不要在没有大人陪同的情况下单独和猫咪玩耍。

最重要的举止和行为规则

如果大人亲自给小孩子示范，应该如何跟猫咪相处，孩子们会很快学会这些行为规则。

● 当猫咪在睡觉或者吃饭的时候，不可以去打扰它。

● 不可以和猫咪在视线平行的位置玩耍。孩子们的脸部一定要在猫爪可触及的范围以外。

● 小孩子不可以把猫举到高处，也不可以把猫抱在怀里。如果这时候猫做出防御反应，掉到地上，会同时伤害到猫和孩子。

孩子和猫不用通过语言就可以互相理解。猫喜欢孩子，但前提是他不剧烈活动或者大声喧哗。对于一只好奇心重的猫来说，孩子们的玩具可以发现很多乐趣

童年有猫咪的陪伴，会对这个孩子之后的生活产生非常大的影响

● 永远不可以打猫。

● 抓它的脸，拽它的腿和尾巴，也是不可以的。

● 当猫咪心情很好的时候，温柔的抚摸是可以的。但要注意，一定要顺着毛的方向。

● 猫咪不喜欢匆忙的活动，也不喜欢巨大刺耳的声音。

父母的义务。 孩子们对待猫经常会像对待人类的同伴一样。他们会亲吻猫咪，让它们舔自己；他们会不假思索地让猫咪吃他们盘子里的食物，同时也会去尝尝猫咪食盆里的猫粮。这时就需要父母及早地介入，教给孩子们人和动物的区别。还要告诉孩子们在和猫咪玩耍之后，记得洗手。

大人应该教给孩子如何辨别一只猫是否不再想玩耍，而是独自待着了，也要告诉孩子，这个时候该停止和猫的游戏。

孩子的工作。 对于孩子们来说，他们得到父母的允许，承担照顾猫咪的任务，本身就是一件意义非常重大的事。很小的孩子已经可以给猫的食盆装水和猫粮了。当父母带着猫去看兽医的时候，允许孩子跟着去，他们就可以观察猫在路上和在候诊室的表现，在那里也可以遇到其他的猫。这一切对于孩子们来说都非常有趣。年龄稍微大一些的孩子可以参与照顾猫咪，他们可以定期清理猫咪的食盆，检查它们的皮毛是否有寄生生物和脏东西，为长毛猫梳理毛发。

喜欢孩子的猫。 波斯猫、布偶猫、缅因猫、英国短毛猫和异国短毛猫，这些猫全部都属于身体比较强壮、比较有耐心的品种，它们喜欢和孩子们在一起，而且当孩子们大声喧哗或者有些粗暴地抱着它们的时候，它们也不会特别容易生气。对于年龄比较大一些的孩子来说，比较适合的玩伴有索马里猫、缅甸猫、阿比西尼亚猫和土耳其安哥拉猫。

猫和婴儿

许多猫在家里出现婴儿之前一直都处于整个家庭溺爱和关注的中心，所以当家里突然多出来一个婴儿，大家都围着他转的时候，它们当然会不高兴。而且，这个小东西还经常制造对于敏感的猫耳朵来说非常刺耳的噪声。这时，您应该采取措施，缓和一下猫和婴儿这个战线上的紧张气氛：

• 当您照顾婴儿的时候，可以允许猫作为观察者待在房间里。在第一次的时候，可以给它一些可口美味的食物，这样，它就会把这个新的情况和积极开心的事联系起来了。

• 如果您的猫表现得非常安静温和，那么可以允许它在您的监督下近距离仔细观察婴儿，甚至可以允许它闻一闻婴儿。

• 但是，即使几次下来它都表现得非常安静温和，您也不可以把它单独和婴儿留在一个房间里。

• 请您在婴儿来到家里的最初几周有意识地多和您的猫在一起亲热玩耍，尽量多地给它关注。

• 可以在外活动的猫可能在最初的时候会经常长时间在外面待着，因为它觉得在屋里不舒服。这时，您也应该多给它关注，多向它表示亲热，这样才能打破家里出现的冷战局面，并且引导这个小小"流浪汉"做出妥协和让步。

您对猫有什么期待？

一只猫会养成某些习惯，拥有自己的偏好。这不只是成年的猫才会有，那些小猫也会从自己的妈妈那里学到一些行为模式。小猫对新的事物比较容易接受，而年龄比较大的猫在接受人类提出的妥协、让步条件的时候就没那么容易了。

对它要体谅和理解

尊重夜晚的安宁。猫喜欢夜里行动。

猫咪是独立的个体，请您测试一下，您这四条腿的小伙伴最喜欢什么

只有很少的养猫人对猫咪夜里的行动感兴趣。补救措施：在睡觉前跟它玩一些耗费体力的游戏，这样可以让它多一些困倦和睡意。

按时回家。如果您的猫在外面待的时间过长，您就会为它担心。补救措施：在它回家以后再给它喂食物。

从一开始就训练它不得随地大小便，保持室内卫生清洁。许多小猫在刚到家里的时候就已经非常爱干净了。重要的是：每天要更换草荐，在最初的几周内设置两个厕所，这样当它突然想上厕所的时候，就可以找到离自己比较近的那个厕所。

优雅地吃饭。有些猫喜欢把食盆里的食物捞出来放在身边。补救措施：把食盆放在瓷砖地面上或者可以清洗的毯子上。

爱抚训练。不是所有的猫都喜欢人类爱抚，许多猫不喜欢被人抚摸肚子，您要接受这一点。

睡在床上的猫。如果您允许猫睡在您的床上，那么就不要撤销这个允许。

猫咪的梦幻之家

猫咪并不在乎家里是否有设计师设计的家具或铺有奢华的地毯。它们对于住处的要求跟我们人类的想法不太一致。一个猫咪之家的基本配置并不需要奢侈的花费。

猫咪对家有一定的要求，正是这些要求决定了这个家对它们来说是一个勉强可以接受、最多只有一星级的住处，还是一座奢华的五星级居所。首先家应该是温暖的睡眠和休息场所；再高级一点的家是一个视野开阔而又隐蔽的藏身处，它可以一览众山小，却不会被轻易发现；家还是一个温暖的乐园，让猫咪在寒冷的清晨精神抖擞地潜伏捕猎；家里应该有粗糙、适合抓挠的物品让猫咪不知疲倦地磨爪子。此外，放猫食和水的碗，带松软猫砂的猫厕所都必不可少，还要有打发无聊时间的玩具和富含维生素的猫草。

猫咪之家的基本配置

有人是如此溺爱这个柔弱娇小的小家伙，他们把整个屋子都布置成了猫咪的家（见133页）—— 配备所有宠物梦寐以求的家具：高高架起、连接所有房间的爬梯，各种式样的猫爬架和猫窝，直至当季最潮的配件。人们喜欢的梦幻陈设，也许也是他们的猫咪所向往的。这样做可以但却不是必须的。真正必不可少的基本配置有：猫篮，猫厕所，猫爬架或磨爪板，放猫粮和水的小碗，带猫出门用的猫笼以及玩具。根据品味和钱包，你可以选择简单、平价的或者昂贵、高端的。小的猫爬架有20欧元以下的，而一个多功能、各种配件齐全的（见139页）则有可能卖到600欧元甚至更贵。大部分人用的小的猫爬架就很好用。

选购标准。 在选购用具和配件的时候应该注意以下几点：

● 材料应耐用、结实，不容易被咬坏：木头（柳木猫篮、玩具）、硬塑料（猫笼、玩具）、陶瓷或不锈钢（放猫粮和水的小碗）

● 结构应牢固、稳定性好（猫爬架、猫厕所、猫笼、放猫粮和水的小碗）

● 油漆要安全无害（猫窝、玩具）

● 容易打扫（猫厕所、小碗）

● 至少30度水温可以清洗（给猫咪用的被子、枕套、垫子、沙发）

● 清理粪便方便（猫砂）

● 不要太笨重（猫笼、猫篮）

猫篮与猫床

全家都期待不已：新买的、色彩艳丽、柔软舒适、给猫咪用的沙发放在客厅里真是太吸引人了。而我们亲爱的猫小姐是什么态度呢？她看也不看一眼，而是像往常一样拖着一副娇躯爬到硬邦邦的暖气片上躺下。

猫咪对它喜爱的栖身之处有自己的想法。人们提供给它的不一定能让它称心如意。有的猫咪热爱装水果的木箱子，有的喜欢霸占搬家用的纸箱子，而有的则喜欢舒服地待在暖气片上，尽管我们看着都觉得硌得疼。

打造最佳休息地点的6个加分项。 您可

休息区——请勿打扰！暖和的管子是休息最理想的地方

以这样来为您的猫提供一个可以被它接受的地方：

●可以将猫篮放在稍微高一些的地方，例如一个结实的矮矮的小桌子。有些高度的地方可以为猫咪提供安全感，让它可以登高望远。

●猫咪的小床不能放在喧闹的中心区域，但是也要放在某种意义上的中心，以便让它可以知道身边所发生的事。

●即使猫咪的小床填充得再好，也不能直接放在冷冰冰的瓷砖地板或者石头地面上。

●猫咪休息的小窝不能放在有穿堂风的地方。

●最理想的猫咪趴卧的软垫应该由多件暖和的被单和枕头组成。最底下要放一个床垫来隔绝地面的寒冷。

●猫篮或者猫咪趴卧的地方内部应该有足够的空间可以让它伸展身体。

量身定做的私人住宅。在专门的商店和相关网页上，您可以找到数量非常多的各式各样的封闭式或者开放式的大小不一样式各异的猫篮、沙发、小房子、睡觉用的垫子，等等。

●封闭式的猫篮。加分项是柳条和藤条编制的牢固性。虽然可以进入的开口比较大，猫篮的内部是昏暗的，这一点是"洞穴动物"非常喜欢的。枕头和床垫可以稍微拉出来一点，并保持清洁。猫篮内部的编织物（大多数可以清洗）的构造可以阻挡住穿堂

实用信息

基础陈设需要多少钱？

➡ 柳条筐、猫床、暖窝、猫沙发、电热垫20～70欧元

➡ 抱枕、针织物垫子和把被面、被里棉絮缝在一起的被子，无背长平榻（简易式）、窗台上的垫子10～30欧元

➡ 塑料的、金属的或者陶瓷的食盆和水盆3～15欧元；自动喂食机12～60欧元；洒水器40～60欧元

➡ 猫厕所5～25欧元（碗型），15～50欧元（小圆屋顶型）

➡ 猫爬架15～40欧元（简易式），豪华式的高达600欧元；猫抓板10～20欧元

➡ 猫笼15～150欧元

➡ 项圈和胸带挽具2～20欧元

➡ 刷子、梳子和剪刀3～15欧元；跳蚤药、耳朵药水和滴眼液5～20欧元

风。缺点：有些猫会在内部编织物上磨自己的爪子。柳条筐相对比较沉，也比较笨重，在放到汽车中运输的时候不太方便。

●开放式的猫篮（蛋壳形状，边缘较高）。加分项：材料、装垫方式和封闭式的猫篮是一样的。多种样式和大小（也有给小猫崽的）的猫篮都可以买到。非常轻，不需要太大的地方，可以随便放在哪里（例如可以放在架子上）。缺点：由于它开放式的结构（缺少洞穴的气质），和封闭式的猫篮相

猫厕所的大小应该可以让猫咪在里面转身。碗型猫厕所的边缘比较高，旁边应该铺上草荐

如果猫笼经常开着门，猫就可以把它也当作一个可以休息的地方，那么当需要用这个盒子装着它出门的时候，它就会自愿进去了

活门是猫的私人用门。家门或者墙上可以装上不同形式的活门

比不会被猫咪当作"主卧"。

●长毛绒和针织物做成的窝。加分项：非常柔软和温暖；有封闭式的，也有开放式的，各种样式（圆形、方形、椭圆形），边缘有高有低，颜色多种多样；重量较轻；长毛绒材质的一般可以用洗衣机清洗。缺点：不如柳条篮和藤条篮那样坚固。针织物材质的（例如灯芯绒）清洗起来比较困难，里面要放置可清洗的垫子。

●合成材料（塑料）做成的窝。加分项：可清洗，有需要的时候也可以进行消毒。可以很好地阻挡穿堂风。缺点：内部气味有可能比较难闻。必不可缺的是一个暖和柔软的垫子（猫笼，见137页）。

●猫房。加分项：由木头或者紧密织物制成，所以结构坚固；放在室外也是可以的；非常宽敞，平坦的房顶上一般会有一个可以让猫咪趴卧的地方。缺点：比较沉，也比较贵。

抱枕和床垫。猫篮和无背长平榻的衬垫和覆盖物应该暖和柔软，能隔绝地板的寒气。一个抱枕不够，最好是有多层衬垫，例如床垫（底层）、覆盖物和抱枕（上层）。所有的纺织品都应该容易打扫，最好是可以清洗。如果抱枕不能清洗，那么它上面的套子应该可以取下来清洗。所有的材料都应该能经受猫爪子长时间的抓挠，不会被猫把线扯下来，纠缠到一起去。

暖垫和冷垫。里面是凝胶的垫子在微波炉里加热，可以持续10小时提供让猫咪感觉舒服的热量。它也可以用来制冷，只要事先在冰柜里放一段时间就行了。除了装有凝胶的垫子，还有里面是独立内胆的垫子，内胆里装的是斯佩尔特小麦核。这种垫子也可以在微波炉和烤箱中加热，在冰柜中冷却后使用。这种垫子提供热量和低温的时间不如里面装有凝胶的垫子时间长。

●暖垫尤其适合生病（关节病）的猫咪、新出生的猫咪和年龄比较大的猫咪使用，也适合用在把猫咪带着去旅行或者看兽医时，装它所用的盒子里。

●冷垫可以缓解扭伤之类的伤痛；敷在虫子叮咬的伤口上，可以消肿。

即使趴在厨房里的案板上可以看到这里所有发生的事，这也不是它该待的地方

其他睡觉和休息的地点

电热毯。里面装有聚苯乙烯泡沫塑料颗粒，可以长时间积蓄热量。

双面可用的床。正反面都可以使用，冬天使用长绒毛套的那面，夏天使用针织物的那面。

睡袋。毛绒材料或者绵羊皮。可以制造一种洞穴的感觉。

吊床。可以安装在猫爬架或者暖气片上。

望塔。猫咪住的高层楼房，由柳条或者藤条制成，两层或者三层，最上面有屋顶楼台。

垫子。放置在窗台上可供猫咪趴卧的垫子。和窗台宽度合适的垫子。

食盆和水盆

猫咪用的餐具应该结实耐用并且容易清洗。最理想的是有橡皮制成的沿儿或者底部有橡皮制成的垫，可以防滑。底座装有防滑又可替换的垫子也是可以的。材料：不锈钢、陶瓷或者厚重的塑料。

有了自动喂食机，即使您不在家，猫也可以按时吃到饭。您可以提前设置好定时自动开关来控制食盆，封闭式的机器可以保持猫粮的新鲜。自动出水机或者喷水壶里面的水可以源源不断地流出来，这样猫咪的饮用水就不会被污染，比在水盆里的水保鲜时间更长。

猫厕所

在如厕问题上，猫咪非常自我和挑

实用信息

适合猫咪生活的房子应该具有以下特征

➲ 装修房子的时候要装一些书架，在墙上装一些板子，以方便猫咪在不同高度有可以趴卧的地方。再装些小梯子、小平台、楼梯或者绳子，方便它攀爬。

➲ 房间一般高2.5米，最低应该2米高。

➲ 房间里的温度应该在16～24摄氏度之间。最好是在房子里的不同地方设置不同的温度，这样，猫咪就可以随自己的喜好选择温暖或者凉爽的地方。

➲ 猫咪应该有一个食盆，一个水盆。食盆和水盆不可以放在猫厕所旁边。如果家里有多只猫，那么它们应该各自拥有属于自己的食盆和水盆。

➲ 猫厕所应该放置在不妨碍人走动的地方，猫咪在上厕所的时候就不会被人打扰，也可以保护它的隐私。如果您家的房子很大，那么还可以放置两个猫厕所。如果您家有两只或者更多的猫，就更应该至少放置两个猫厕所了。即使是在室外生活的猫，也应该在室内为它放置一个猫厕所。

➲ 猫爬架应该放置在它经常活动的地方。最好在猫爬架上安装多个小的平台、睡觉的小窝和供它攀爬的东西（绳子）。

➲ 只在室内活动的猫咪要在窗台上有一个铺有软垫的小窝，它可以趴在这里观察窗外的一切。

➲ 玩具可以为只在室内活动的猫咪提供乐趣，让它们不至于感到无聊。但是对于室外活动的猫咪来说，玩具也是必要的。

剔。猫厕所一定要随时保持干净，没有异味。两种基础形式：开放式的碗型的猫厕所和有顶罩的猫厕所。猫厕所的大小应该能够适合猫咪的大小，可以让它在里面能转得开身。动物用品店有适合小猫崽用的小一些的猫厕所。

●有顶罩的猫厕所可以为猫咪提供必要的遮蔽。然而在顶罩下面容易产生异味，这不是每只猫都能接受的。我们可以采取的补救措施就是为猫厕所安装过滤系统来净化空气。

●碗型的猫厕所边缘应该做得高一些，以防在猫咪抓挠草荐的时候，脏东西溅出来，弄脏猫厕所周围的区域。在猫厕所周围铺设一层可以清洗的垫子，能保持地板的清洁。

请您测试一下，您的猫喜欢用哪种草荐。蒲团草荐由可以吸水的黏土制成。硅酸盐草荐由沙砾制成，可以很好地吸收异味和液体。植物制成的草荐可以分解。用刮匙可以轻松除去草荐上的脏东西。

重要的是：每天必须要清理猫厕所。如果您忽视了这件事，那么您的猫就有可能变得很脏。

猫爬架和猫抓板

磨爪子对于猫来说是一种舒适的行为（见25页），这可以使它们的爪子保持清洁、尖利，除去爪子尖上已经死去的角质。即使在房间里，猫咪也会为自己寻找可以磨爪子的地方。有了猫爬架和猫抓板，家里的家具、地毯和台布就可以不受其害了。如果家里空间较小，放不下猫爬架，那么可以使用猫抓板来代替猫爬架，但是猫抓板没有猫爬架的功能齐全。您可以把猫抓板放在门旁边，以方便您的猫咪使用。

猫爬架必须符合以下标准，猫咪才能接受它，这一点很重要。

●方便使用的地点：要放在猫咪经常待的地方，不要放在"被人遗忘的角落"。

●稳固的结构：最重要的就是要保证安全，一个摇摇晃晃的猫爬架是不行的。可以用螺丝把支架固定在屋顶上，这样尤其稳固。

在墙上安装可以让猫咪趴卧的平台，这会抓住所有猫咪的心

●合适的纺织品：结实的剑麻制品可以经受住猫爪的抓挠。猫咪一般在猫爬架的底部磨自己的爪子。

●在猫爬架上安装小平台、洞穴和供猫咪爬行的绳子，可以让猫爬架变得更有趣。

建议让猫咪模仿您。如果您的猫不喜欢您为它准备的猫爬架，您可以当着它的面在猫爬架上抓挠，多做几次，引导它模仿您的做法。或者在猫爬架上滴一些缬草滴剂，也可以让猫爬架更有吸引力。

猫笼

即使猫笼长时间不用，放在角落里，它也属于养猫的基础装备，下次带猫咪去看兽医的时候会用得上。人们不能简单地像对待狗一样，把猫也用绳子牵着，或者像抱布娃娃似的抱在怀里。猫笼可以保护猫咪，给它安全感。

在选择猫笼的时候应注意以下事项。

●材料：结实耐摔，抗风防潮，可以保护猫咪的隐私。

●尺寸规格：应该适合猫咪的大小。要有足够的空间可以让它趴着，让它坐得直，并且可以转身。

●钻进钻出：大大的，一般有金属或者塑料材质做成的栅栏的小窗。如果猫咪不想进入猫笼，那么选择一种顶部有活门的猫笼就可以把它轻松放进去了。

●安全性：为了防止猫咪逃跑，笼子上要有可以锁起来的小门。

●携带过程中的舒适性：塑料制成的笼子和柳条筐体积较大，会比较笨重，因此适合放在汽车里运输（见178页），不太适合长时间拎在手里。

●清洁：塑料制成的笼子清洗起来比较快，也能清洗得干净，但是柳条筐和藤条筐在清洗上就没那么容易了。

合适的样式。 塑料制成的猫笼最适合旅行时把猫装在里面携带。它很结实，在室外也很安全，保护猫咪不受天气的影响，也比柳条筐要轻。塑料的旅行袋比较轻，便于携带，但有时猫咪会逃跑。它的内部空间狭小，供氧不足，比较适合短途旅行。外出携带猫咪不适合使用纸箱子、铁丝制成的笼子或者没有盖子的木箱子。

猫笼作为它的第二个窝。 有很多猫在被装到猫笼里带出去的时候，会很激烈地用

可以放置一些猫草或者其他无毒的绿色植物在家中

爪子和牙齿反抗，首先是因为它们会把这种情况跟去看兽医联系起来。您可以通过让猫咪把猫笼当作第二个窝来使这个过程变得容易一些。您可以将猫笼放在优先的位置，把门打开，里面铺上软垫。时不时地在里面放置一些美味可口的食物。这样，在下次旅行之前就可以保证您的猫自愿地钻进猫笼里了。

这些也属于养猫所需的装备

猫草。 当猫咪想要吐出胃里的毛发或者其他异物时（见215页），又或者它胃不太舒服时，就会啃咬一些绿色的植物。每个猫咪居住的房子里都应该摆放一盆猫草，即使它可以外出活动并且在外面找得到绿色植物，也应该在家里有一盆猫草，这可以防止猫咪啃咬屋里的其他绿色植物（见168页）。

玩具。 如果一只猫觉得无聊，它就会有愚蠢的想法，然后房子里的家具和各种陈设就要遭殃了。玩具（见257页）和其他可供消遣的物件就必不可少了，尤其是当它长时间单独留在家里的时候。

帮助猫咪打理皮毛的小物件。 猫咪非常爱干净，除了长毛猫以外，很少需要人类来帮它们打理皮毛。正确地打理皮毛是猫咪主动的疾病防御措施，主人应该在房子里给它们准备一些能帮助它们打理皮毛的小物件，即使是短毛猫也应该有（见217页）。

供猫咪进出用的活门。 对于可以外出活动的猫咪来说，安装在屋门上的活门是非

常合它心意的，这样它就可以自己决定什么时候出门什么时候回家。有电子锁的活门需要猫咪项圈上的信号发射器发出信号，就可以把活门打开。其他的猫是进不来的。这种活门可以装在门上或者嵌在墙上。

猫咪用的医药箱。猫咪用的医药箱里面有处理小伤口的小工具、急救用品和照顾生病的猫用的药品。

遛猫绳和胸带挽具。不是所有的猫咪都能接受遛猫绳和胸带挽具，但是有一些品种的猫（见88～111页）是可以被绳子牵着奔跑的。遛猫绳可以让很多事变得简单起来。用绳子拴着猫，就可以带它在陌生的地方散步了。胸带挽具比项圈实用，因为项圈经常容易掉下来。

阳台防护网。如果您允许您的猫到阳台上玩耍，那么要在阳台上安装防护网（见140页）。在阳台上安装防护网可以防止猫咪掉下阳台或者逃跑。

稍微奢侈一下对猫咪有好处

如果您想溺爱您的猫咪，就会为它买到所有它喜欢的东西，为它制造一个舒适的生活环境。您可以在宠物用品店买到一些，也可以利用想象力和灵巧的双手自己制作。

高空走廊和连接系统。三维立体空间对于猫咪来说至少和地面上发生的一切一样有趣。为它们建造一个高空走廊，把书架柜

小贴士

消除房子里的危险因素

➲ 厨房是禁地，猫咪只有在人的监视下才可以待在厨房。危险：热的盘子、电磁炉、锅、烤面包机。

➲ 不要把药物暴露在外面。人类使用的药物一般对猫很危险。

➲ 暴露在外面的火苗（蜡烛、壁炉）要在猫咪够不到的地方。

➲ 洗衣机和烘干机的门要关上。

➲ 窗户上要安装栅栏。

➲ 洗涤剂、去污剂、颜料、油漆要锁起来。

➲ 塑料袋要收好，防止猫咪钻进去而窒息！

➲ 刀子、针、剪刀不要放置在外面。

➲ 不要在家里放置有毒的植物。

子连接起来，甚至把不同的房间连接起来，它们会非常兴奋地欣然接受。高空走廊必须稳固，12～15厘米宽，上面铺上一层可以防滑的东西（废旧的地毯）。为了安全起见，沿着墙壁设置的高空走廊还应该安装上栏杆或者下面装一个网。还有一些帮猫爬上高空走廊的物件，如礼物楼梯、梯子和绳子。

多功能猫爬架。猫爬架不仅仅是用来供猫咪抓挠磨爪子的。猫爬架上有毛茸茸的洞穴和隧道、铺有软垫的小窝、吊床、绳索和橡胶带上的玩具，这些使得猫爬架成为猫咪生活的中心。支架支撑起多层平台，可以

阳台上装上防护网，猫咪就可以到阳台去了

 注意事项

舒适的阳台

对于那些一直生活在室内的猫咪来说，阳台是个可以呼吸新鲜空气、享受小小自由的地方。

○ 阳台上的防护网可以防止它们掉下去。防护网一般都有防紫外线功能，不怕它们抓挠，而且接近透明。需要注意的是，在安装防护网之前要征得房东的同意。

○ 猫篮和猫厕所可以防御各种天气的变化。

○ 阳台上要安装顶棚防晒和防雨。

○ 阳台的门要开着，或者在门上或者墙上安装一个活门。

为两只或者三只猫提供它们的活动空间。

可以享受新鲜空气的伊甸园。在装有防护网的阳台上或者四周装有玻璃的走廊上，您的爱猫可以享受到置身室外般的感觉，而且不用担心它会掉下去或者逃跑。本页的注意事项提示您，应该注意些什么。

请您为猫咪立规矩！

在室外，除了猫咪自己的领地，还有一些禁区，要避免它去或者只允许它在这些区域的边缘活动，例如狗的活动区或者其他猫的领地，当然和它要好的同类的领地除外。您也要向您的猫说明屋子里面哪里是它不可以去的禁区，例如浴室和卧室。但是这种做法只是推荐那些房子比较大或者房子有好多房间的养猫人。在一个两居室的房子里，就不要再设置一些它不能去的禁区了，因为这样就有些过分地限制了它的生活质量和活动空间了。猫咪是可以接受您在某一时段禁止它进入某些区域的，例如，在您晚上睡觉的时候不许它进入卧室。

基础装备

在您的猫咪进到家里之前，您一定已经给它买好了各种基础装备。猫抓环不能代替猫爬架，猫爬架和球类以及其他玩具一样，都属于猫咪房间里必备的装置。

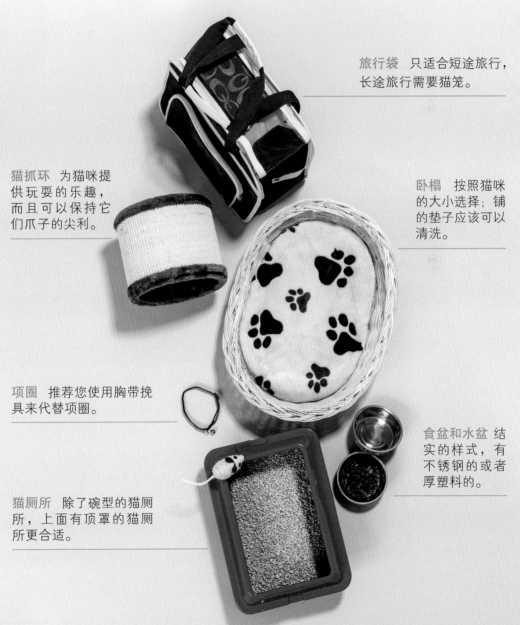

旅行袋　只适合短途旅行，长途旅行需要猫笼。

猫抓环　为猫咪提供玩耍的乐趣，而且可以保持它们爪子的尖利。

卧榻　按照猫咪的大小选择；铺的垫子应该可以清洗。

项圈　推荐您使用胸带挽具来代替项圈。

食盆和水盆　结实的样式，有不锈钢的或者厚塑料的。

猫厕所　除了碗型的猫厕所，上面有顶罩的猫厕所更合适。

猫咪如何适应新的环境

当一只猫来到一个新的家庭，这对于它和这个家庭来说都是一件非常激动的事。对于一只突然离开猫妈妈和兄弟姐妹来到陌生环境的小猫咪来说，尤其需要人类的耐心和细致敏锐的鉴别力。

作为养猫新手，在这个时候会同时有一种期待的欣喜和紧张的情绪：这个小小的家庭成员会怎么样？它能很快地适应新的环境吗？还是会胆怯地和人保持距离？而对于猫咪来说，这种感情就更强烈了，好像人类在一天之内就把它从它所热爱的故乡星球带到了几光年以外的另一个世界，这里只有它自己孤零零的。这里如此冷清、如此陌生。

人类对于它来说是陌生的，他们的声音让它觉得恐惧，周围没有了熟悉的味道，没有了之前家的感觉，没有地方可以让它藏身，给它安全感。很明显，人类有义务让他的猫咪在来到家里最初的几个小时中轻松地度过。最初的这段时间是猫咪建立对这个新环境的认知的关键时期，处理好就可以为今后和谐的伙伴关系奠定良好的基础。

突然间，一切都变得不一样了

其实，在新的猫咪来到家里之前好几周，家里人的生活就已经有了它的痕迹。因为买猫和买电视机或者电冰箱不一样，这些家用电器可以通过打电话或者发邮件了解到它们的产品性能，然后就可以决定购买。而一个认真的卖者会很看重有意购买的人在把小猫崽带回家之前至少能够亲自来一次，看一看猫咪的情况和饲养所的情况。饲养者会给有意购买的人一些建议，告诉他在最初的几天应该注意些什么。动物收容所也会坚持希望有意购买的人亲自来看一看。如果您想从私人手中购买猫咪，同样也应该这样做。您和猫咪的距离越近——这一点对小猫崽或者是成年的猫同样适用——对它了解得就越多，您就能更好地了解和评价它的性格和偏好，因此也可以知道它是否真的适合您。在这之后，对于猫咪来说，您就不再是最初让它害怕的陌生人了。

准备工作

●在猫咪来到您家里之前，您就已经为它购买了猫篮、猫床、食盆、水盆和猫厕所，所有东西都放在它们该在的位置了。

●您也买了一些帮助猫打理皮毛的小物件和玩具。

●卖猫的人已经告诉您该怎样喂养这只

陌生的世界和陌生的人：进入新的家庭对于猫咪来说是一件非常大的事

小贴士

让猫咪最初的生活变得容易一些

➡ 对于出生在3个月之内的小猫来说，猫妈妈的教育很重要。好的饲养者应该在小猫长到12周~14周的时候再把它们送人或者出售。

➡ 在开车把它带回家的路上，需要有一个人陪在它身边安抚它。

➡ 从小猫熟悉的家里带出来一条温暖的毯子，可以为它提供一些安全感。

➡ 开车的时候时不时地停下来安慰它一下，给它喂点水。

➡ 在家事先为它准备好铺上软垫的小窝，让它在里面可以不受外界打扰好好睡觉。

➡ 在它睡觉的地方旁边放上装有它熟悉的猫粮的食盆，以让在它睡醒后马上就可以吃饭。

向陌生世界迈出第一步：小猫咪谨慎地走出了它的盒子

从现在开始，猫篮子就是属于小猫的私人物品了，在这里它可以不受打扰地好好睡觉

小猫，该给它喂些什么吃。您也已经买了相应的猫粮了。

●家庭成员之间已经分配好了照顾猫咪的各项工作：谁负责打理照顾它的皮毛？谁负责清扫猫厕所？谁负责购买猫粮？年龄较大的孩子，例如10～11岁的孩子会非常骄傲地接受这种任务的。

●在最初的几周，不管是小猫还是成年的猫，都不能长时间单独待着。如果您是需要上班的单身贵族，那么，您就要牺牲您的年假来陪它了，或者向一个有着养猫经验的人请求帮助。如果您的养猫顾问来帮忙了，而您和您的猫在最初这重要的一段时间见面很少，那么想要让它对您产生信任，就需要花费较长的时间。

●给猫咪的医药箱（见243页）从最初就是家庭必备的。在以后的生活中，可以慢慢增加里面的药品和工具。

重要的是：请您和您家附近的兽医取得联系，为猫咪预约第一次身体检查。

接新猫回家

请您在接猫咪回家之前几周就预约好接它的日期。在这天的前两三天再确认一下是否有变动。大多数情况下是用汽车把它接回家。

接小猫回家。应该有两个人同行，一个人开车，另一个人可以在路上照顾小猫。可以把小猫放在膝盖上，轻轻抚摸着它，低声跟它聊天。给它盖一个毯子，一是为了保暖，二是因为毯子可以给它带来安全感。在您的膝盖上铺上几张报纸，以防路上小猫大便。

接已经成年的猫回家。可以把它装在盒子里或者篮子里。在这之前，请您和它的前主人沟通一下，看它是否喜欢坐汽车。向兽医购买一些镇静药喂给它吃，可以确保这一路上不出问题。

回家路上的一些建议：

●在回家前4～5个小时最后一次喂猫咪吃饭，在路上的时候只给猫咪喝水。

●如果路途较远，需要在途中多停下来几次，并且多喂几次水。让猫咪一直待在盒子里。

●请您尽量避免急刹车和紧急转弯，这会让猫咪晕车。

●如果汽车里装有空调，那么夏天炎热的温度就没那么可怕了。请您注意，空调出风口不要正对着猫咪，并且关闭车窗。如果您的车里没有空调，那么请您选择较凉爽的早上接猫咪回家。

●请您在安排日程时，避免晚上才到家。对于您的新家庭成员来说，陌生的环境已经足够让它感到害怕了，如果一来到新家就赶上漫长孤单的夜晚，那就更有好戏要看了。

第一天和第一夜

一路上猫咪被旅行、陌生的环境和陌生的人弄得精神非常紧张，到了家，当务之急就是让它马上得到休息。

 注意事项

小事情大后果

　　其实想要得到一只猫的信任，让它快点融入新的环境中，并不需要花费很多。

○请您不要把猫咪以前的主人给它用的玩具和铺盖替换成新的。这些旧东西对于它来说是家乡的一部分。

○至少在最初的几周内，要继续喂它以前经常吃并且已经习惯了的食物。

○猫咪对猫厕所中的草荐非常敏感。请您向之前的主人询问清楚，它喜欢哪种草荐。

○请您永远尊重猫咪的意见，看它是否需要您在它身边给予照顾。

小猫崽

小猫咪在一个封闭、有小窗的猫篮里或者搬家用的纸箱子里时，会感到一定程度上的安全感。请您把它熟悉的毯子放进去，并在旁边放上一些食物和水。在经历了这些事后，猫咪会睡一觉，但是要确保在它醒来的时候身边有人。第一天晚上不能让它独处。请您把它的窝放在您的床旁边，这样，当它不安的时候，您就可以给它一些安慰。猫厕所就放在这附近，对于还没得到训练不能随地大小便的小猫来说，应该铺上一层报纸。

利用钟表的嘀嗒声。 可以把一个发出

实践指南

相识的行为准则

请您为您的猫咪提供各种机会，但是要让它自己决定是否参与。

只要您还没有得到猫咪的信任，还没有被它当作自己人，您就应该把所有事情的主动权交给它。请您把手伸到它的鼻子前面，或者在它面前把一个小球扔到地上让它滚到别的房间，然后静静等着它的反应。强迫它做什么会产生相反的作用：猫咪会完全拒绝与您接触，和您保持距离，甚至会很反感地攻击您。

请您消除猫咪对庞然大物的恐惧。

从猫咪的视角来看，即使是小孩子，也是一个巨人。只有当猫咪融入您的家庭里，人和它之间的身高差距才不再是问题。但是一只刚来到家里的小猫会非常害怕巨大

的人类，尤其是当人类在它头顶上方弯下腰的时候。因此，当您和猫咪进行交流的时候，请尽量蹲下或者跪下。

在和猫咪说话的时候，请您和它的视线保持平行，但是不要直视它。

猫咪的交流系统非常复杂。在交流过程中肢体语言非常重要。猫咪只有在想要对方敬畏它，或者想要威胁对方甚至做好准备攻击对方的时候，才会和对方直视。如果人类直勾勾地看着他的猫，它几乎总是会避开人类的眼神而看向别的地方。您只能用眼角的余光偶尔看一下，您的猫咪在怎么样看着您。新来的猫比跟您熟悉了的猫对直视这件事的反应更加不乐意。对待所有猫，都要避免这种形式的交流。

如果在猫咪来到家里的最初几天和几周，一切都像它以前习惯的那样，那么它融入新家的过程就会容易很多。

来到一个新的家庭，对于猫咪来说是件充满戏剧性和紧张感的事。如果它能够越多地保持从前熟悉的生活习惯，也就更愿意也能更快地适应改变了的生活环境。如果您在第一天就给它吃一种新的食物或者在不

同于以往的时间给它喂食，那么它会不喜欢您的。成年猫在饮食问题上几乎不会做出妥协。如果您坚持按照自己的意愿做，它会拒绝进食，或者以其他方式向您进行反抗。如果您养的是小猫崽，那么一定要喂它吃已经吃习惯了的食物，并且按照适合它这个年龄的时间来喂食。和食物类似的还有猫厕所用的草荐。请您最早也要在它适应了新家的生活以后再更换草荐的地点。

拿在手里的一小块猫食可以缓和您和猫咪之间的关系。但是以后只有当它生病了或者没有能力自己吃食物了，您才可以用手拿着食物喂给它

请您让您的猫咪尽早地适应人类用梳子和刷子为它梳理皮毛。

梳理皮毛并不仅仅是为了漂亮。如果您养的是长毛猫，那么，梳子和刷子是必不可少的，因为长毛很容易变乱打结，这种结只有兽医才可以解开。但是，短毛猫也应该尽快熟悉主人用梳子和刷子为它梳理皮毛。梳理皮毛是个主动的疾病防御行动，因为在这个过程中可以检查皮毛上的寄生虫、伤口和其他疾病症状。如果一只猫习惯了人类为它用梳子和刷子梳理皮毛，它会觉得这是一种人类的爱抚动作。

一定要抽出时间来轻轻爱抚您的猫咪，这种直接的交流会给它安全感，增进猫咪和主人之间的感情

尽快训练猫咪不随地大小便。

如果是小猫，请您从第一天就按时把它带到猫厕所处，如果它成功了或者它在抓草荐，您要爱抚表扬它；如果成年猫拒绝使用猫厕所，这通常表明，它对新的环境和生活条件不满意。关于这点，您可以在166页找到相关建议。

孩子和猫很快就可以成为朋友。父母有责任告诉孩子，猫咪的性格和它们的要求是怎么样的

猫咪是好奇心非常重的动物，对它周围发生的一切都很感兴趣

每一只猫都希望有一栋房子，里面的门都开着。禁区很重要，它意味着吸引力和探索

嘀嗒声的闹钟放在它的垫子下面，这个小小的诡计会产生魔法般的力量。这种声音会让这个处于恐惧之中、有被抛弃感觉的小家伙想起妈妈的心跳声，从而对它产生安抚作用。

成年猫

即使是成年的猫，在陌生的环境里也会觉得害怕。请您把它的箱子放在卧室旁边的房间里，在锁好门以后再打开箱子的门。最终，它会爬出来，爬到书架或者柜子下面。请您不要把箱子或者猫篮的门关上，在它旁边放上食盆和水盆，然后您就可以离开房间了。说不定什么时候，它就会敢走出来了，小心地观察这个地方，吃一点东西，然后就趴在窝里睡觉。两三个小时之后您就可以试着和它交流了，小声地跟它聊天，如果

它允许，您还可以轻轻地抚摸它。在接下来的夜晚，要让它睡在您卧室旁边的屋子里。如果它来挠您的门，或者发出悲伤的叫声，请您过去看看它，并且给予它安慰。在最初的几夜里，您有可能被它叫醒很多次。

这样做可以让您的猫感到舒适

第一天、第一夜、第一周，不管对于新的猫主人还是对于这个小小的新家庭成员来说，都不是一段轻松的时光。双方有不同的要求、性格和脾气。如果您能管好自己的不耐烦情绪，给予这个不安的小家伙的疏远行为多一些理解，为它营造一种让它无法长时间抗拒的舒适的氛围，那么

您就已经赢了一半。这个适应阶段要持续多久，取决于您有多大的诚意去做出妥协，给予它居住在这里的权利（下面的小测试），但是起决定作用的还有猫咪的年龄和历史。小猫崽失去妈妈和兄弟姐妹的悲伤和对陌生人、陌生环境的恐惧很快就会被好奇心和对亲热的渴望所代替。成年的猫对它原来的生活习惯坚持的时间会稍微长一些，人类需要敏锐的感觉和付出很多时间，才能劝说它们接受生活环境的改变。而且这些一定要一点一点地进行。

尊重猫咪的休息时间。三个月大的猫咪已经经常到处跑了，它们会好奇地用鼻子这里嗅嗅那里闻闻，这会让它们很快就感到疲惫。请您为它们在房子的不同地方设置可供它们休息的小窝。不一定是贵重的沙发，有让它们趴在上面的垫子或者纸箱子就行。关键是温暖、柔软和安静。小猫崽睡觉的时间比较零碎，在这儿睡半个小时，在那儿睡几分钟。在这段时间一定要注意的就是保持安静！经常被人打扰休息的小猫，很快就连反抗的能力都没有了。相对于小猫，

✖ 小测试：您的猫咪享受了多少居住权利？

在和猫咪一起生活的过程中，经常会有一些小事情发生改变——一些人们之前并没有注意过的事情。您准备好做出妥协和让步了吗？

	是	否
1. 猫掉毛这件事听起来没什么，但是您可以接受费时费力地去清理长沙发、单人沙发和衣服上的猫毛吗？	☐	☐
2. 大多数时候猫咪是在猫爬架上磨自己的爪子，但有时候它们也会抓破墙纸或者地毯。您可以对它们的这种行为保持镇定吗？	☐	☐
3. 你心爱的花瓶偶尔被猫咪碰倒摔碎了，您可以接受吗？	☐	☐
4. 猫咪会坚持某些行为习惯，也会坚持某些坏习惯。您能一直对它们的某种坏习惯置之不理吗？	☐	☐
5. 如果猫咪出现了肠胃问题或者其他身体不适，平时被训练得很好不会随地大小便的它们也会把房间弄得很脏。您可以接受吗？	☐	☐

答案：如果您对以上5个问题的回答都是"是"，那么恭喜您，您正在成为一个很好的养猫人。但如果您的回答是有条件的"是"，更多的是"也许是吧"或者"到时候看情况吧"，那就不行了。

成年猫咪一般会非常有爱心地照顾那些未成年的小猫

如果家里新来了一只非常活泼好动的小猫，那么一直生活在家里的那只猫对新伙伴的到来不一定会非常欢迎

成年猫就不需要人类操这么多心了：它们很快就会用自己的行动让那些打扰它们睡觉的人意识到，它们不喜欢在睡觉的时候被人打扰。

定时和猫咪亲热。 主人和猫咪之间的一些小的亲热行为可以增加两者之间的感情，对于刚来到新家的猫咪来说尤其重要。请您抽出时间和您的猫咪亲热，不要漠不关心地只是偶尔爱抚它一下。

一切都要保持清洁，一切都要保持新鲜！ 给猫咪的食物一定要新鲜，不可以是冰凉的没有加热的，前一天剩下的干巴巴的食物也没有猫会喜欢。如果您没有给猫咪清理它的食盆，它就会用不理睬的态度来惩罚您。猫咪水盆里的水也要每天保持新鲜，即使有些猫咪喜欢喝花瓶里的水。猫厕所里脏了的草荐也要每天都清除掉，至少应该每隔一周把整块草荐全部更换掉，然后把猫厕所彻底打扫一遍。

不要用手拿着猫食喂猫咪吃。 只有生病了的猫咪或者身体有残疾的猫咪才可以享受到从主人手中吃猫食的特权。如果您总是用手拿着猫食来喂您的猫咪，它很有可能会长成一只非常挑剔的猫。

娱乐。 请您充分利用您的想象力，为您的猫咪设计一些有吸引力的活动和游戏（见152页）。

独自在家的猫咪。 在猫咪刚来到您家里的最初几周，请您尽量不要让它单独待在家里，在这之后就是相应的教育活动了（见155页）。

解除外出限制。 只有当猫咪适应了新家的生活，并且注射过了疫苗（见228页），才能允许它们外出活动。

如果您的家里已经有了动物

越来越多的家庭同时养两只或者更多只猫了，这最好地证明了猫咪不是从前很长一段时间人们所认为的那样，是声名狼藉的、让人不可忍受的独行侠。家里的猫咪不能张开双臂欢迎新来到家的伙伴，是因为它对于家里会发生的不愉快的改变以及有可能失去的权利和主人的关爱有太多的疑虑。如果主人能够多一些耐心和技巧，不久之后新猫和旧猫就能变得亲近起来，通常在两到三周以后，它们就可以同心同德了。

情况没有改善。如果一直生活在家里的那只猫依然不接受新来的猫，非常有攻击性，或者通过非常固执的脏乱差来进行反抗，那么您就只好放弃新来的猫咪了。

即使家里已经养了一只狗，您也不是必须放弃再养一只猫的打算（见右边的实用信息）。当然这不适用于那些狩猎欲望非常强烈的狗，例如罗得西亚脊背犬、杰克拉西尔狗或者爱尔兰赛特犬，因为这些狗会把猫当作它们的猎物。

小孩子们马上就能相处得很好

终于有朋友一起玩耍了！如果家里来了一只年龄相仿的小猫，家里原有的那只小猫就会非常开心。它们会在一起疯狂地追逐打闹，从中检查对方的本领，一起到处探险，一起相拥而睡，这些足以让小猫崽们感到幸福了。比它大几个月，但是还没有达到

实用信息

猫咪和家里其他的动物

- ➡ **小猫崽和小狗崽**：双方都觉得可以一起玩耍非常棒。它们可以在结伴探险的过程中互相鼓气。如果小狗比小猫身材魁梧许多，那么您要注意别让小狗太粗暴地对待小猫。

- ➡ **小猫崽和成年狗**：如果狗之前就曾经和猫一起生活过，那么它们两个不久就会很好地生活在一起的。否则在小猫来到家里的最初几天和几周中，只能在您的监控下允许它们用鼻子进行交流。通常狗会成为小猫崽的保护者，但是有狩猎欲望的狗不适合和猫养在一起。

- ➡ **成年猫和成年狗**：对于成年猫和狗来说，与对方相处的经验非常重要。通常情况下，家里原本有一只狗，后来新来了一只猫，这种情况要好于家里原本有一只猫，后来新来了一只狗的情况。因为原来就生活在家里的猫对于任何入侵它领地的生物都具有攻击性。

- ➡ **猫咪和家里比较小的动物**：天竺鼠、仓鼠、大老鼠、耗子以及笼子里的鸟，由于它们的身材大小和行动的快速性很适合猫咪的捕猎模式，因此不能让它们在没有人类监控的情况下独处。

- ➡ **猫咪和鱼**：在有猫的家里，玻璃鱼缸和两栖动物爬行动物的育养箱要盖上盖子，一是防止猫咪的"钓鱼"本性发作，二是防止猫咪掉下去。

实践指南

给家养猫咪的一些活动建议

即使是在一个按照猫咪的喜好进行装修和布置的家里，如果猫咪单独待上几个小时，也会觉得无聊的。

如果您想为您的猫咪安排些活动，让它有事可做，不至于闲着无聊，那么请您给它买一些适合它的玩具。然而，有事可做并不等同于玩玩具。尤其是对于孤单的猫咪来说，玩具在实现了最初的欣喜、满足了最初的好奇心之后，如果重复多次玩耍，很快就会失去吸引力。可以为猫咪提供长时间快乐的是家中的一个区域，在这里可以满足猫咪愿望单上的前几条愿望：

● 最小面积大约20平方米；如果您家的猫咪经常单独待着（请不要让您的猫咪每天单独待着的时间超过4个小时），那么这个空间的面积应该更大一些。即使是平时慢悠悠的波斯猫有时候也会想要在房子里全速飞奔，这就需要有足够的空间。

● 比空间的水平面积更重要的是空间垂直方向的功能区划分：在不同高度的架子、柜子和墙板上，要为猫咪提供可以趴卧、观察和隐藏的地点。当然还应该有一个猫爬架。最好是再有一个屋顶平台，这样可以最大限度地利用空间。协助猫咪攀爬的可以有小梯子、楼梯、平台，还可以有绳子，只是绳子对猫咪身体的灵活度要求比较高。

● 房子里至少要有一扇窗户，猫咪可以趴在窗台上观察外面的世界。许多生活在室内的猫咪喜欢在窗台上一趴就是几个小时。窗户外的世界就像是它们的直播节目，节目的精彩程度至少像我们人类观看的电视节目一样。

可以去探险的猫咪，从来不会觉得无聊。

在您的房子里，应该有一些猫咪的禁区，这些地方应该对猫咪关闭。如果您家的房子比较大，或者有几层，您可以对猫咪设定偶尔允许它们出入的区域，例如地下室或者阁楼。这对于猫咪来说，将是让它们非常激动的探险旅程。当您离开房子的时候，可以给它们的探险旅程开绿灯放行。这时，虽然您不在家里，它们也不会有什么愚蠢的

纸箱子是个很受猫咪欢迎的躲藏地点，猫咪也会很开心地啃咬它

在搬家用的纸箱子上挖一个洞，方便猫咪进出和躲在里面观察外界，这种箱子对猫咪来说有着神奇的吸引力

想法了。但首先请您确认房间的安全性。

挖掘运动员和碎屑小怪兽最重要的活动

在搬家用的纸箱子上挖一个洞，以方便猫咪进出和躲在里面观察外界，这种箱子转眼间就会成为您家猫咪最爱的住所。这种纸箱子（由未做化学加工处理的纸板组成）还为您的猫咪提供了一个可以长期啃咬的乐趣，尤其是对于那些半大的"碎屑小怪兽"来说，这种纸箱子可以让它们的牙齿得到很好的锻炼。而碎屑可以被吸尘器轻松地清除掉。这种箱子对于猫咪来说是一个可以挖掘到快乐的神器，因为这个过程充满了神秘的簌簌声和噼啪声。您还可以在碎纸屑中藏一些健康美味的小食物或者干燥的猫粮来打造一个非常受猫咪欢迎的挖掘箱。但是同样适用的还是那个定律：经常玩就容易腻了。在猫咪玩了三天以后，您就可以把箱子暂时收到储藏间放起来了。

第二只猫可以给小窝带来生机和活力

一起玩耍更快乐。游戏再有趣也不能替代一个玩伴可以带来的乐趣。如果您经常不在家，那么就应该考虑在家里再养一只猫了。根据它们的年龄和性别的不同，它们能够互相适应、和平共处所需的时间长短也不同（见154页）。在它们可以和平共处以后，怎么玩就是它们自己的事情了。最完美的就是养一对兄弟姐妹。对于每天要上班的单身贵族来说，同时养两只小猫（两只猫是同一个猫妈妈所生的），意味着养猫生活的良好开端。

性成熟的小猫，也可以成为它的好玩伴。而且它可以从玩伴身上学到很多东西。

重要的是：如果您同时养了一只公猫和一只母猫，那么请您和兽医商量好合适的阉割时间，即使它们是兄弟姐妹。

小猫崽和年龄较大的猫

如果家里新来的是一只12周~14周大的小猫崽，那么，直到性成熟，它都可以享受到某种程度上的对幼小者的保护，它已经成年的同类也会给它某种程度上"特许的言行自由"，而母猫给予的会比公猫给予的少一些。

小猫崽和成年母猫。成年的母猫通常对待闯入自己领地的入侵者非常不友好。家里新来的小猫崽也不例外。尤其是当这只无忧无虑的小猫崽胸无城府地想要和这只成年母猫进行交流的时候。为了平复它们的情绪，请您在最初的几天把它们两个分开养在不同的房间里，让它们只能通过关着的门来感受到对方的存在。在初次见面的紧张气氛平复以后，在您的监控下，可以让它们重新认识对方。这时您需要给予这只成年猫更多的关心，以防它产生自己不再重要的感觉。它睡觉的地方和吃饭的地方不允许新来的小猫崽靠近。请您注意，不要让新来的小猫崽打扰到成年猫的睡眠。

小猫崽和成年公猫。公猫比母猫更随和一些。刚开始的时候，它可能会和这个新来的淘气鬼保持一定距离，但是过不了多久，它们就会成为朋友了。有少数的公猫对新来的小猫崽不感兴趣。它们井水不犯河水，很少会出现问题。

成年的猫

母猫和公猫。母猫一般会比较有攻击性，公猫相对来说比较有礼貌。过不了多久它们就会互相和解了。

公猫和公猫。其中一只必须臣服于另外一只。这一般需要一番较量。一旦出现了赢家，它们就会和平相处了。

母猫和母猫。这种组合问题很大。即使过了很多周，它们还是会经常发生不合。

猫咪可以被驯养吗

狗可以做到我让它做什么它就做什么。而猫咪则是它自己想做什么就做什么。甚至养猫的人也遵守这一点，对他家的"小老虎"放任自流。其实，想要让您的猫咪跟您一起做，并不是件难事。

群居生活的优势：生活在群体里面的狗，许多时候都不需要自己做决定，但是独居的猫咪就不行了。它必须在任何情况下都仔细斟酌利弊，以找到最好的办法。它所经历过的事和行为模式可以帮助它做决定。猫咪喜欢坚持习惯、熟悉的处事过程，固定的时间点可以给它们带来安全感。与此相对应的，是它们特别的好奇心、出色的观察力和对游戏的兴趣。这些都是理想的连接点，可以促使猫咪跟着人一起做，这样人类就可以离他们的驯养目标更近一步了。虽然不是所有方法都可行，但总会有一些可行。

猫咪可以做什么，不可以做什么

不论您愿意给予您的猫多少权利（见149页），人类和宠物在一个房间里相处总是有一定界限的，什么是可以做或者人类可以宽容接受的，又有什么是在考验这种同居生活或者某些时候甚至威胁到家庭和谐的，一定要分清。

不少养猫人（养狗的人也一样）在调查中坦白地承认，他们的宠物会暴露出一些让他们烦躁甚至让他们感觉到限制了自身自由的行为方式。让人吃惊的是，很多人在遇到这种情况时，什么都不做，也不尝试着去改变。和一只猫生活在一起——而不仅仅是住在它家——是一场玩火的危险游戏：如果长时间坚持一种坏习惯或者异常行为，它们就会越来越根深蒂固地深入到它的生活，成为一种难以改变的习惯。通常，这种成功实施并且没有受到惩罚的行为具有一种自我证明和自我强化的特征。

早期干预。在许多情况下，猫咪的问题行为相对比较好治疗（见162页）。但是这需要时间、精力和努力，而且还有可能反弹。当您的猫咪第一次出现逾越界线的行为时，您能及时进行干预，那么所有这一切将是可以避免的。也不一定要在它只做错一次的时候就进行干预，但是最晚要在它一再地犯错、成为惯犯、在得逞以后甚至很明显地在享受这一切的时候阻止它。

停！这是不允许的！

若猫咪有一些怪癖或任何令人与其相处很难的行为，您一定不要太宽容，例如，当它拒绝您给它梳理皮毛或者当它出现攻击性和破坏性的行为时。

不干净。如果您的猫咪突然变得不爱干净了，这通常是它的一种反抗行为，但也有可能是它生病的表现。马上采取措施，以防这种不爱干净成为常态（见166页的"治疗方法"）。

坚持只吃最爱的食物。如果您的猫咪只吃某一种食物或者偏爱某种特殊的美食，这种偏食会导致健康问题（见206页

实用信息

猫咪的一些可以使对它们的驯养变得简单的行为方式和能力

➡ 在人类面前，猫咪一辈子都是小孩子。它们对像猫妈妈一样的人类的教育方法的反应，要比同类之间的斥责积极一些。

➡ 猫咪很看重自己的领地。在一个让它们感觉到舒适和安全的家里，它们的学习意愿会尤其强烈。

➡ 猫咪是非常细致的观察者，甚至连最微小的姿势都不会忽视。肢体语言在驯养过程中非常重要。

➡ 猫咪有着完美的地点记忆，这在处理类似清洁问题（猫厕所放置的位置）的时候非常重要。

的"治疗方法"）。

拒绝主人用手摸它。为了检查它的健康状况、为它梳理皮毛，人类需要用手触摸它，猫咪不能拒绝人类的这种行为（见165页的"治疗方法"）。

在和人类玩耍的过程中，猫咪绝对不能使用它们的牙齿和爪子（见170页的"访问"），这很可能会伤害到小孩子。

扰乱夜晚的安宁。一只晚上总是在房子里走来走去的猫，会妨碍到家里的和平。

抓挠家具。猫咪磨爪子可以使用磨爪板。家具、地毯和墙纸不允许它们碰（见167页的"治疗方法"）。

请求行为。有些人觉得猫咪向他们请求食物的时候很有趣，但这种行为如果经常出现就会让人心烦了（见172页的"治疗方法"）。

拒绝进入携带猫咪外出用的盒子。许多猫咪一进入外出用的盒子就陷入恐慌，尤其是它们经常在这里面被带去看兽医。通过正确的训练可以阻止这种反感（见138页）。

嫉妒心。如果一只猫感觉到自己不再是主人溺爱的焦点，它就会对夺走主人爱的竞争者产生嫉妒心理，例如一个婴儿。这就有可能导致危险的情况出现（见167页

大多数的猫咪都清楚地知道人类想要它们做什么，以及它们可以做的事和不可以做的事。但是由于它们的主人经常对它们的行为保持沉默，所以它们总是能得逞。

的"治疗方法"）。

啃咬室内的绿植。猫咪需要时不时地吃一些绿色的食物。但是人类养在室内的绿植不适合被它们当做做食物，有些甚至对于它们来说是有毒的（见168页的"治疗方法"）。

需要您的耐心

独自一人在家而没有抱怨。猫咪应该可以在一定的时间内单独在家，而不闹出什么问题，比如损害您的财产。从猫咪还小的时候就应该训练它们单独在家的能力，这样成功概率会大一些。对于已经成年的猫咪，这种训练就需要更多的时间和耐心，这跟它们各自的天性和以前的经历有很大的关系。除此之外，各个不同品种的猫也不一样。

大多数猫咪都很清楚人类想要它们做什么，以及它们可以做和不可以做的事。但是由于它们的主人经常对它们的行为保持沉默，所以它们总是能得逞。

● 那些天性比较安静的纯种猫对于独处这种事一般可以处理得很好。例如：波斯猫（见98页）、夏特尔猫（见95页）、色点猫（见93页）、异国短毛猫（见94页）和俄罗斯蓝猫（见101页）。

● 不喜欢独处的猫有伯曼猫（见90页）、阿比西尼亚猫（见88页）、东方短毛猫（见97页）、爪哇猫（见94页）、暹罗猫（见103页）。

"偷鸡摸狗"。猫咪经常会把让它不开

小贴士

猫咪的响片训练

➜ 响片（动物专用品商店中可以买到）可以发出清脆的咔哒声，人们可以用它来训练猫咪或者用于游戏。

➜ 在这种咔哒声之后，马上出现一种猫咪熟悉的、对它有吸引力的事，它就会在这两者之间建立一种联系。

➜ 响片也可以用在猫咪做出了值得肯定的行为之后，使它把这种声音和积极的经历联系起来。

➜ 在基础训练中，每次使用响片之后都要有一些食物作为奖励，直到猫咪把奖励和响片的声音联系起来。在训练的第二个阶段，每当猫咪自己做出您所希望的行为时使用响片。

➜ 所有训练都应该是在督促它做出人类所希望的行为，给它一种舒适的经历，而不是用于避免坏习惯。

➜ 其他的声音信号在基础训练阶段是没有必要的，因为它们有可能会扰乱猫咪的判断力。

心的待遇和对它发出禁令的人联系在一起。例如，如果这个人在场，那么它就不能跳上桌子。如果这个人不在场，这种警告就失效了，它就可以毫无阻碍地跳上桌子了，因为桌子上有吸引它的美味食物。

被遛猫绳拴着。当猫咪被带上项圈并且用遛猫绳拴着的时候，许多猫咪都会非常强烈地进行反抗。没有一种猫可以跟着走很

长的路。下列品种的猫可以接受遛猫绳：缅甸猫（见91页）、夏特尔猫（见95页）、布偶猫（见100页）、缅因猫（见96页）、波斯猫（见90页）。如果您养的是长毛猫，那么务必要把项圈换成胸带挽具。

露出尖利的爪子。在和人类玩耍的时候，有些猫会露出自己尖利的爪子，从而在我们薄薄的皮肤上留下痕迹。这种行为根深蒂固，我们需要时间教那些成年猫咪如何温柔地玩耍。年龄比较小一些的猫咪学习的速度会更快一些。

固执的老年猫。身体素质越来越差，会导致年龄稍微大的猫出现行为上的改变：它们变得越来越固执，当睡眠受到打扰时越来越有攻击性，玩耍的时间越来越少，和同类相处过程中体现出来的宽容也越来越少。

猫咪知道它们想要什么

猫咪似乎只相信自己的判断，习惯于独立做出决定，这就导致了它们有时候——用人类的评判标准来看——显得不明智，还很顽固，拒绝人类的训练措施。在猫咪的一生中，只有很少的时候是它们觉得自己不能做出决定的。在这种情况下，经常会出现所谓的忽视障碍行为（见25页），也就是一种事实上并不适合当时情景的行为。

❞ 访问

如何训练猫咪

　　猫咪被认为是"不能被训练的"。因此，许多养猫人根本不去尝试把他家的"小老虎"训练成一个可以和谐相处的同伴。但养猫专家卡特雅·吕瑟尔深知和猫咪的相处之道。

卡特雅·吕瑟尔

卡特雅·吕瑟尔是受过培训的猫咪心理学家（ATN）。作为猫咪行为研究领域的专家，她在猫咪的行为、适合不同品种的饲养方式以及对猫咪的训练方面为德国的养猫人提供咨询。她工作的重心和目标是猫咪和人类之间的和谐相处。在工作中，她自己所养的猫咪给了她强有力的支持，并作为训练伙伴和"产品测试者"一直陪伴在她的身边。

做过阉割手术的猫咪学习能力更强吗？

　　卡特雅·吕瑟尔：一只有性能力的猫，其生活很大一部分是与寻找伴侣、为了争夺伴侣而打架、交配等繁殖活动相联系的。虽然做过阉割手术的猫咪也会通过打架来保卫属于自己的领地，但是没有做过阉割手术的猫咪会有一种持久的压力，在交配季节会变得尤其巨大，而做过阉割手术的猫咪则没有这种压力。至少在交配季节，做过阉割手术的猫咪更容易集中精神。

人类应该如何利用猫咪观察和模仿的能力来对它们进行训练呢？

　　卡特雅·吕瑟尔：小猫崽从它们的妈妈和兄弟姐妹那里学到的东西，人类可以继续教给它们。学习的基础是持续积极地强调现有的、您希望它们去做的一些行为方式。对于猫咪来说"教育"这个词不太好，因为人类意义上的教育也包含了惩罚。对于猫咪来说，惩罚是不可以的，它会阻碍猫咪的学习过程。

基本规则：永远不要把猫咪置于一种它无法反抗的境地
当您对希望猫咪做出的行为进行强调时，它们会对您的做法做出积极的回应

响片对于猫咪来说有意义吗？

卡特雅·吕瑟尔：响片（见158页的小贴士）的意义远远大于让猫咪练熟一些技巧。在这背后隐藏着一些知识：动物如何学习，人类如何在日常生活中利用它来使自己和猫咪的生活变得容易一些。通过使用响片，长毛猫不再拒绝佩戴胸带挽具，另外一只患有哮喘病的猫咪也习惯了佩戴呼吸面罩。而且，响片训练还大大促进了人和猫咪之间关系的发展。

有了奖励，猫咪学习起来会更容易吗？

卡特雅·吕瑟尔：奖励只有在能满足需求的时候才起作用。大多数时候猫咪的需求是食物、运动和认可。而想要找出对于猫咪最有效果的奖励并不容易。最合适的奖励应该是美味的食物，但前提是，咱们四条腿的小家伙没有吃饱。

如果小猫崽在初生牛犊不怕虎的年龄里放肆起来了，我们该怎么做？

卡特雅·吕瑟尔：小猫崽浑身充满能量，它们身体里运动的欲望和探险的欲望必须得到尽情释放。但是，每只小猫都必须知道，人类的皮肤是禁区。想要它们了解这件事，您可以这样做：在和它们玩耍的过程中，它们的爪子一旦接触到您的皮肤，就什么都不说，立刻停止游戏。但切忌当它偶尔犯错的时候，把它的脸浸到水里，或者关它禁闭，这种惩罚措施会产生相反的效果。在您不确定如何处理的时候，保持沉着冷静会更好：这样可以不刺激到双方，让共同生活变得轻松一些。

当猫咪出现问题时我们该做什么

猫咪的适应能力很强，它们会按照人类生活的节奏来安排自己的生活。但是，如果有东西对它们的吸引力很大，作为机会主义者的它们还是会尝试着实现自己的目的。

猫咪被认为是一种任性、难养的宠物，不如狗那么忠心，行为也不如狗有预见性。这种讨论是没有用的，和苹果与梨的对比一样收益甚微。对于独行侠猫咪来说，有一套完全不同于群居动物狗的价值和规范体系。狗会臣服于族群中的领导者，而猫则自给自足，只会不停地探究在与人类的伙伴关系中所能得到的好处。那些让它们不喜欢甚至导致它们进行反抗的因素，通常在我们的眼里不过是些微不足道的小事。

猫咪的不良行为是由许多原因导致的

猫咪坚持保持清洁，坚持领地内的秩序，坚持要求主人给予关注，坚持遵守时间。几乎没有一只猫会长时间忍受猫厕所里面臭气熏天的草荐、家里的混乱嘈杂、每天都有陌生人进出家里或者总是更改的喂食时间。在这些情况下，猫咪行为的改变或者反抗相对来说比较容易找到原因。针对这些原因，如果人们能够加以改变，一般来说，猫咪就会放弃它们的反抗行为。

猫咪的有些行为模式发生变化的过程十分缓慢，以至于主人在最初的时候根本没有注意到或者不觉得这种细微的变化有什么不妥。人们会觉得小猫崽用自己的牙齿在人的皮肤上做实验是很有趣的事情。但是一只成年的猫再这样做，就没有人会喜欢了。如果一只猫长时间坚持只吃一种猫粮，那么很难让它放弃自己的最爱。在这种情况下，比猫咪出现明显的问题行为时更重要的一点是：要在它演变成一种需要治疗的习惯之前，就制止这种我们不希望猫咪做出的行为。

与生俱来的一些行为方式

在某些情况下，猫咪的反应是它们与生俱来的、条件反射性的行为方式，因此也是不可改变的。

催乳行为。当人类抚摸猫咪的时候，许多猫咪的爪子会有节奏地出来进去。这种"催乳行为"是小猫还在婴儿的时候遗留下来的一种行为方式，那时它们会用爪子按摩猫妈妈的乳房，促进乳汁的流出。

食盆礼节。很大一部分的猫会把较大块的食物先放在食盆的旁边，之后再用牙齿把它们分成小块。

拒绝人们摸它们的肚子。当猫咪仰卧，有人试图摸它们的肚子的时候，许多猫咪会对这种行为表示抗拒。这是猫咪在打斗过程中的一种典型的防御行为。

猫咪生病后的行为变化

猫咪行为上的异常也有可能是它生病的表现。许多疾病在身体上的症状出现之

把坏习惯扼杀在摇篮里：有些事小猫咪做出来您可能觉得很有趣，但是成年的猫做出来您就不会觉得有趣了

前都会有一些外在的表现，迅速让兽医进行诊断是非常重要的。生病了的猫咪典型的行为有：患了牙齿或者颌骨疾病的猫咪会出现不爱吃饭的现象，患了肠胃疾病的猫咪会对什么事都不感兴趣，患了皮肤病的猫咪会经常去舔皮肤的某个部位。

出现不良行为的常见情境

猫咪好奇心很重，学习起来很快，是非常出色的观察者。这是纠正它不良行为有利的前提条件。但是也有一些猫非常坚持自己已经养成的习惯，不轻易放弃熟悉了的行为方式，只有出现了比原来更有吸引力、更新奇有趣的选择时，它们才会放弃原有的。这种规律尤其适用于那些可以给它们带来乐趣的自我强化行为，例如，在家具和地毯上磨它们的爪子，把物品抓烂或者咬烂（破坏性行为）。

4种养成良好行为习惯的方法。想要使您的猫咪变得明事理，纠正它们的错误行为，有4种可能性：

- 改变导致不良行为的情境。
- 给猫咪提供其他更加自由和有趣的选择。
- 强化它们的游戏欲望，诱使它们做出正确的行为。
- 利用它们的观察能力，通过示范和模仿的方式促使它们做出正确的行为。

可以批评，但是不能惩罚。大多数养猫人都对猫咪犯错的情况非常熟悉。请您认真观察您的猫咪，尽可能地在它做错之前就对它警告。即使不能做到防患未然，最晚也要在它完成错事之前制止它。有许多警告和批评它的方式（见166页的"实用信息"）。如果您对它大声喊叫甚至是打它，就会起到反作用，导致它完全的拒绝和持续的抗议。因此是绝对不允许的。

原因和诱因

- 对于猫咪来说，社会交往是和生命一样重要的事情。如果它们不得不独处，那么就会出现行为上的异常现象，最终导致神经官能症和身体缺陷。
- 猫咪如果待在家里没有事情可做，就会做出一些我们不愿意看到的，经常是破坏性的行为。
- 猫咪生活环境的改变（更换或者失去主人、被婴儿夺取关注和宠爱、家里新来了另外一只猫或者其他宠物）会让它们感到不安，导致拒绝和反抗。
- 最常见的导致猫咪出现问题行为的诱因：不适合猫咪的生活条件，例如在它睡觉的时候不停地打扰它，持续的噪声，不干净的猫厕所，不新鲜的猫食以及不按时喂食，等等。
- 猫咪已经习惯了的一些权利如果突然失去了，没有一只猫会毫不反抗地接受（见169页），例如突然不允许它在您的床上睡觉了。

●失去家园对于一只猫来说简直是天大的灾难。搬家和换地方在它们眼中绝对是超级高危事件。它们的领地中最核心的家园如果发生变化，例如更换陈设或者重新摆放家具，就足以激起它们的不满。

攻击性行为

情境：当人类想要抓住一只猫或者想要抱起它的时候，它会马上挠你或者咬你。这种反抗行为有可能会针对每一个人，但是也有可能只针对某个特定的人。有些猫会玩着玩着突然变得非常具有攻击性，而对于导致这种突变的原因，我们并不能马上弄清楚。

原因：如果一只猫平时比较随和、温柔，可是它突然间变得非常具有攻击性，那么大多数情况下这是一种它对某事不满的标志。典型的诱因：和主人分开、受到忽视、嫉妒心、失去已经习惯了的某种权利（见169页）。那些比较容易激动的猫如果出现攻击性行为，也和它们的性格和脾气有关。过分内向的动物最终会用咬和挠的方式反抗他人的靠近。

治疗方法：在特定的情境下出现的攻击性行为只有在与之相关的情境发生改变之后才会有所改善。如果导致猫咪出现行为异常的是它的嫉妒心，那么您就需要对它多些关爱，让它感觉到它并没有受到冷落（见167页）。由于害怕而产生的防御性攻击行

实用信息

老年猫咪的小个性

上了年纪的猫咪非常坚持自己所拥有的优先权，对于变化非常反感。

➔ 年纪大了的猫咪对环境的安静程度有非常高的要求，它们更喜欢找一个温暖的地方趴着休息。如果休息的时候受到干扰，它们就会非常生气，有时候甚至会出现攻击性的行为。

➔ 更换食物也是不能被它们所接受的，只能导致它们拒绝进食（见206页）。

➔ 生活在室外的猫咪遇到寒冷、下雪或者下雨，待在室内会更多一些。

➔ 年纪大了的猫咪玩耍的时间比较少，也不会疯狂地追逐狩猎了。

➔ 由于它们害怕自己能力下降，不能跟年轻的猫匹敌，它们对待年轻的猫会越来越不宽容。

每一只猫都要从小学习在磨爪板上磨自己的爪子

为会在您得到猫咪的信任之后消失。如果您的猫属于比较容易生气且每次生气都会挠人的那种，那么您就要避免和它进行近距离的身体游戏了。

疾病症状：如果猫咪骨折或者受伤，又或者得了狂犬病、奥耶斯基病（见231页），甚至癫痫发作，都有可能会出现攻击性行为。

不爱干净

情境：之前都被训练得好好的，不随地大小便的猫咪，现在不使用猫厕所，或者很少使用，而是在房子的其他地方随地

实用信息

正确地批评和警告

在猫咪的教育过程中，应该避免过分严厉的措施。当它们出现了行为不当，小小的批评就足够告诫它们了。

- ➲ 只有在猫咪出现不良行为之前或者正在做坏事的时候，警告才有效。
- ➲ 请您用严厉的口吻说出"不行"的同时配合使用反对的面部表情和一个只有在批评它时才用的手势，例如胳膊向前伸出，手掌张开垂直向前。
- ➲ 猫咪觉得被人轻叩鼻子很不舒服。
- ➲ 和猫咪交流的过程中还可以向它的脸上吹气。这种动作只有在它非常顽固地坚持某种错误行为时才可以使用。

大小便。

原因：很多原因都有可能导致猫咪不爱干净了。最多的是跟猫厕所有关的：猫厕所位置发生了改变，草荐位置发生了改变，草荐太脏了，有顶罩的厕所里味道太难闻了，上厕所的时候受到打扰了，等等。和攻击性行为相似，猫咪变得不爱干净了，也是一种对生活条件发生了改变的反抗，因为这种改变引起了猫咪的不满。尤其重要的是：您首先要确定，这种不干净并不是猫咪生病引起的。

治疗方法：厕所的问题解决起来相对简单：每天清除脏了的草荐，换掉猫咪不喜欢的种类的草荐，拿掉猫厕所上的顶罩，把猫厕所放在可以保护猫咪隐私的比较安静的地方。和猫咪出现攻击性行为的处理办法类似，当猫咪不爱干净的时候，首先要做的也是先了解导致这种问题的原因是什么。在猫咪不再随地大小便之前，请您在它随地大小便的地方铺一层塑料薄膜。

疾病症状：如果猫咪患了膀胱炎、肾病或者尿路感染，多数情况下也会出现不爱干净的问题，因为它会把生病时的疼痛和猫厕所联系起来，因此就不想再使用它了。

嫉妒心

情境：猫咪生活环境中的关系结构发生了变化：有可能是家里出现了一个婴儿、女主人新的生活伴侣，也有可能是家里新养了一只狗或者另外一只猫。猫咪对这种改变

当一只猫想要什么的时候，它会非常直接明确地让人知道：叫声很大，并且会使用身体语言

对陌生人和环境害怕了，它会趴得很低，向您索取爱心和耐心

表示不满和抗议，从而出现攻击性行为。

原因：猫咪会和它们所信任的人建立联系。每一个变化都会引起它们的不满，因为它们担心这种关系是否稳固，以及它们的权利是否受到损害。有了嫉妒心理的猫反应会非常不同。它们的反抗方式多种多样，有可能会跟您保持距离，有可能会不爱干净到处乱爬，有可能会拒绝进食，有可能出现持续的攻击性行为，还有可能会到处乱跑。

治疗方法：一定要让猫咪感受到，对于它来说没有什么发生了改变。这就需要主人给予它很多的关心和照顾。尤其是当那个新的家庭成员在场的时候，您要多和您的猫咪在一起。不久之后，它自己就会理解到，新来的家庭成员也给它带来了好处。

猫咪和壁纸、地毯

情境：猫咪会在房子的各个角落磨它们的爪子，在沙发、壁纸、地毯上留下它们的爪印。

原因：磨爪子是一种与生俱来的行为，一方面可以保养猫咪的爪子，另外一方面这也是同类之间互相交流的一种方式。在室外，猫咪可以在树上或者木桩上磨爪子，在室内，它们也会寻找到合适的物体。

治疗方法：磨爪树或者磨爪板属于每个养猫家庭必备的装备。允许外出的猫咪也应该有这两样东西。磨爪树应该放置在猫咪最经常去的地方。请您拿起猫咪的爪子摸一摸树的表面，留下它的气味以做标记。在树上涂上猫薄荷可以增加树对猫咪的吸引力。请您向猫咪演示如何使用磨爪树。

啃咬室内绿植

情境：猫咪总是啃咬屋子里的绿色植物。

原因：大多数猫咪会时不时地吃一些草或者其他绿色植物，尤其是当它们想要把肚子里的毛球吐出来的时候。由于室内许多绿色植物对于猫咪来说都是有毒的，因此请您只把那些可以让它们吃的植物放在它们可以接触的范围内。

治疗方法：猫草是猫咪可以吃的理想的绿色食物。可以买盆栽的猫草，也可以准备莎草和吊兰。可以在室外活动的猫咪也应该在室内拥有属于自己的猫草。请您把所有不知道会对猫咪产生什么影响的绿色植物都清除掉。如果您看到您的猫咪站在一株对它有毒的植物旁边，请您大声对它说"不行！"或者用水枪喷它，或者向它的脸吹气。

疾病症状：如果猫咪得了肠胃疾病，它吃绿色植物的次数就会变多。

胆小

情境：当家里的门铃响起，您家的猫咪非常惊慌失措地躲藏到了柜子下面。

原因：过分害怕人类的情况大多数可以追溯到猫咪小的时候。过早地和妈妈以及兄弟姐妹分开，从人类那里得到的关爱不够多，饲养方面的错误，这些都对小猫的影

猫咪知道餐桌不是它们的游乐场，但是只有当主人在房间里的时候它们才会遵守规则

响非常大，以至于它们一生之中都与人类保持一定距离。许多猫咪害怕新的环境和陌生人，是由于它们的主人溺爱它们，从来没有教给它们如何表达自己。

治疗方法：对人类的不信任已经成了这一类猫咪的第二天性。它们需要一点一点地学习，陌生人并不对它们构成威胁：请您在您的猫咪在场的情况下接待客人（最初的时候只有一位客人）。请您在这之前就请求您的客人，不要去注意您的猫咪。它可能会藏起来，但是最终总会理解，没有人想要伤害它。

其他的不良行为

被剥夺已经习惯了的权利。猫咪最爱的沙发，您突然不允许它靠近了；以前可以外出活动，但是现在不允许了；以前玩耍的时间现在没有了——如果您突然取消了它的某些权利，没有一只猫会毫不反抗地接受。从一开始，您给予猫咪的自由空间就要保证您自己也要毫不受阻地生活。限制是不可避免的，例如搬家之后不允许它外出活动。您应该给予您的猫咪多一些关注，给它提供一些有趣的活动机会，帮它度过这个困难时期。

破坏性行为。那些独处的猫咪，时间长了就觉得无聊，很快就会有一些愚蠢的想法，把整个房子弄得乱七八糟。把房间弄乱给猫咪带来的乐趣让它们觉得自己更加独立自主，因此以后还会再发生类似事件。补

注意事项

带着猫咪搬家

搬家或者地点的更换对于猫咪来说意味着失去家园，是一种噩梦般的经历。

○ 在您搬家的那天，首先在旧房子里清理出一间空房间，把猫篮、猫厕所、食盆和水盆都放在里面，让它也待在这间屋子里。然后您再去收拾其他房间的东西。

○ 在搬家具的车开走以后，把猫咪带到车里，开车去新家。

○ 在新家里，首先把它和它的猫篮、猫厕所、食盆和水盆放到一个空房间里面。然后去布置其他房间。当所有的家具都摆放好了，再带它在新家里到处转一转，闻一闻。

救措施：为猫咪提供很多活动机会，多多关心它们，尽可能不让它们单独在家。

挖坑。新鲜松动的土壤吸引着猫咪，让它们有了挖坑的欲望。尽管您为您的猫咪准备了猫厕所，您家里的花盆还是会被它当作"解手"的地点。补救措施：请您把花盆里的土壤覆盖起来，为猫咪准备一块柔软的草荐，在花园里为猫咪提供一块可以让它挖坑的土地。

在房子里做记号。公猫尤其喜欢在物体、同类和人类身上撒尿，用这种方法来做标记。它们只有在生活的区域内闻到了陌生猫的气味时或者它们想表达自己的愤怒时，

 **访问**

如何预防猫咪出现不良行为

"想做什么就能做什么。"这是一个崇尚自由者的座右铭。但是用在猫咪身上，很容易导致它们和人类的伴侣关系出现问题。猫咪行为顾问布里吉特·罗德尔知道，我们应该在什么时候，以什么样的方式告诉我们的猫咪，可以做的事和不可以做的事之间的界线在哪里。

布里吉特·罗德尔

"猫咪的一生都会和我们在一起，这一点我以前简直不能想象。"布里吉特·罗德尔很早就决定了把对动物的爱当作职业。在大学里，她的专业是生物学，方向是行为科学。大学毕业之后，她成了一名动物心理学家，不久之后，她的工作领域缩小到与人类有伴侣关系的猫。她认为养猫人在买猫之前一定要先了解它们的需求。

为什么人和猫玩耍游戏经常以被猫咬伤或者抓伤而结束呢？

布里吉特·罗德尔：尽管小猫崽们的嬉戏打闹看起来非常狂野，但是它们正是在这种打闹中学习什么可以做，什么不可以做。它们需要学习的还有，如果自己的意愿没有得到满足，如何去控制自己的失望情绪。但是它们的主人却非常享受这种"年轻运动员"的疯狂的自由，以及它们随心所欲的抓挠和啃咬。这样是不行的：请您立刻停止这种游戏，如果它们的精力过剩，那么您可以

给它们一个玩具去消耗它们的体力，例如一只老鼠大小的袜子。您也要禁止它们从埋伏处冲出来突袭您的双腿（即使这种行为让您觉得挺好玩的），可以使用玩具等物品来转移它们的注意力。

在和比较难相处的猫相处过程中人们最常犯的错误是什么？

布里吉特·罗德尔：许多人都过于单纯地接近这些猫，把自己的想象和期待强加给它们，让它们按照自己的意愿去做。他们

一只独自在家的猫，如果没有事情可以做，它就会把您的房子弄得乱七八糟（上图）
猫把床单弄湿了。如果一只猫去了不该去的地方，这通常是它的一种反抗行为（左图）

完全不去考虑这些猫的心理状态。举一个典型的例子：一只小猫，很小的时候就和自己的妈妈以及兄弟姐妹们分开了，因此变得非常没有安全感。它在与人类接触的过程中发现，如果它咬了这个人，就可以不跟这个人亲近。但这个被它咬了的人会不知所措，会生气，这会让猫咪感到害怕。结果是：这种情况会恶性循环，直到无法挽回。

在人们选择猫咪的时候，是否可以事先做些什么来预防以后它们出现一些问题行为？

布里吉特·罗德尔：童年时代会产生很大的影响。如果一只小猫从小生活在安静的环境里，现在来到一个有孩子并且非常吵闹的家庭，就会受不了。一只从小生活在农民田庄里的猫，会比从小生活在室内的猫更倾向于在室外活动。您应该选择一只对于您所提供的生活环境比较熟悉的猫。

为什么有时猫咪在被人抚摸的时候会突然变得非常有攻击性？

布里吉特·罗德尔：这种经常出现的现象叫作"爱抚和咬人"综合征：猫咪趴在主人的膝上，享受着主人的爱抚，但是突然就咬了他。其实它们已经给主人发出了多次信号，它们不想接受爱抚了。但是，他并没有对这些信号做出反应。为什么猫咪发出了信号，却没有收到任何回应？结果却是猫咪结结实实地咬了吃惊的主人的手掌。如何处理这种以及类似形式的防御性攻击行为呢？作为主人，应该时刻观察猫咪的反应，在它们开始自卫之前就停止活动。

才会在生活的区域做标记。如果您当场抓到您的猫咪在用撒尿的方式做记号，那么您可以大声地对它喊"不要"。为了避免它们重复性地做标记，您可以把它做过标记的地方覆盖起来。大多数情况下，在猫咪做过阉割手术之后，撒尿做标记这种行为就会停止了，但也不是绝对的。如果您的猫咪特别顽固地坚持这一行为，那么就要向猫咪心理咨询师请教了，他可以帮助您找出猫咪这么做的原因。

自我伤害。常见的有可能导致猫咪出现强迫症行为的原因有：无聊、同类的欺压、失去主人等。这些原因导致猫咪不停地舔某个地方或者抓挠某个地方。而这种强迫症行为会导致猫咪的自我伤害。典型的强迫症行为还有追逐自己的尾巴。我们必须查明导致猫咪强迫症行为的原因，并且消除这些诱因。我们要尝试打破它固定不变的行为链条；根据它所患的神经官能症严重程度的不同，医生会给它开出不同的镇定药物。皮肤真菌、寄生虫、皮毛上存在有毒物质或者脏东西，都可能会导致猫咪不停地舔舐或者抓挠某个部位。

四处乱跑。如果一只猫以前都按时回家，但是现在它在外面待的时间长了，甚至是在外面过夜了，这种现象通常是猫咪对它周围环境发生改变的一种反抗。典型的原因一般有：家里太吵闹了、它产生了嫉妒心理（见166页）或者让它和主人分开了。补救措施：多关心您的猫咪，让它在家里　重新

找到安全感。

纠缠不休地请求。猫咪的这种行为习惯都是在家里养成的：人们为了训练猫咪向人请求，会在这儿给它一点食物，在那儿从自己的餐桌上给它一口饭，不用太费力气就能成功。可是，想要改掉它们纠缠不休的习惯，却要费点力气了。向人类请求这种行为，对于不少的猫来说，已经跟食物没有关系了，而是两条腿的人类被它们训练得形成条件反射的过程：只要它们一发出请求的叫声，人类就会条件反射地按照它们的意愿行动。补救措施只有一条：坚定不移地只让它在食盆里吃饭。最好是在人吃饭的时候把猫撵出餐厅。很可惜，反弹率很高。

偷食。可以随便就吃得到的食物，吸引人的美食的味道，没有一只猫可以抗拒。只有当主人在房间里的时候，上面摆满食物的餐桌对于猫咪来说才是禁区。猫是没有对错观念的。当您不在房间里的时候，一定要把可以吃的东西都收起来，这样才能避免猫咪受到美食的诱惑。有时候恐吓疗法会起到一定的作用：在一个铁皮罐上绑上绳子，把这个铁皮罐放在桌子的边缘上。如果猫咪拉动了绳子，铁皮罐就会从桌子上掉下来，摔在地上发出叮叮当当的声音。请您先走出房间，这样猫咪就不会把您和整个事件联系起来。

有关吃饭的问题，例如猫咪贪吃、垂涎他人的食物或者拒绝进食等问题，请阅读206页和207页的内容。

度假和旅行的猫咪

在家总是最美好的。按照猫咪的意思，它是永远都不要离开它所熟悉的家园和领地的。但是它的主人却觉得，和所有家人去度假，对它来说没有什么不好。

它当然会想念自己所熟悉的人。但是，只要它所熟悉的生活环境不发生改变，就会在您出门度假期间好好的，也会接受您不在家期间帮忙照顾它的保姆或者邻居。如果它被送去别人家寄养或者宠物寄养场所暂住，事情就会难办一些。需要给它更多的理解和关心，才能安慰它失去家园的伤痛。愿意跟主人一起去旅行并且不闹事的猫，可以算是例外。大多数的猫在被主人带上汽车或者火车的时候，都需要主人的耐心劝说和全天候的照顾。

出门度假时把猫咪留在家里

一般人们会提前几个月就开始计划休年假。休假计划一定下来，您就应该马上开始为猫咪寻找在您度假期间可以照顾它们的人，尤其是您想将猫咪托付给看门人或动物保姆，又或者送到宠物寄养场所寄养。在人们的度假旺季，许多宠物寄养场所经常提前几个月就预定满了。您可以向与您交好的养猫人、当地的动物保护协会或者您的兽医询问合适的宠物寄养场所。

为您的猫咪找到合适的照顾者

只给猫咪提供食物和新鲜的水还远远不够。为了治愈被单独留在家里的猫咪受伤的心灵，除了要给它提供食物和水，还要跟它亲热，陪它玩耍。

朋友或者亲戚。如果您请朋友或者亲戚来替您照顾猫咪，基本不需要怎么指导了，他应该对您的家和您的猫咪都比较熟悉。不足之处：由于他花在路上的时间可能比较长，因此每天只能到您家来一次。

邻居。一天可以到您家多次照顾猫咪，也可以在猫咪外出的时候照顾它，并且控制它外出的时间以及在外面待多久。不足之处：通常没有太多的养猫经验。

动物保姆。如果您把猫咪托付给动物保姆，那么您应该在度假之前就让猫咪和动物保姆互相熟悉一下。作为猫咪的主人，您应该把它相关的信息告知动物保姆。一般来说，动物保姆知道如何和猫咪相处，甚至是比较难相处的猫咪，他们也可以搞

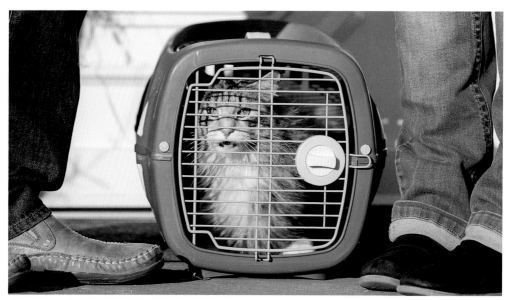

在主人度假期间，还是待在家里最让猫咪感到舒服

定。一般来讲，动物保姆会来到您的家里照顾您的猫咪，每天一次。您应该和动物保姆签订合同，在合同里对他照顾您的猫咪的时间和范围、酬劳的支付方式、如果猫咪生病或者受伤应该如何处理等事宜进行规定。请您把兽医的联系方式、您度假的地点和电话号码以及如果联系不到您该和谁联系，告诉您的动物保姆。

　　看门人。看门人的第一任务是给您看家，但是也会帮您照顾您的宠物。根据您和他的约定，他可以一天中多次去帮您照顾您的猫咪，也可以一整天都照顾它。不足之处是一部分看门人养猫的经验不足。

　　猫咪的培育者。他们只会在特殊情况下帮您照看曾经由他们培育出的小猫，而且一般时间有限。

宠物寄养场所

　　在宠物寄养场所里面，所有的猫咪共同生活在一间房子里，一部分也可以在室外设施中生活。在大家一起生活的地方，有猫爬架、各种玩具，还有不同的"楼层"，如果哪只猫想要和其他同类保持距离，它就可以趴到那里去。如果您家的猫咪比较胆小害羞或者是年纪比较大了，需要定时吃药或者某种特定的食物，您可以和公寓管理人员商量，让它和其他动物分开住。由于公寓中的床位有限，所以，如果您想预定单人间，请一定提前预约。您可以给猫咪带上它最喜欢

实用信息

猫咪保姆必须了解的一些事

➔ 猫咪的个性和特征（例如它喜欢藏在什么地方）。

➔ 给它喂食的时间和方式。

➔ 它是否需要特殊的饮食或者药物？

➔ 猫粮和草荐存放在哪里？这些东西的存量够用吗？

➔ 弄脏了的草荐应该怎么处理？

➔ 可以允许它外出吗？它可以进出房间的活门在哪里？

➔ 需要定期给它梳理或者刷皮毛吗？梳子和刷子放在哪里？

➔ 它最喜欢玩什么？

➔ 药品箱和猫笼放在哪里？

➔ 其他人可以进入这个家吗？

➔ 猫咪主人的度假地点和手机号码，兽医的地址和电话号码。

的铺盖或者玩具，这些东西会帮助它在陌生的地方更快地适应生活。公寓中一个床位包括食物和护理一般每天花费6～12欧元。您的兽医和当地的动物保护协会会知道附近哪些宠物寄养场所最值得推荐。但是，请您无论如何要有自己的想法，在您决定选择某一家公寓之前，去实地考察一下（见177页的"小测试"）。

✅ 注意事项

出发之前检查一遍房子

如果在您外出度假期间，猫咪单独在家，那么要确保家里没有对它的安全造成威胁的东西。

○ 尽可能地把所有室内的植物都放到猫咪够不到的地方。

○ 尖的东西、塑料袋和药物放好，垃圾箱用盖子盖起来。

○ 把窗户锁起来或者做好防范措施（下翻窗要安装防护栏）。

○ 敞开的房门要安装挡门的装置（以防猫咪被夹住）。

○ 关闭禁区。

您可以把您的猫咪单独留在家里多久？

每一个有工作又养猫的单身贵族都很熟悉这个场景：每当回到家的时候，自己家里的那只"小老虎"已经望眼欲穿了。只上半天班的人可以让自己的猫咪有半天的独处时间。它们可以利用这段时间巡查一下房子的各个角落，可以独自玩耍，可以舒舒服服地睡个觉，这样在主人回到家的时候，它们就又精神焕发了。但是，不要让您的猫咪总是独自在家待一整天。如果您一整天都不在家，那么应该找个人照顾它，或者再养一只猫，让它们可以互相陪伴。

如果您需要短途旅行，那么两天是上限。在您离开家去旅行之前，要把猫厕所彻底打扫干净，最好是再放置一个。在家里放置一个自动喂食机，可以保证猫咪按时吃到新鲜的食物。除此之外，还要保证猫咪可以喝到新鲜的水和吃到干燥的猫粮。房子里不存在对猫咪的安全构成威胁的东西，还要有玩具或者让它可以活动的可能性。

小贴士和实用信息

动物收容所提供的假期服务。 动物收容所只会提供有限的床位。您可以咨询当地的动物保护协会来获取详细信息。

最好是两只猫。 经常出差不在家的人，应该考虑养两只猫，这样它们的孤独感就没有那么强烈了，而对于照顾它们的人来说，工作量也还在可以承受的范围之内。

自动喂食机。 这种机器可以在预先设定好的时间自动开启，里面的食物也能够长时间保持新鲜。如果您一整天或者有两天不在家，那么买一台自动喂食机是一个非常明智的选择。

冷冰冰的欢迎。 当您度假归来，早早地憧憬着和您家猫咪重逢时的喜悦，当您踏进家门，迎接您的是它冰冷的面孔——这种"受辱的肝肠综合征"不是每一只猫咪都会有，但是这种现象则表明了它对独自在家这件事的看法。您只要跟它待几个小时，多给它些关心，之后就没事啦。

带猫咪去旅行

当您带着猫咪坐汽车或火车出去旅行时，有些猫咪不会抱怨，就默默接受了，但有一只猫咪会觉得舒服。到了旅行的目的地，即使是最漂亮的度假村也不能让它感到放松。陌生的环境会让它感到陌生和害怕。因此，只有实在没有办法避免，您才能带它们去旅行。如果您能多关注它一些，那么旅程和在陌生地方的停留虽不能成为猫咪最爱的活动，但也不会成为一场闹剧。

重要的是：请您在旅行之前向兽医或者动物保护协会咨询一下，旅行地是否存在有损猫咪健康的不利因素。在地中海地区，就隐藏着许多传染病病原。

汽车里的试验期

大多数情况下，猫咪都是坐汽车去旅行的。许多猫咪与汽车相熟都是因为坐车去看医生，这是一种让它不怎么开心的联系，往往会增加猫咪对汽车的反感。在猫咪小的时候，就要让它慢慢熟悉汽车。您可以抱着它坐在停着的汽车里，在那里和它多待一会儿（可以带一些好吃的食物），慢慢地让它把

✖ 小测试：我选择的宠物寄养场所怎么样？

兽医和动物保护协会会为您提供一些值得推荐的宠物寄养场所的地址。请您亲自去现场考察一下，他们为动物提供了怎么样的食宿条件和照顾。

	是	否
1. 寄宿在公寓里面的动物看上去很干净很健康。动物们居住的地方每天都打扫，它们的食盆看上去很干净，食物看上去很新鲜。	☐	☐
2. 公寓只接收受过训练、不随地大小便、注射过疫苗和除过虫的动物。	☐	☐
3. 大多数猫咪都生活在一起。在这里有可以让它们抓挠的柱子，有的地方还会有挡雨的室外活动区域。让您的猫咪单独住一间屋子也是可以的。公寓的工作人员对住单间的动物会照顾得更多一些。	☐	☐
4. 兽医有义务为动物们检查身体。	☐	☐
5. 经营者持有德国《动物保护法》第十一条所规定的专业知识证书。	☐	☐

答案：在您考察过这间公寓之后，对上述问题的回答都是"是"，那么您就可以放心地把猫咪交给他们了。负责照顾猫咪的工作人员也会向您询问猫咪的一些情况。

汽车也当作生活领域的一部分。然后您可以启动汽车，开上几米，测试一下猫咪对汽车的感受，接下来便可以尝试开出越来越长的距离。

旅途安全

原则上，在旅行中应该把猫咪放进一个结实的猫笼里，即使是非常安静温顺的猫咪。猫笼既可以保护猫咪，又能给它们带来安全感。要用安全带系住猫笼，如果开的是客货两用车，则可以把猫笼放到汽车后部的车厢。只有当您刚刚从猫咪饲养者那里把小猫接回家时，才可以让陪同您一起去的人把小猫抱在膝上。

旅途中的注意事项

●行驶中汽车颠簸的运动会让猫咪感到恶心想吐。因此应该在出发前4~5个小时，最后一次给猫咪喂食。

●如果您的猫咪非常容易紧张和害怕，可以让兽医给它开一种镇定剂。

●为了避免穿堂风，即使是在夏天，也要关闭车窗。空调的出风口不要正对着猫咪，空调的温度最低只能调到22摄氏度。

●在开车两个小时之后就应该停一下，给猫咪喂点水。如果路程很远，应该让猫咪出来，用遛猫绳拴着它到外面"解手"。

●开车时尽量保持匀速，并且注意车况，避免紧急刹车或者躲避其他车辆。

永远都不要把猫咪单独留在熄了火的车里，即使您只是快速到外面买点东西。在炎热的夏天，汽车内的温度很快就能上升到非常高。这样的高温对于猫咪来说是致命的。即使是在冬天，太阳光直射也会让汽车内快速升温。在空间相对较小的猫笼里面，温度上升得就更快了。

乘坐火车或者飞机旅行

和乘坐汽车旅行一样，乘坐其他交通工具也要把猫咪放进猫笼或者旅行包。在德国和欧洲其他国家，猫咪乘坐火车旅行

实用信息

猫咪的旅行行李

➔ 旅行中猫咪应该待在猫笼或者其他坚固结实的箱子里。到了目的地以后，这个笼子就可以作它熟悉的窝了。

➔ 给猫咪带上它熟悉的铺盖和最爱的玩具，这会使旅程的停留变得容易一些。

➔ 如果是出国旅行，就不要忘记带上猫咪吃习惯了的食物（见179页），以及开罐器和量勺。

➔ 食盆和水盆（也要在旅行计划中），路上的饮用水。

➔ 猫厕所、草荐和清理草荐用的工具。

➔ 遛猫绳和胸带挽具。

➔ 梳子和刷子（根据猫咪品种不同携带不同种类的梳子和刷子）。

➔ 猫咪专用旅行药箱（见179页的"注意事项"），如果有需要，还要携带其他药品。

是免费的。不同的航空公司对猫咪乘坐飞机有不同的规定。把猫咪放在合适的猫笼里，是允许被带上飞机进入客舱的。

度假地点的选择

您在做旅行计划的时候就要向宾馆或者度假村询问，他们是否允许携带猫咪入住。在宾馆的宣传手册、旅行社的目录和门户网站上可以找到允许携带动物入住的宾馆和度假村。在预定之前，他们会以书面的方式向您确定可以携带猫咪入住。

在度假地

●大点的宾馆一般都有有养宠物经验的工作人员，他们可以替您暂时照顾猫咪。

●您可以请求宾馆工作人员，在没有跟您商量的情况下不要随便进入您的房间。

●猫咪外出一定要用遛猫绳拴着。

●请您给猫咪戴上项圈，项圈上系上地址牌，上面写上您的名字、电话号码、宾馆的地址和电话号码等。

●猫咪睡觉的篮子、它最爱的铺盖和玩具可以给它带来一种家的感觉，因此属于行李中的必需品。

●更换食物对于猫咪来说是一种额外的压力。请您从家里带一些猫咪吃习惯了的食物。请您拿足够量的猫食，以防万一推迟回家的日期，猫食不够吃。

●请您在度假期间也尽可能地遵守在家时的时间给猫咪喂食，跟它玩耍和亲热。

✓ 注意事项

猫咪的旅行药箱

在旅行之前请您检查药液和药片的保质期，替换掉已经过期了的药物。

○ 治疗消化道疾病和拉肚子的药物；治疗过敏症的抗组织胺剂（被马蜂蜇）；止血药粉；治疗其他旅行中易犯病的药物。

○ 眼药水和耳朵用的药水。

○ 绷带、有弹性的绷带、医用胶布、纱布、保暖棉垫。

○ 尖嘴钳、镊子、剪刀。

○ 也有全套的旅行用药箱，里面包括所有上述药品与工具。

●在宾馆里没有太多适合猫咪的活动，因此您的关心和照顾对于它来说非常重要。

旅行袋不适合带猫咪长途旅行，它不够结实，也不够坚硬，拉上拉链以后猫咪就处在一个封闭的空间里，看不到外面世界所发生的事了

提问和回答

购买、适应和饲养

我家的猫咪总是在书架上面趴着，从来不在猫篮里休息。这是为什么？

高度对于猫咪来说有着特殊的意义：从高处眺望，一切尽收眼底，这让猫咪感到安全。您把猫篮放到相对较高的位置，例如小桌子上或者小柜子上，不久之后，猫咪肯定就愿意趴到里面去了，但是不要忘了设置一些帮助它爬高的设施。

刚刚来到您家中的猫咪需要一定的时间才能和您以及家人熟悉起来

我搬到了城里居住，猫咪就不能随便外出了。怎样才能让它适应室内生活呢？

这不是一件容易的事。您家的猫咪肯定不能理解，为什么现在不允许它外出了。它反抗行为有多严重，取决于它的性格和它与您关系的远近。请您在室内为它设计一个能让它开心的乐园：非常棒的休息地点和远眺地点（在窗台上也要有）、温暖的可以让它蜷卧的小窝、阳台上属于它自己的小房子。并且要多和它一起玩耍和亲热。

以后我想把我们家的猫葬在树林中的空地上，可以吗？

很可惜，不可以。在公共用地（森林、公园）埋葬动物是违反规定的，会被处以罚款。如果您家的花园不在水源保护区内，您可以把它葬在您家的花园里。陵墓必须深50厘米。如果是火葬，您可以把装有它骨灰的骨灰坛带回家，然后进行安葬。许多养猫的人会把他们的宠物葬在动物墓地，您可以时不时地去看看它，打理一下它的陵墓。

我们家的猫咪在外面上厕所，那么在屋里就不需要再给它放置一个猫厕所了吧？

即使您家的猫咪在外面活动，在室内也必须要给它放置一个猫厕所。如果您的猫咪生病了，或者出于其他原因不能到外面去，就必须熟悉使用室内的厕所。还有在陌生的环境里外出比较危险，或者住在宠物寄养场所里的时候，它也只能使用室内的猫厕所。

我们家的猫咪对我比对我丈夫更亲近，尽管大多数时候都是他在给它喂食。这是什么原因呢？

动物心理学家丹尼斯·图纳尔通过研究得出结果：猫咪通常对女性比对男性更容易亲近。图纳尔认为，女性会更多地和猫咪谈心，和它们坐在地板上玩耍，而男性和猫咪说话则比较少，大多数时候都是站着和猫咪进行交流。

在我外出度假的时候，也要为我家的猫菲利克斯把门上的活门开着吗？

这是一个道义上的问题。对于菲利克斯来说，您不在家陪它就已经够让它难受的了，您出门度假，它还要单独在家，这对于

它来说简直就是一种惩罚。最好的解决办法就是找一个人，每天去您家里几次，为您照看猫咪，晚上等猫咪回家以后，再把门上的活门锁上。或许您可以拜托您的邻居来做这件事。

我应该和猫咪保姆就照顾猫咪的问题签订合同吗？

书面的合同不是必须的，理论上口头约定就可以了。但若是出了问题，书面的合同则对于您和保姆来说都比较安全。合同的形式没有严格的规定，只要包含最重要的信息就行了。

我们家的两只公猫以前一直相处融洽。为什么现在它俩见面就互相看不顺眼，谁也不理谁了？

最简单的原因就是：这两只公猫都到了性成熟的年龄，把对方看作竞争者了。如果成年的猫咪突然互相看不顺眼了，那应该是嫉妒心在作怪。它们都觉得对方是主人更喜欢的那个。一般共同生活在一个屋檐下的猫咪会自己决定出谁是老大。在这之后它们就又能和平相处了。

4

给猫咪提供
健康的饮食

猫咪主要是吃肉的。动物性蛋白质，特别是牛肉、家禽和鱼的瘦肉，构成了猫食的主要部分。它们比较容易消化，并且营养丰富。脂肪和碳水化合物为"小猎人"的高强度运动提供必需的能量。植物营养素，包括粮食和蔬菜，可以提供猫咪健康成长必需的营养物质，促进皮肤、皮毛和眼睛的正常工作和再生，对身体的新陈代谢也很重要。只有给猫咪提供适合它需求的饮食，才能保证它的健康。

基础饮食

要选择包含所有重要营养成分并且比例合适的猫粮，它们有助于猫咪消化，预防由于缺乏某种营养成分而导致的病症，从而保证猫咪健康成长。

我们吃肉，猫咪也吃肉。您会把您餐桌上的食物放到猫咪面前，这很容易理解。蔬菜米饭之类的食物对于猫咪来说没什么坏处。但是猫咪的新陈代谢和人类的不一样。它们需要更多的动物蛋白质以及其他的维生素和矿物质。如果猫咪总是吃人类吃的食物或者我们吃剩下的饭菜，皮毛和皮肤就会出问题，从而影响它们成长，并导致免疫能力下降，还会出现其他的缺乏症状。狗粮也不适合猫咪吃，因为猫咪每天所需要的蛋白质和脂肪量是狗粮中蛋白质和脂肪含量的两倍。偶尔可以允许猫咪偷吃一点狗粮，但总是吃狗粮会让猫咪生病。

猫粮的组成成分

蛋白质、碳水化合物（热量和糖分）和脂肪是食物的基础成分——动物的食物是这样，人类的食物也是这样的。生物体组织不同，所需营养成分不同，食物中的蛋白质、糖分和脂肪的含量和比例也不同。这些营养素的来源非常重要：猫咪非常需要高质量的动物蛋白质，这些可以从禽类、牛肉和鱼的瘦肉中获取。动物内脏，例如肺、肝或者肾中的蛋白质含量较低，因此不足以满足猫咪对蛋白质的需求量。尽管生命机体只需要少量的矿物质和维生素，但是它们也是许多新陈代谢过程不可缺少的物质。在这个过程中，各种物质之间的比例也是非常重要的。营养成分摄入量过多（例如维生素A和D，以及各种矿物质）也会导致很多健康方面的问题，例如，矿物质中的钙和钠的成分含量不平衡，就会互相产生影响。

蛋白质

猫食中应该含有25%～40%的动物性蛋白质。小猫对于蛋白质的需求量最少应该占到30%。只有保证这个量，它们才可以健康成长。这些营养成分的来源首先是牛肉、鸡肉和鱼肉的瘦肉。蛋白质由氨基酸构成。微生物和植物可以自己产生所需的氨基酸，但是动物和人类却需要通过食物来获取多种氨基酸。甲硫氨酸、牛磺酸（见右侧的"实用信息"）、精氨酸、半胱氨酸是猫咪所需要的最重要的几种氨基酸。富含这几种氨基酸的食物主要有牛肉、羊肉、小牛肉、禽类（例如鸡胸肉、火鸡腿肉），以及鱼肉（鲑鱼、鳕鱼、鲈鱼、金枪鱼）。

如果缺乏最基本的氨基酸，会妨碍新陈代谢过程。

●精氨酸。如果猫粮中氨基酸的含量太少，或者根本没有氨基酸，猫咪肝脏产生的氨就无法转化成尿素。氨中毒在短短几个小时之内就会导致猫咪死亡。这种情况在实际生活中几乎没有发生过，因为富含蛋白质的食物已经包含了足够的精氨酸。

实用信息

吃老鼠可以让猫咪开心吗？

➜ 作为食肉动物，猫咪需要富含蛋白质的食物。老鼠可以为猫提供高质量的瘦肉。

➜ 老鼠肉可以为猫咪提供它身体里不能自己产生的牛磺酸和维生素A。

➜ 老鼠的骨头含有重要的矿物质，它们的皮毛是很好的粗饲料，可以促进猫咪的消化，有一些还可以为猫咪提供身体所需的微量元素。

➜ 老鼠肠胃中的植物性组织含有维生素和矿物质。

➜ 一只4～5公斤重的猫每天大约需要330千卡的热量。一只老鼠可以为它提供30千卡热量。如果一只猫每天只吃老鼠，一天要吃10～12只老鼠才可以。

只要涉及吃的东西，猫咪总是非常机灵

先把小零食抓在手里赏玩片刻，然后就到了享用美食的时候了

只有当猫咪拒绝进食或者超重被主人要求节食的时候，才有可能出现缺乏精氨酸的情况。这也是猫咪不能节食的原因之一。对于小胖子们来说，有其他减肥的方法（见205页）。

●牛磺酸。体内牛磺酸不足容易使猫咪抵抗力下降，导致心脏疾病，并且损害视力，最终致盲。

喂猫咪吃肉时应该注意：

●猫咪不能吃猪肉，因为猪肉有可能会传染奥耶斯基病毒（见231页）。病原体只有在加热到60摄氏度以上才能被杀灭，但是在冰箱里存放几个月还依然会存活。除了其他几个欧盟国家以外，德国也消灭了奥耶斯基病毒。

●动物的肾脏一部分是含有有害物质的。

●猫咪吃太多的动物肝脏有可能会导致骨骼出现问题（见190页）。

碳水化合物

可食用的碳水化合物有糖和淀粉。和粗饲料（见187页）不同，碳水化合物可以快速转化为猫咪高强度体力劳动时所需的能量，例如哺乳期的母猫。

营养成分的来源。全麦面条、燕麦片和没去壳的大米富含碳水化合物。猫咪也可以每天吃一些土豆。所有植物性的食物在喂给猫咪吃之前都要加热煮熟，这样才能被猫咪消化吸收。

喂食时出现的错误。荚果和卷心菜不好消化，糖果对牙齿和消化系统不好。吃太多的碳水化合物（固体食物中超过20%的含量）可能会让您的猫咪发胖。

实用信息：如果猫咪的食物中富含蛋

白质和脂肪，那么就算它的食物中暂时没有碳水化合物，也没什么大问题。野猫的食物中几乎没有碳水化合物。只吃骨头和生食的猫咪（见199页）也只需要少量的碳水化合物。

脂肪

食物中脂肪的含量决定了食物的味道。脂肪的含量多少决定了猫咪是否喜欢吃这种食物。除此之外，脂肪可以帮助和调节消化，还可以帮助猫咪把吞下去的毛发排泄出来。另外，脂肪可以比碳水化合物多提供两倍的热量。

营养成分的来源。猫咪的营养平衡取决于脂肪的质量以及动物性脂肪（大多数是禽类的脂肪）和植物性脂肪（玉米和大豆）的比例关系。植物性脂肪中不饱和脂肪酸的含量较高，比较容易消化，但是也比较容易变质。饱和脂肪酸提供热量，不饱和脂肪酸作用于物质代谢。脂肪酸的代谢和消化需要维生素B族和可以分解脂肪的维生素A、D、E和K（见188页）。猫粮中至少要含有9%的脂肪。猫咪可以接受大量的脂肪，它们更喜欢脂肪含量为25%～40%的猫粮。

喂食时出现的错误。食物中缺乏脂肪会导致猫咪生长缓慢和皮肤问题。太多的脂肪又会使猫咪发胖，容易患上脂肪肝。

实用信息

猫咪通过食物获取的生命必需的营养成分

➡ 牛磺酸。存在于肉类、鱼类和奶制品中的氨基酸。猫咪的猎物（老鼠和其他啮齿目动物）可以为猫咪提供许多牛磺酸。

➡ 半胱氨酸，精氨酸（见185页），甲硫氨酸。基础氨基酸存在于牛肉、鱼肉和禽类的肉中。

➡ 维生素A。未煮熟的动物肝脏（不能是猪肝！）富含维生素A。每周最多食用150克动物肝脏（分两次吃），食用过多会导致中毒。维生素B_3和维生素A一样，要通过动物类的食物获取。

➡ 花生四烯酸。肝脏、蛋黄、鱼油和豆油中的不饱和Omega–6脂肪酸。

➡ 亚油酸。一种脂肪酸，例如玉米油中的脂肪酸。

粗饲料

粗饲料大多是多糖。这种碳水化合物主要存在于植物类食物中，多以纤维素和果胶的形式存在。虽然大多数都不能被消化，但是它们在物质代谢过程中非常重要，因为它们刺激消化，让食糜在肠道中得到运输，连接代谢废物和水。粗纤维，主要是纤维素，没有被消化就直接被排出体外，其他的粗饲料有一部分可以被吸收，变成脂肪酸。在减肥餐中粗饲料也可以被用来降低体重（见205页）。

营养成分的来源。麦麸、葵花籽、小麦种子、胡萝卜、南瓜、西葫芦、卷心窝苣（切成小块），等等。蔬菜可以像人类吃的饭菜那样处理。

喂食时出现的错误。如果食用的粗饲料太少，会导致便秘，食用过多的粗饲料又会导致放屁和排泄物增多。

维生素

维生素可以调节机体的生命活力。由于大多数维生素都不能由机体自己产生，因此必须通过食物来获取。维生素分为两种：脂溶性维生素和水溶性维生素。

脂溶性维生素（例如维生素A、D、E）可以存储在身体里，水溶性维生素，例如维生素B族则必须经常通过食物来获取。摄入维生素太少或者太多都会损害身体健康，有可能导致各种疾病，妨碍猫咪成长。摄入的维生素过多的情况很少出现，除非是经常喂猫咪吃动物肝脏。过多的水溶性维生素则会被身体排出体外。只有猫咪生病、年龄大和怀孕的时候，才需要给猫咪补充额外的维生素。

最重要的几种维生素

维生素A（视黄醇）：猫咪要通过动物类的食物来摄取维生素A，例如动物肝脏、肾脏和黄油。它们不能消化植物类食物中的初级视黄醇。

脂溶性维生素对成长有重要作用，能

觅食的时候把东西吃到嘴里才是王道，姿势并不重要

够维持皮肤、眼睛和其他器官的健康。缺乏维生素A有可能导致皮肤和眼部疾病。摄入太多的维生素A会损害健康。如果单纯地给猫咪喂食动物肝脏，维生素A就会在猫咪体内各个器官内堆积，导致维生素A中毒，从而造成猫咪的运动障碍和骨骼变形。

维生素B族：维生素B族在猫咪的食物中也是必须的。这些水溶性维生素存在于许多动物类食物和植物类食物中，例如肉类、鱼类、牛奶、鸡蛋、粮食和蔬菜。维生素B含量较高的食物有动物肝脏、酵母和绿色蔬菜。

●维生素B_1（硫胺素）：对神经系统非常重要。猫食中未煮熟的鱼过多会破坏维生素B_1，因为鱼的肠道中有一种发酵酶，可以分解维生素B_1。但通过加热的方式也会破坏一部分的维生素。

●维生素B_2（核黄素）：保持皮肤和皮毛的健康，维持机体（例如细胞）的生物化学过程正常进行。维生素B_2摄入量不足会导致皮肤问题和视力受损。

●维生素B_3（烟酰胺和烟酸）：对于肌肉、神经和皮肤的再生非常重要。在蛋白质、碳水化合物和脂肪的代谢过程中起着至关重要的作用。必须通过食物来摄取。

●维生素B_5（泛酸）：参与新陈代谢过程；存在于许多食物之中。

●维生素B_6（吡哆素）：对于皮肤，神经，碳水化合物、血液和脂肪的代谢非常重要。

实用信息

维生素C和维生素D的特点

➡ 人类必须通过食物来获取维生素C，猫咪可以自己制造维生素C。维生素C可以增强抵抗力，促进伤口愈合，使牙龈更坚固。只有年龄大了的猫咪和发烧的猫咪才需要额外补充维生素C。

➡ 在阳光的作用下，猫咪的机体可以合成维生素D。因此，经常在室外活动的猫咪很少会出现维生素D缺乏症。商店里卖的成品猫粮中含有足够的维生素D。

●维生素B_7（生物素）：对于皮肤、神经和许多身体功能都起着重要的作用。维生素B_7能促进角蛋白（头发和指甲的角蛋白）的构成，使得皮毛有光泽，指甲坚硬。肉类和许多其他食物中的维生素B_7含量都比较少。猫咪可以通过更好地消化动物类食物来获取维生素B_7。

●维生素B_9（叶酸）：对于怀孕的和年纪大的动物比较重要；能够帮助解决消化问题，预防贫血和神经系统疾病。

●维生素B_{12}：预防提前衰老；对于红血球的构成起重要作用。

维生素D：这种脂溶性维生素能够通过食物摄取，调节钙和磷的代谢。对于骨骼的生长、皮肤、肌肉和其他器官来说是不可缺少的。维生素D存在于乳制品和蛋黄中，肉类和植物类食物中几乎没有维生素D。缺乏维生素D会导致骨骼损伤和软骨病（猫咪很少患）；维生素D摄入过多会导致骨骼钙化。

维生素E：提高免疫力，对脂肪酸的消化非常重要，减少各种压力对机体产生的影响。

植物类食物（谷物）和动物类食物（鸡蛋）中都有维生素E。缺乏维生素E会导致贫血、不孕不育、肌肉松弛和眼部疾病。

维生素K：对于血液凝固和蛋白质的代谢非常重要。肉类和蔬菜中富含维生素K。缺乏维生素K有可能导致贫血（缺乏血红蛋白和红血球）和出血。

矿物质

矿物质是无机物，许多物质代谢过程中都需要矿物质。怀孕中和哺乳期的猫咪，以及生长期的幼崽需要的矿物质更多。

钠：对神经、肌肉和胃酸的构成非常重要。和氯、钾一起调节体内水分平衡。来源：未煮熟的骨头和动物肾脏、肉类中的钠含量都很少。可以在食物中添加氯化钠（食盐）来补充食物中的钠含量。

钾：对于神经系统和体内水分平衡非常重要。来源：肉类。体内钾和钠的比例关系至关重要。

钙：对于骨骼、肌肉和神经系统非常重要。来源：骨头、研磨成粉末的鸡蛋壳。钙缺乏会阻碍生长，导致抽筋；而摄入的钙含量过多则会导致骨骼变形或者尿路结石。

磷：对于骨骼的形成非常重要。来源：鱼类、牛奶、未煮熟的骨头。

镁：对于骨骼的形成和蛋白质的合成非常重要。来源：肉类、牛奶以及燕麦片和小麦种子。

微量元素

微量元素是一类生命体需要量很少的营养素的统称。对于猫咪来说比较重要的微量元素有：运输氧气和造血所需的铁；新陈代谢、神经系统和毛发所需的锰；牙齿和骨骼所需的氟；皮肤、皮毛和免疫系统所需的锌；血液和结缔组织所需的铜；甲状腺所需的碘。

猫咪喜欢吃的食物

从解剖学和生理学角度来看，猫咪的消化系统属于典型的肉食动物的消化系统，因此它们比其他宠物更需要吃一些容易消化、高热量、富含营养成分的食物。

肯定有不像猫咪这样既任性又整天赖吃赖喝的宠物。但是它们的主人除了为它们付出耐心和宽容以外，养猫还是有一些好的方面的：一般来说，猫咪知道自己喜欢吃什么，以及吃什么对它们有好处。对于不认识的食物，它们会先围着它转一圈，然后就长时间地不去碰它了。即使是它们熟悉的食物，如果食物凉了或者不新鲜了，它们对待这些食物也是很挑剔的。商店里卖的成品猫粮，如果制造商稍微改一下原料的构成，有些猫咪都能吃得出来，然后就不再吃它了。如果小猫崽一直吃并且习惯了某一种食物，那么它们就形成了固定的品味，有了偏爱的食物类型。因此，在它们小的时候就要经常为它们更换食物，以避免它们很早就形成固定的品味。成年的猫咪每天应该吃两顿饭。

饮食习惯和食物

狗之类的群居动物总是害怕同类抢它们的食物，因此每次吃东西都会狼吞虎咽速战速决，它们的箴言是：只有咽下肚子，才不会被偷走。但是作为独行侠的猫不会遇到类似的问题。它们每次吃东西都会不紧不慢，时不时地休息一下，或者把食物中的一部分藏起来以后再吃。

小胃口需要好食物

猫的胃相对比较小（人类的胃1.3升，不同种类的狗的胃大小不同，最大的可以达到7升），容积大概是0.3升。猫的肠道最长是1.7米（小肠）和0.4米（大肠）。食物在肠胃中停留时间不长，消化过程很快就完成了。因此，热量高并且容易消化的食物对于猫咪来说非常重要。

猫咪典型的进食行为

●多亏了猫咪有着肉食动物特有的犬齿（见15页），它们可以把大块的食物毫不费力地分割成适合它们的嘴巴大小的形状。在它们撕咬食物的时候头部会略微倾斜，这是一种很典型的行为。

●虽然猫咪首先是一种视觉动物，但是在吃饭的时候，它们的嗅觉也起了很重要的作用。它们会在吃某一种食物之前先用鼻子闻一闻，检查一下这种食物是否新鲜，它是什么味道的。如果这个检查的结果是不好

的，又或者食物太凉或不新鲜，即使这只猫已经很饿了，也不会吃眼前的食物。

●有些对食物非常挑剔的猫咪会用牙齿和爪子把食盆中最喜欢的东西弄到食盆外面来，然后把食物吃掉，食盆里剩下的东西它们则碰也不碰一下。

●猫咪几乎从来不一次性把所有食物都吃完，它们会分几次吃，每次只吃一点。即使是非常饿了的猫咪，也会"出于礼节"在食盆里剩下一些食物，以后再回来吃。随时可以吃到食物的猫咪会在24小时内把食物分

实用信息

不可以给猫咪吃的食物

➡ 鸡蛋：生鸡蛋含有沙门菌；生鸡蛋的蛋清会破坏维生素B7（见189页），导致猫咪掉毛。

➡ 巧克力：巧克力中含有对猫咪有毒的可可碱，它会在猫咪体内沉积。

➡ 糖果：对消化系统和牙齿不好。

➡ 酒精：对猫咪来说是有毒的。

➡ 骨头：把骨头敲碎煮熟，有可能会使猫咪的肠胃受伤；经常吃骨头会导致猫咪便秘和钙摄入过多。

➡ 生鱼：破坏维生素B1（见189页）。
动物肝脏：食用过多的动物肝脏会导致维生素A中毒（见188页）。

➡ 剩饭剩菜，加了防腐剂的食品，加了调味料、盐的食品或者熏制的食品。

为20小份，在一天之内，不论是白天还是晚上，几乎平均分配进食时间。

如果您看到猫咪吃过饭离开之后还剩下半盆食物，请不要马上把它倒掉然后清理食盆，而是在30分钟之后再来打扫。因为它们会再回来吃掉剩下的一半食物。

最重要的几种食物以及它们的营养成分

肉类：富含蛋白质和脂肪。只喂猫咪吃肉会导致脂溶性维生素（维生素D，见189页）、碘和维生素B7（生物素，见189页）摄入量不足，以及缺钙（会导致容易骨折和其他骨骼问题）。

鱼类：蛋白质含量较高，并且富含多种维生素和矿物质，但是钙、铁和维生素B1的含量较低。未煮熟的鱼类是不可以吃的（见192页的"实用信息"）。

鸡蛋：营养丰富，含多种维生素。但是猫咪只能吃熟的鸡蛋。

动物肝脏：富含蛋白质和脂肪。维生素含量较高，但是钙和磷的含量较低。可少量食用。

谷物：碳水化合物、维生素和矿物质含量较高；只有在煮熟之后才可以被猫咪吸收。

牛奶：含有维生素和矿物质。许多成年的猫咪就不再喜欢喝牛奶了（见右侧的"实用信息"）。更容易消化的是凝乳和酸奶。

猫草可以帮助猫咪解决胃部不适的问题，以及帮助它们吐出吃到胃里的毛球

实用信息

关于牛奶

➡ 有些猫咪不能喝牛奶，因为它们体内没有消化牛奶中的乳糖所需的乳糖酶。

➡ 乳糖酶只有在身体里有乳糖的时候才能产生。只要小猫还处于吃奶期，就不存在问题。在断奶之后，这种酵素酶就不再产生了。之后，时不时地给猫咪喂食牛奶，里面的乳糖会被肠道益生菌所分解。
从小就经常喝牛奶的猫咪不存在这个问题。

➡ 它们很喜欢喝无乳糖牛奶（专门商店有卖）。酸奶中几乎没有乳糖。

新鲜的饮用水

由于家猫的祖先是生活在半沙漠地区和沙漠地区的，因此家猫喝水比较少。大多数的猫最多只是经过水盆的时候喝上一小口，在室外活动的猫咪则经常喝小水坑里的水，因为这样的水中的矿物质要比自来水中的矿物质多。含有水分的食物和生肉已经满足了猫咪对水的需求量中的一部分。尽管如此，还是应该为猫咪准备饮用水。干的猫粮会消耗猫咪体内的水分，如果仅仅喂猫咪吃干的猫粮，就无法满足对水的需求，因此不能只喂它们吃干的猫粮。饮水器中潺潺的流水声可以刺激猫咪喝水的欲望。但是氯含量较高的自来水不适合猫咪喝，您应该为您的猫咪准备一些矿泉水。

正确地给猫咪喂食

在食物问题上，猫咪非常难伺候。不是所有放在它们食盆中的食物都能得到它们的欢心。即使它们的主人有时为了让它们吃得好付出了很多耐心和宽容，但是它们这种挑剔的行为也是有其合理性的：猫咪必须吃一些营养成分高、热量高的食物。它们必须吃一些质量好的肉类，如果经常吃一些质量没那么好、营养成分不高的动物内脏，很快就会变得虚弱，失去健康和对疾病的抵抗力。

小猫的饮食

适用于成年猫咪的那些规则同样适用于小猫：只有给小猫提供平衡合理、满足成长所需营养物质的饮食，才能保证它们健康成长。在小猫出生后的最初几个月，如果在饮食上出了问题，就会产生非常严重的后果，影响到它们的一生，例如骨骼发育不完全等。

小猫已经在形成它们对食物品种和味道的偏好了。食物的气味有非常重要的作用，在猫咪成年以后也还会继续影响猫咪对食物的选择。在小猫成长过程中，要给它们变换食物的花样，这样可以避免单一饮食造成的不良后果。

快速成长。刚出生的小母猫重70～130克，小公猫重80～140克。公猫和母猫之间的体重差别也和品种有关，从它们出生后的第三个月开始，变得越来越大。它们每个月会增长大约100克，一直到它们7个月大。

一点一点喂食。猫咪的胃非常小。只有几周大小的猫咪胃就更小了，容量也是小得可怜，每一顿饭只能吃下一点点东西。为了保证它们摄取足够的营养，在它们出生后的最初8周，您应该每天给它们喂食6次，晚上也不要忘记给它们喂食。只有当猫咪长到一岁大的时候，它们的食物大小和喂食时间才可以像成年的猫咪一样（见199页的"喂食计划"）。

研究与实践

喂食与健康

›牙石：撕咬肉块是最好的预防方法

猫咪牙石的产生很大程度上取决于遗传因素，还和唾液的组成有关。如果您给它喂食一些大块的生肉（请不要喂它吃生猪肉！），它就必须用牙齿撕碎这些大肉块。这是延缓牙石形成最好的方法，同时也可以按摩牙龈。磨牙的零食也对预防牙石有帮助，但是前提条件是这些食物要经过咀嚼才被咽下，而不是不咀嚼就直接咽下。请让兽医帮助您的猫咪去掉牙菌层，这样做可以防止牙龈发炎。

›上了年纪的猫咪对食物的要求

如果年纪大了的猫咪不吃食了，有可能和食物的浓稠度、形状和大小有关系。这些老年猫咪在把大块食物分成小块，以及咀嚼食物的时候会有些困难，因此就拒绝进食了。它们需要适合它们年龄的小块的容易消化的食物。年纪比较大的猫咪嗅觉也往往不灵敏了，所以食物对它们的吸引力也没那么大了。

›镁：过多摄入会导致尿路结石

镁元素存在于肉类和骨头中，对于能量物质代谢和肌肉组织非常重要。但是摄入镁元素过多也会对身体造成危害，因为大量的镁元素会在身体内形成磷酸铵镁，造成尿路结石。

›对健康造成威胁的肥胖：胖子死得早

大多数情况下猫咪会很好地控制饮食。尽管如此，还是有一些胖猫比标准体重重了15%，这就有可能导致皮肤病和心脏病，让它们比体重较轻的同类更容易患上癌症、关节炎和糖尿病。

持续地关注体重。一只健康小猫的体重会不停地增长。增长的体重是它们健康状态的指标，比绝对体重更有说服力。请您每周为小猫测一次体重，并且记录每次的体重增长值。

成年猫咪的饮食

虽然每个个体和不同品种的猫咪存在着很大的差别，但是一般来说12个月大的猫咪就算是成年了。每天应该喂它两次，早上吃一点早餐，晚上则是它的主餐时间。一只重4公斤的猫咪每天需要的热量是大约1100千焦（约253千卡）。100克含有水分的食物大约有400千焦（约95千卡）能量。这只猫一天要吃大约275克罐头食品才能吃饱。这些数值仅供参考。

许多养猫的人都觉得自己的猫咪要外出活动，所以需要更多的食物。虽然那些喜欢狩猎或者跟同伴玩耍的猫咪确实会消耗更多的热量，但是这个量远远没有它们的主人想象的那么多。品种不同，所需热量也不同：一只比较安静的英国短毛猫比一只欧洲短毛猫更容易长胖。怀孕中的猫咪不该喂太多的食物，只有哺乳期的母猫需要更多的、热量更高的食物。尽管它们吃得多，在哺乳期也还是会体重下降。

猫咪需要的食物量。刚开始的时候，要在猫咪的食盆里放足够多的猫粮。如果它没有吃完，可以一点一点地减少喂食量，直到它能够完全吃完您为它提供的量。在这个过程中，不要忘记一个事实：猫咪吃饭是一点一点吃的，解决了饥饿以后，它就

每一只猫都要有属于自己的食盆，虽然有时候它会去偷隔壁邻居的食物

会走开，过一会儿才会回来吃剩下的食物（见右侧的"小贴士"）。在这个阶段，小零食会打乱猫咪的能量收支平衡，因此是不可取的。

检查猫咪身材。请您用双手沿着猫咪的胸腔两侧摸一摸它的肋骨，手劲儿不能太轻。如果感觉不到它的肋骨，就表明它太胖了。轻微的超重问题不大，通过合理的减肥餐（见205页），不久之后就能重新恢复苗条的身材了。

正确给猫咪称体重。在猫咪长到7~8周之前，每周都要把它们放到秤上测体重。半大或者已经成年的猫咪可以不必再用秤来测体重，只要把它抱在怀里然后一起站到我们人类用的体重秤上就行了，减去您自己的体重，就是它的体重。成年的猫咪每个月测一次体重就可以。

老年猫咪的饮食

一只猫咪在4岁之前身体不会有什么问题，但过了4岁，就会发现它不那么喜欢运动了，而是更喜欢安静地趴着，这时候主人才意识到，他的朋友老了。这时候，猫咪会像以前隐瞒自己的疾病一样想办法隐藏自己日渐衰老这个事实。这种行为是遗传它们以前生活在野外的亲戚，它们只有在无处不在的狩猎竞争中和在敌人面前显示出自己的强大，才能有生存的机会。

8~10岁大的猫咪，一些内部器官已经开始慢慢衰老，尤其是肾脏、肝脏和肠胃系

小贴士

喂食的小贴士

➡ 食物从冰箱里拿出来晚了？请您将食物放入微波炉加热（不要超过35摄氏度）。取出来后搅拌均匀，让所有食物的温度保持一致。

➡ 请您在猫咪吃完饭之后让食盆放在那里再待大约30分钟（年纪比较大的猫咪时间要更长一些），然后再收拾食盆。如果猫咪经常剩下食物，那么您就应该减少喂食量。

➡ 自来水中氯的含量较高，水质比较硬，不适合用作猫咪的饮用水。您可以另外选择一些水让猫咪饮用。对于自来水的硬度，您可以咨询市政厅。

➡ 如果您家的猫咪可以外出活动，那么可以在花园里设置第二个饮水处，它会很乐意接受的。这也可以刺激它多喝水。

统。为了能够更好地消化蛋白质和脂肪，这个年纪的猫咪应该吃一些既容易消化，营养成分又高的食物。商店里专为年纪大的猫咪提供的猫粮便考虑到了这个年龄的猫咪的特殊需求。除此之外，10岁以上的猫咪每天应该吃三顿饭，少食多餐，这样可以减轻它们的代谢负担。

提示：如果您的猫咪患了老年病，例如肝病、肾病和尿路感染等，就应该吃一些特殊的食物（见204页）。您可以向兽医咨询关于食物的选择和喂食方法。

注意事项

给猫咪喂食的时候应该注意下列事项

您的猫咪很看重食盆的干净与否，食物是否新鲜，以及有没有冷掉。

○ 猫食应该微温，不能太烫也不能太凉。在喂食两小时前将猫食从冰箱里拿出来，冷冻的食物要提前24小时拿出来解冻。

○ 在猫咪吃完饭后要清理食盆，把它吃剩下的食物扔掉。每天都要给猫咪提供新鲜的饮用水。

○ 如果猫咪吃的是商店里卖的成品猫粮，就不用给它额外补充维生素和矿物质了；例外情况要遵医嘱。

○ 商店里卖的成品猫粮如果过期了（见包装上的生产日期），就不要给猫咪吃了。

○ 商店里卖的成品猫粮的重量是参考值。请您根据您家猫咪的实际情况来决定如何喂食。

○ 如果在食物中添加了粗饲料，如大米，那么要把食物的总量稍微增加一些；例外：比较肥胖的猫咪的减肥餐。

自己做饭还是购买罐头食品？

自己做饭。自己做猫粮，最基本的食材大多数是牛肉和禽类的肉。蔬菜为猫咪提供维生素和矿物质，米饭是重要的热量来源，还是除了蔬菜以外的粗饲料。只吃骨头和生食的猫咪（见199页）也可以吃一些生肉（猪肉除外），以及生的蔬菜和水果。

●优点：食物的质量和来源有保障。可以保证食物的新鲜，而且经常比商店里卖的成品猫粮更经济。

●缺点：要根据猫咪的年龄、重量和身体状况来适当地添加其他补充营养的食物。这至少在喂食初期是不容易做到的。正在长身体的猫咪对食物的要求尤其多。自己给猫咪做饭需要很多时间，这点对于有工作的上班族来说非常难。

商店里卖的成品猫粮。工厂制造的猫粮除了含有肉类，还有植物类食物、维生素和矿物质。

●优点：含有水分的猫食和干燥的猫食分为各种不同的种类，也有不同的口味。除了吃这种猫粮以外，不需要再额外地为猫咪补充维生素和矿物质了。成品猫粮不冷藏也可以存储，而且比较容易计量。由于罐头食品中含有大约80%的水分，因此猫咪所需要的水分几乎都可以通过罐头食品得到满足。

●缺点：对于猫主人来说，从商店里买到的成品猫粮里面的各种成分的质量和来源都无法检测。许多成品猫粮中所含的高质量的蛋白质太少，而碳水化合物太多。植物性的蛋白质来源主要有大豆、小麦种子和啤酒酵母。干燥的猫粮中植物类食物的含量尤其高。干燥的猫粮中水分的含量是10%，作为主食是不太合适的，因为它完全不能满足猫咪对于水分的需求量。

提示：推荐给猫咪喂食干燥猫粮的人太多了。由于这种猫粮中所含的热量过高，如果只给猫咪喂食干燥的猫粮，容易导致过度喂食。

只吃骨头和生食——喂食的最佳方法？

猫咪如果只吃骨头和生食，就可以叫作BARF（Bones And Raw Foods），德语中把它翻译成"自然材料制成的适合这种动物吃的生食"。喂猫咪吃生的食物是为了尽可能地模拟它们在自然生活状态下的饮食条件。宠物猫也会猎捕一些啮齿目动物，有些还会捕食鸟类。猫咪狩猎得到的小动物可以为它们提供多种不同的食物——瘦肉、动物内脏、脂肪、骨头、腱子肉、血、皮肤、皮毛、羽毛等。一般来说，BARF这种喂食方法几乎什么食材都可以给猫咪吃，营养成分和它们捕食的老鼠之类的小猎物差不多就行，但是要弄到全部食材来满足猫咪所需的营养成分可不是一件简单的事。可以给猫咪喂所有的肉类（猪肉除外）、动物内脏、鱼类、蔬菜、种子、燕麦片、脂肪（动物油）、鲑鱼油和植物油。

😺 喂食计划

一周岁以内的猫咪对于能量的需求尤其多。由于它们的胃很小，每次只能容纳一点食物，所以每天（最初的时候晚上也要喂食）要给它们喂食多次。只有当小猫长到一岁以后，才可以每天喂食两次。而它们的饮用水应该保证一天24小时都是新鲜的。

年龄	喂食次数 每天	体重 克	能量需求 每公斤所需热量，单位是千焦（千卡）
小猫崽			
6～8周大	6	600～700	1000～1200（240～280）
3～4个月大	5	900～1200	830（200）
5～7个月大	3	1500～2100	625（150）
8～9个月大	2～3	2300～2500	470（115）
10～12个月大	2～3	2600～2800	375（90）
成年的猫/年纪大的猫			
9岁以下	2	超过3000	253（64）
9岁以上	3～4	超过3000	240（60）

100克湿的猫食含有大约400千焦热量（95千卡）。干燥的猫粮含有的热量更高一些，不能作为主要的食物。哺乳期的母猫所需的热量要高3至4倍。

使用BARF这种喂食方法时应该注意的问题：

- 生鱼每周最多只能吃一次。

- 骨头要生着吃，如果加热过程中把它弄碎，被猫咪吃进肚子会伤到肠胃。

- 如果给猫咪吃的肉类是我们人类也吃的，并且经过冷冻，那么就不存在寄生虫和蠕虫的威胁了。但是不可以给猫咪吃生的猪肉，因为其中可能会有奥耶斯基病毒。

- 植物类的食物应该 占到总量的3%～5%。

- 根据食物中生食的分量和矿物质成分的多少，要适当地为猫咪补充维生素和矿物质。

补充添加的食物

您在给猫咪补充额外的食物时请选择不添加任何防腐剂的天然食品。风干的猪肠子制成的脆脆的零食可以锻炼猫咪的咀嚼肌，有机食物可以调节肠道菌群，预防猫咪肠胃中毛团的食物可以阻止毛团的形成，零食球和奶酪球还能做猫咪的玩具。在喂猫咪吃零食的时候，请您一定要注意它们的热量。

读懂包装上的标签

宠物食品的制造商应该在包装袋或者罐子上注明，这种食品是猫咪的主食、辅食还是补充矿物质的。食品内包含的所有成分都应该按照它们的含量，从多到少都写在包装上。有两种方式：公开的配方要把所有成分都列出来，保密的配方可以把同一类的食物归纳到一起，例如谷物或者肉类食物。

- 缺点：配方保密的食品看不出来里面都有些什么东西。公开配方的食品也不好区分哪些配料属于同一类食物。因此，某一类食物在这种猫粮中所占的重量和百分比也就不好确定了。

- 食品制造商有权利给自己的产品命名，只要名字中出现的食物在这个产品中以任何方式存在就行。因此，一种名叫"营养丰富的牛肉里脊"的食品也可以含有供人类食用的健康动物的副产品，如心脏、肾脏、睾丸、猪头肉、肉皮、食管，等等。

毫无压力地吃饭

- 请您准时为您的猫咪喂食：它们知道得很清楚，什么时间该吃饭了。

- 请您不要把食盆和水盆放在一起，要把水盆放到一边去。对于在室外生活的猫咪，食盆和水盆也要分开放。一个盆分为两部分的那种食盆，也不适合一半当食盆一半当水盆，而是用来放湿的食物和干的食物。

- 猫咪吃饭的时候请不要去打扰它。

- 如果您家里有好多只猫，它们可以在同一个食盆里吃饭也不打架的话，仍然应该给每一只猫咪都准备一个自己单独的食盆。

零食和猫草

　　零食可以帮助猫咪消化，对牙齿有好处，也给猫咪吃饭带来乐趣。请您选择一些热量比较少并且容易消化的食物。此外，家里要常备猫草。

猫草 每一个养猫的家庭都应该有一盆新鲜的猫草。

草籽 有了它们，猫草就可以长得很快了。

预防毛团的食物 一种脆脆的零食，可以预防毛发在猫咪的体内形成毛团。

猫咪意面 风干的猪肠子，可以用来清洁猫咪的牙齿。

零食球 可以长时间为猫咪提供玩耍的乐趣和吃饭的乐趣。

脆脆的零食 没有任何防腐剂，脂肪含量少的零食。

奶酪球 由奶酪和牛奶酵母制成，也可以当作玩具。

含多种维生素的软膏 保持皮毛的美丽，骨骼和牙齿的健康。

 访问

自己给猫咪做饭很难吗？

猫咪保持身体健康不可或缺的前提条件就是合理的膳食。娜塔莉·迪里策博士回答了一些养猫人经常激烈讨论的给猫咪喂食的问题。

娜塔莉·迪里策博士

娜塔莉·迪里策是动物饲养方面的专家，同时也是一名动物医生。她为养猫族和养狗族就宠物的喂食问题提供全方位的建议，为有需要的动物量身定制特殊食谱。迪里策博士是权威著作《动物医生写给宠物的饮食建议》的作者，还经常为动物医生、饲养员和养宠物的人做一些关于如何给动物喂食方面的讲座。除此之外，她还经营着一家专门制作狗狗饼干的面包店。

自己给猫咪做饭——这很难吗？

娜塔莉·迪里策：如果您是第一次自己给猫咪做饭，那么请您按照别人已经使用过的菜谱为猫咪准备饭菜，这样可以保证饭菜里包含所有猫咪所需的营养物质和微量元素。只是关注猫咪是否从食物中得到了足够的热量是不够的。相比猫咪在外面捕猎能得到的营养，家里为它们提供的饭菜也应该满足这些营养需求。完整的老鼠和小鸡雏就是理想的食物。对于年纪大一些的猫咪（10岁以上的猫咪）食物中的肉类应该减少到食物的2/3，脂肪的含量应该有所提高。

只给猫咪喂食骨头和生食会对猫咪的健康产生危害吗？

娜塔莉·迪里策：吃生肉就不可避免地要面对细菌的问题。要杀灭细菌只能把肉加热到70摄氏度以上才行（煎或者煮）。鸡脖子、鸡翅膀、鸡腿肉可以提供猫咪所需的钙。为了避免碎骨头伤到猫咪的肠胃，可以用绞肉机来处理骨头。只给猫咪吃骨头和生食经常忽略了猫咪所需的微量元素，例如锌、铜、镁和碘。在这种情况下可以给猫咪补充一些市场上卖的矿物质补充剂。

即使是特别挑剔的猫咪，也会被美味又营养丰富的软膏所吸引（上图）

自己给猫咪做饭可以了解每一种食材的质量（左图）

做了阉割手术的猫咪需要吃一些脂肪和热量比较低的食物吗？

娜塔莉·迪里策：在猫咪做了阉割手术之后，它每天所需的热量会比手术以前下降20%～30%。在做完手术后最初的8周之内，每周要给猫咪称一次体重：如果它的体重没有什么变化，那么可以继续喂它所习惯了的食物。如果它变胖了，就该给它减少一些热量和脂肪了。这时候该给它吃一些湿的食物。由于这些湿的食物含有80%的水分，因此，猫咪虽然吃了同样的量，但是摄入的热量却比同量的干燥食物中的热量少了。

导致尿酸形成的食物可以预防猫咪患尿路结石吗？

娜塔莉·迪里策：这种食物只有已经确定得了磷酸铵镁结石4～8周的猫咪才可以吃。否则，就有可能会导致其他结石（例如草酸钙结石）。在吃了特殊配餐以后进行尿路检查，可以检查出结石是否变少或者消失。预防尿路结石最好的方法就是经常喝水，把动物肝脏制成香肠或者金枪鱼做成食糜（一茶匙香肠用100毫升水稀释），可以刺激猫咪多喝水。这种食糜也可以添加到食物中让猫咪吃下。在水中加几滴浓缩牛奶，猫咪也很喜欢喝。重要的是：不要把水盆直接放在食盆旁边。如果您家的猫咪不能外出活动，那么请您给它在屋里多准备几个猫厕所。

患病猫咪的饮食

猫咪也会出现器官损伤和代谢障碍，需要某种特定的食物，通过饮食来进行疗养。有些慢性病，例如糖尿病，甚至需要猫咪一辈子都通过饮食来保养身体。所有食疗的方法都要由动物医生来控制，这样可以预防某种食物的缺乏症或者吃错食物。许多不同病症相对应的食疗药方都可以向动物医生咨询。要设计一个食疗药方需要清楚地了解每种食物的作用和需求量，因此您需要和动物医生一起来做这个工作。容易患某种新陈代谢疾病的猫咪，可以通过合适的食物来预防疾病，让病痛少一些或者让它不再犯病。

保护胃的饮食

猫咪不会毫无顾虑地吃下每一种食物，它们会在吃饭之前用鼻子和舌头仔细检查眼前的食物是否好吃，是不是满足它们的期望值。如果猫咪遇到它们不认识的食物，会连碰都不碰。尽管如此，猫咪也会得胃病。如果您的猫咪在短时间内多次腹泻或者呕吐，就需要让它多喝些水，把失去的水分补回来。但是这件事做起来通常不容易，因为猫咪生性不喜欢喝水。因此您可以在水里加几滴浓缩牛奶。如果猫咪得了胃炎，可以让它喝一些淡淡的洋甘菊茶，但是这种茶也不能总喝。可以试着让猫咪停止进食，但是禁食的时间不要超过24小时。在这之后可以让猫咪少量吃一些比较软的东西，例如家禽的肉、米饭和炼乳。

注意：由于猫咪的胃很小，肠子很短，所以作为肉食动物的它们需要每天按时吃饭。长时间不吃东西会导致很多健康问题。因此，禁食这种事对于猫咪来说是越少越好的。

患有糖尿病的猫咪的饮食

如果胰腺分泌的胰岛素不足或者不再分泌胰岛素，就会导致糖尿病。胰岛素这种激素会促使血液中的葡萄糖进入身体细胞。肿瘤或者基因缺陷有可能导致糖尿病，肥胖也会使人易患糖尿病。猫咪体内缺少的胰岛素可以通过注射获得，患有糖尿病的猫咪应该吃适合它的食物。少食多餐非常重要。患有糖尿病的动物在其他方面则可以和正常的动物一样生活。

患有肾病的猫咪的饮食

肾病和尿路方面的疾病是年纪比较大的猫咪的常见疾病。和老年人一样，年纪比较大的猫咪也不喜欢喝水，这对于本来就已经受损的肾脏来说就是名副其实的"毒"了，因为肾脏不能经常得到冲洗，它就失去了排泄新陈代谢所产生的废物的能力。结果只能导致身体继续中毒。蛋白质和磷的含量比较低的食物可以减轻肾脏的负担。患有肾病的猫咪适合吃一些富含钾和各种维生素的食物。尽管有了食疗的方法，还是应该多喝水。

矿物质含量少的食物可以阻止尿路结石的产生

　　做了阉割手术的猫咪更容易在3～4岁的时候患上尿砂或者尿路结石，尤其是那些缺乏运动和肥胖的猫咪，患病率会更高。矿物质含量少的食物会提高尿液的酸度，延缓或者阻止结石的产生。在有利的条件下，结石甚至会被分解掉。这种情况下，一般会让猫咪一辈子都坚持食疗。请您在猫咪刚成年的时候就注意让它多运动，不要过于肥胖。

　　对于小猫崽来说，导致尿酸形成的食物不太适合它们，因为这种食物会妨碍它们的成长。

恢复苗条身材的饮食

　　肥胖（见右侧的"实用信息"）通常是吃得太多而运动太少导致的。肥胖会导致皮肤问题和关节疾病、糖尿病、血液循环减弱。可以通过减少喂食量，增加食物中的粗纤维，降低热量来进行补救。由于猫咪在吃饭的时候很在乎食物中脂肪的气味，因此它们通常不太能接受减肥餐。如果是这样，您可以一点一点地用减肥餐代替它们熟悉的食物。如果是您自己给猫咪做饭吃，那么您可以在不减少总量的情况下，增加食物中蔬菜和脂肪含量少的食物所占的比例。刚开始的时候，食物中粗纤维的含量可以占到15%，然后在猫咪接受了这种改变之后再慢慢增加粗饲料的分量。关于成品的减肥餐，您可

实用信息

如何判断您的猫咪是否属于肥胖

- ➜ 一只体重在正常范围内的猫咪，您可以摸到它的肋骨，但是看不到。从上面俯瞰，可以看到它的腰身。

- ➜ 您可以摸到猫咪的肋骨，但是上面有一层肥肉。几乎看不出它的腰身。这时的猫咪已经超过正常体重不到15%，还算是正常的。

- ➜ 您摸不到猫咪的肋骨了，或者只有使劲按压才能感觉到一层肥肉下的肋骨。身体胖得很匀称，肚子很大，看不到它的腰身。这就算是肥胖了，已经超过正常体重的15%。

- ➜ www.pet-check.de：您可以在这个网站上找到猫科类动物体重指数（Feline Body Mass Index）。

要想让猫咪喜欢上饮食疗法，需要主人付出更多的耐心，并且用手拿着食物喂给它吃

以去咨询动物医生，或者在宠物专用品商店买到。

注意：节食可能对于我们人类来说是减肥的可行之计，但是对于猫咪来说却不行。如果您一下子让您的猫咪比以前少吃一半，它肯定会生气的。

给猫咪喂食时的一些常见问题

猫咪是非常挑剔的寄宿者。一旦它习惯了某一种食物，就很少再接受任何食物上的改变。主人的愿望也让人很容易理解：他想让自己的猫咪换着花样地吃饭，以保障猫咪获得多种营养，保持身体健康。主人的这种希望其实是以己度人。但是如果我们按照自己喜欢在食物上变换花样这种想法来给猫

尽管每一只猫都有属于自己的食盆，但是几乎所有猫都觉得别人碗里的食物更有吸引力，也许别人的食物真的比自己的好吃

咪准备食物，通常会给我们自己带来麻烦，而这些麻烦其实是可以避免的。一直都给猫咪吃同样的食物也没有什么不好的——但是，前提是这种食物要含有所有猫咪所需要的营养成分、维生素和矿物质，并且比例合适。这种食物也不能和任何疾病相冲突，例如慢性肾功能不全（CNI）。

拒绝进食

情境：猫咪经常在食盆里剩下一部分食物或者对那些食物根本碰都不碰一下。

原因：在吃饭的问题上，猫是一种非常难伺候的动物。许多猫都喜欢把自己喜欢的食物从食盆中挑出来放在一边，其他不喜欢吃的食物就剩下来留在食盆里。大多数的猫对太凉的食物、新的食物或者昨天剩下来的不新鲜的食物根本碰都不碰一下。比较胆小的猫咪或者被其他同类欺负的猫咪只敢偷偷到食盆前吃一口就赶紧离开。

治疗方法：如果您的猫咪不接受新换的食物，那么您还是给它们换回原来的食物吧。这种被宠坏了的猫，只吃某一种特定的食物，很有可能会导致单一膳食，营养不均衡。这样就需要暂时换一个人来给它们喂食，这个人要"心狠"一些。如果家里有两只或者更多只猫，它们在吃饭的时候总是打架，那么应该让它们分开吃饭。请您注意要按时给猫咪喂食。一般来说，猫咪都是从食盆里吃饭，只有生病的时候或者残疾的猫咪，才可以让主人用手拿着食物

喂给它们吃。

疾病症状：拒绝进食是猫咪的牙齿或者牙龈出了问题以后的典型症状，猫咪也有可能是患了胰腺炎（见227页），嘴巴里面有异物，或者得了传染病（瘟疫、流感）。

如何处理贪吃的问题

情境：猫咪本来是一个很容易满足的吃货，贪吃的毛病几乎都是由主人惯出来的：主人自己吃饭的时候会给猫咪一点食物，在两顿饭之间会给它们一点零食，就这样养成了它们贪吃的坏习惯。那些没事可做又不爱运动的动物，会用吃东西来打发时间。如果一家养了好多只猫，那么互相争食这个坏习惯会很突出。一旦一只猫变胖了，它就会越来越不愿意动，越来越懒惰，以至于向主人讨要食物和吃东西就变成了它专职的工作了。

治疗方法：想让贪吃的猫咪开始节食并不是一件容易的事，但确实是恢复苗条身材唯一的办法。高热量的零食完全不能吃。如果好多只猫互相争食，那么就把它们分开养在不同的房间里。

疾病症状：一味贪吃有可能是由于甲状腺功能亢进或者肠道寄生虫大量繁殖（见232页）导致的。肥胖是一种对健康非常不利的现象（见205页），必须由动物医生为您的猫咪安排饮食疗法。

易于满足的吃货：虽然猫咪偶尔也会

 注意事项

对于猫咪来说有毒的一些食物

一些食物对于人类来说是美味，但是对于猫咪来说有可能会是致命的毒物。

○ 水果核：含有氢氰酸，会导致呼吸困难，呕吐，发烧直至死亡。

○ 葡萄干：导致呕吐和腹泻。

○ 可可、巧克力、咖啡：导致呕吐、痉挛、瘫痪。食用少量的巧克力就会对猫咪造成生命危险。

○ 酒精：由于很难被身体分解而造成酒精中毒。

○ 洋葱：导致呕吐、腹泻、血液循环出现问题；生洋葱和煮熟的洋葱都非常危险。

偷吃，但是贪吃这种习惯在猫咪身上还是很少见的。有一些品种的狗倒是很典型的贪吃鬼。

让猫咪保持苗条的身材

在计算猫咪每天所需要食物量的时候，不能只计算放在它食盆里的正餐。您必须要把在教它时或者和它做游戏时奖励它的小零食也算进去，还有就是为了鼓励它吃饭而给它的零食球。

提问和回答

给猫咪喂食

我们家的母猫已经14岁了，它总是不吃饭。请问，我们应该怎么样调动起它对食物的兴趣呢？

许多年纪比较大的猫咪在吃饭的问题上都很固执。稍微把食物加热一下，可以让食物散发出一些香味，通常也可以刺激食欲。同样有效的方法还有：您可以把猫薄荷切碎或者磨碎撒到食物上。

如果家里没有猫草，猫咪就会去吃家里的其他绿色植物

我怎样才能精确地算出猫咪的理想体重？

理想体重与猫咪的身形、年龄、性别和品种有关。猫咪身体的轮廓、能否摸得到肋骨为辨别猫咪是正常体重还是超重（见211页的"实用信息"）提供了基础依据。通过猫科类动物体重指数可以得出猫咪身上的脂肪所占的比例。猫科类动物体重指数有两个指标：第9根肋骨处的胸围和小腿的长度。

我在书上读到过，Omega脂肪酸对于猫咪来说非常重要。这是什么意思？

这些不饱和脂肪酸（如Omega-3和Omega-6）可以让猫咪保持皮毛的光泽和皮肤的健康。但是它们只能通过食物获得，例如鲑鱼油和亚麻籽油。

为猫咪补充额外的维生素和矿物质对它的健康有好处吗？

只有动物医生诊断出您的猫咪缺乏某种物质的时候，您才有必要给它额外补充这种物质。多余的脂溶性维生素（维生素A、D、E、K）会在身体内沉积，损害皮毛、皮肤和骨骼。

猫粮中的脂肪含量有多重要?

脂肪可以为机体提供能量。通过食物中的脂肪，猫咪可以获得基础的脂肪酸：亚油酸和花生四烯酸，猫咪的体内是不能自行产生这两种脂肪酸的。脂溶性维生素只有通过脂肪才能被身体吸收。食物中脂肪的含量还决定了猫咪能否接受这种食物。太多的脂肪会让猫咪变胖：食物中的脂肪含量不能超过15%。

猫咪的饭量是保持不变的吗?

猫咪胃口的大小取决于很多因素：周围环境的温度（在炎热的夏天，猫咪吃得明显比凉爽的季节少）、年龄、性别和个体的新陈代谢。明显需要更多食物和能量的是处于生长阶段的小猫和哺乳期的母猫，而怀孕期的母猫几乎不需要额外的食物。

猫咪很容易患尿路结石，这是为什么呢?

家猫和它们生活在半沙漠地区和沙漠地区的近亲一样，喝水很少，因此它们的尿是经过浓缩的，它们的尿路没有得到彻底的清洗。喝水太少造成矿物质的沉积，首先会导致公猫出现尿路和膀胱疾病。可以外出活动的猫咪，由于经常用尿尿的方式来给自己的领地做记号，所以患尿路结石的概率小一些。

为什么狗粮对于猫咪来说有害处?

和狗不同，猫咪是一种真正的肉食动物，它们需要营养丰富、蛋白质含量很高的食物。肉类也为猫咪提供生命所需的氨基酸：牛磺酸。牛磺酸摄入量不足会阻碍猫咪生长，导致心脏和眼睛出现问题。对于猫咪来说，狗粮中牛磺酸、精氨酸、烟酸、花生四烯酸和维生素A的含量太少，而碳水化合物的含量太多了。

什么样的成品猫粮算是好的猫粮呢?

价值高的湿猫粮中最高80%是由动物蛋白质构成的，例如肉类和奶酪。食物中的碳水化合物（例如大米和蔬菜）的含量最高能占到总量的15%。罐头食品应该不含防腐剂和色素。干燥的猫粮不适合作为猫咪的主食，因为它们的碳水化合物含量太高了，会让猫咪变胖，增加尿路结石的患病率。

5

让猫咪
保持健康漂亮

保持身体健康和保养皮毛是不可分的。外表干干净净的猫咪身体几乎都很健康。干净是它们的天性，那些还没站稳的小猫崽已经在尝试着给自己"洗澡"了。在保养这件事上，猫咪很少需要人类的帮助，只有那些长毛猫、生病的猫和怀孕的母猫才会需要人类的帮助。在预防感染方面，则需要主人给予更多的关注。预防各种传染疾病的全套疫苗注射对于您的猫咪来说就是最重要的保险。

清洁——对于猫咪来说
是一种基本需求

　　身体保养和吃饭睡觉一样，是猫咪生活中不可缺少的部分。即使那些生活在外面的猫咪经常会把爪子弄脏，它们也是很在乎自己的外貌的，每次捕猎回来都要从头到脚给自己洗个澡。

　　猫咪特别讨厌它们嘴上有食物的残渣，皮毛乱蓬蓬或者爪子黏在一起，以至于会暂停一切其他事务来清洁保养自己的身体，直到最后一点脏东西从身上掉下去。这种清洁的行为显然有种生物学上的意义：它们用唾液来清理身体每个角落，这种带有微微酸味的唾液可以让猫咪的身体没有异味。这对于经常猎捕啮齿目动物的猫咪来说非常重要，因为这些猎物有着超级灵敏的鼻子，可以闻到任何体味。虽然有了人类喂食，猫咪不再需要自己去捉老鼠吃，但是这种遗传下来的身体清洁行为依然被所有的猫咪一直延续着。

猫咪的大扫除和小扫除

　　猫咪拥有清洁身体打理皮毛最好的装备：它们的舌头在这个过程中起了最重要的作用。它是一个真正的多功能工具。由于猫咪的脊柱非常灵活，所以它的舌头几乎可以触碰到身体的每个部位，除了脸上和耳朵后面，这些区域可以用爪子来清洁和梳理。

小猫崽的清洁

　　三周大的小猫崽已经开始试着打理自己的皮毛了。这种笨拙的行为算是小猫崽迈向独立的第一步。由于小猫崽的腿太短了，身体的效协调性还不太好，所以它们自己清洁身体的果不太理想。猫妈妈在这个时候会帮助它们的孩子，让它们看起来整洁漂亮。有时候猫妈妈会用自己的舌头舔一舔小猫，按摩一下它们的肚子，帮助它们消化，还会舔舐它们肛门的周围，保持那部分的清洁。和人类的婴儿一样，小猫崽也不喜欢"洗澡"。但是，猫妈妈可不听它们的请求：谁要是手舞足蹈地进行反抗，就会被猫妈妈一把按住，让它不能再乱动。小猫崽学习起来很快。在被送人或者卖掉之前，它们已经彻底学会如何自己"洗澡"了。

成年猫咪的清洁和打理皮毛

　　打理皮毛。猫咪的皮毛是一件全天候的大衣，每个季节都穿着它，可以抵抗炎热、寒冷、潮湿和大风。这件大衣必须定时保养，才能准确地调节温度，防风防潮。这项工作主要靠猫咪的舌头，它可以完成各种各样的护理工作。

　　●舌头的作用相当于梳子、毛刷和硬毛刷（见46页）。舌头上微小的角质化的钩子形状的突起物像粗糙的砂纸一样，可以抚平猫咪的皮毛，让它变得顺滑，并且去除掉上面的皮屑、寄生虫和死了的毛发。

　　●猫咪的舌头像搓澡巾一样，把唾液留在皮毛上，洗掉粘在皮毛上的东西和顽固的污渍。在炎热的季节，猫咪的唾液还有另外

实用信息

猫咪的清洁行为不仅仅是为了干净

➡ 猫咪每天花在清洁上的时间要超过三个小时，主要是吃过饭和睡醒以后。

➡ 在清洁的过程中，它会把皮毛毛囊中的一种含有胆固醇的物质散布在全身，这种物质在阳光的作用下会变成维生素D，然后再通过舌头进入体内。

➡ 用舌头打理皮毛可以促进皮肤的供血，刺激皮脂腺分泌一种物质，其中的脂肪可以让猫咪的皮毛具有防水的功能，并且变得非常柔韧。

➡ 天气很热的时候，猫咪会用唾液浸湿皮毛，唾液蒸发时带走身体的一部分热量，从而达到为身体降温的作用。

➡ 舔舐可以留下一种属于自己的气味，其他同类可以通过这种气味来认识它。

猫咪经常用它们小小的门牙啃咬自己的爪子和指甲，这样可以去除夹在脚趾缝里的碎东西和脏东西，还可以咬掉旧的指甲

✅ 注意事项

我的猫咪有多干净?

身体健康的猫咪很看重自己的清洁，每天会给自己洗好多次澡。当猫咪不再重视清洁卫生，就是一种警告信号了。

○ 猫咪会经常用舌头为自己打理皮毛。对于身上的脏东西和小虫子，会用门牙清除掉。

○ 舌头够不到的地方（脸、耳朵），它们会用爪子来替代。

○ 它们会格外注意肛门周围的清洁和卫生。一些比较胖的猫咪身体没有那么灵活，有可能会够不着那个部位。

○ 猫咪会经常在一些粗糙的物体（树、猫爬架）上磨自己前腿上的爪子。

○ 对后腿爪子上老化了的指甲，它们会用牙齿咬掉。

一个作用：高温下唾液蒸发会带走猫咪身体上的一部分热量，起到降温的作用（见213页的"实用信息"）。

• 在许多清洁行为中，舌头都需要猫咪门牙的支持，例如在打开打结的毛发时或者抓虱子、跳蚤的时候。有些跳蚤就这样被猫咪的门牙给咬碎了。

• 舌头是一只很有效的按摩手套，猫咪可以用它按摩皮肤，刺激血液循环。同时，舌头可以把皮脂腺分泌的脂肪涂抹到皮毛上，让皮毛变得非常有弹性并且防水，这样，下雨时雨水就不能渗入皮肤了。

• 在清理舌头够不到的地方时，猫咪会先把爪子舔湿，然后用爪子去做那里的清洁工作。

注意：清理全身的时候，猫咪会很快失去身体里的水分，和尿尿的效果差不多。此时必须马上给猫咪补充水分。因此应该时刻为猫咪准备新鲜的饮用水。

• 不管是藏在脚趾缝里的小石头还是其他异物，又或者藏在皮毛里的脏东西，猫咪都会一直用门牙啃咬它们，直到这些脏东西和小石头都会消失。

• 如果皮毛里的跳蚤或者其他寄生生物让猫咪觉得瘙痒，它就会用后腿上的爪子给自己挠痒痒。这样也可以照顾到那些舌头和牙齿都够不到的地方。

持续的舔舐行为。有时候猫咪的清洁行为会成为一种独立行为，并且演变成一种强迫症。猫咪不停地舔自己或者抓自己，皮肤就会发炎，产生湿疹和伤口。通常，如果猫咪的生活环境发生改变或者有什么压力，就会导致这种情况。巴赫花精疗法对治疗这种病非常有益，例如樱桃李的花或者白色栗子花。

毛团。 猫咪用舌头清理皮毛的时候，会把一些松散脱落的毛发吃到肚子里。其中大多数会通过自然的途径被排出体外；但还是会有一些留在胃里，慢慢积攒起来，变成不能被消化掉的毛团。短毛猫体内的粪石大多数都比较小。长毛猫和半长毛猫会吃下很多毛发，因此形成比较大的粪石，很难被吐出来。在换毛的季节，掉毛严重的猫咪也会遇到这种问题。如果猫咪经常吃猫草或者其他绿色植物，体内出现毛团的情况就会少很多。每周两次让它吃一些麦芽软膏，也可以预防毛团的形成。在食物中放几滴植物油或者给猫咪吃一些防止毛团形成的零食（宠物用品商店有卖），都可以帮助猫咪排出胃里的毛团。如果毛团在胃里沉积的时间太长，就会导致胃炎（见227页）和严重的消化系统疾病。在紧急情况下，可以让动物医生用内窥镜检查的方法把胃里结成团的毛发取出来。

指甲护理。 猫咪会在比较粗糙的物体上磨它们前腿上的爪子，它们的爪子可以钩住这些物体（猫爬架上的剑麻织品、树皮），从而去掉老化的角质层。猫咪会用门牙啃咬后腿上的爪子，以保持指甲的尖利。

可以这样帮助您的猫咪进行身体护理

长毛猫。 为了防止长毛猫浓密的底层绒毛打结，每天都要用粗齿的梳子为它们梳理皮毛。打结的毛发可以用毛线针小心地解开，皮毛上的脏东西和脱落的毛发可以用细齿的梳子清理掉。接下来用猪鬃刷把猫咪的皮毛理顺。用一些护理毛粉或者爽身粉梳理起来会更容易。请您使用一些没有香味的毛粉，这样可以避免猫咪皮肤过敏。猫咪脸上和耳朵上的毛可以用牙刷进行梳理。如果肛门那里的毛经常粘在一起，您可以用剪刀把它们剪得短一些。

短毛猫。 用细齿的梳子可以清理掉脱落的毛发、脏东西和寄生虫，用硬毛刷或者顶端有小粒的刷子可以梳理剩下的松散的毛发。猪鬃刷可以刺激皮肤的血液循

半长毛猫和长毛猫必须依靠主人经常帮助梳理毛发，不然很容易打结

环，天鹅绒的毛巾或者抛光用的手套可以让皮毛显现出光泽。您在梳理或者刷毛的时候，一定要顺着毛发生长的方向。

皮肤。您在为猫咪护理皮毛的时候也要检查一下它们的皮肤是否有寄生虫、伤口或者其他问题。

眼睛。如果您的猫咪眼睛下面有眼泪的痕迹或者结痂了，可以用棉花球蘸眼部护理乳液为它擦拭。也有特制的眼部护理巾。鼻子比较短的品种（波斯猫）相对来说眼睛比较爱流泪。

耳朵。贝壳形的外耳可以用棉花蘸耳部去污剂或者没有油脂的面霜除去沉积物和脏东西。如果耳朵里有深棕色的痂，一般表明耳朵里有螨虫存在。除虫的工作应该由动物医生来完成。同样应该由动物医生来完成的还有耳道的护理工作。注意不能使用棉棒！

牙齿。如果它们小时候就习惯了用牙刷和牙膏来清理牙齿，长大后许多猫咪也还是可以接受这种清理方式的。请您时常喂您的猫咪吃一些比较大块的肉，这样它们可以通过撕咬肉块来清洁牙齿。这种机械性的清洁行为可以减缓牙石的形成。

爪子。对于那些在室外活动的猫咪来说，每天检查它们的爪子非常重要。在它们的指缝间经常会嵌进去一些刺和小石头，冬天时马路上撒的融雪盐，夏天时柏油马路化开的沥青，都会粘到它们的爪子上。给它们抹上橄榄油或者专门护理爪子的制剂，可以防止爪子皲裂。

指甲。每一只猫都要有机会磨自己的爪子。如果它的指甲太长，您可以用指甲剪（见217页）帮它们剪指甲。您可以向动物医生请教具体如何操作。

肛门。可以用柔软的毛巾和温水清洗。如果猫咪的肛门附近的毛总是粘在一起，这可能是一种疾病的征兆。

额外的护理。年纪很大、身体虚弱以及生病的猫咪通常没有自己来做身体护理工作的能力，有些过于肥胖的猫咪也有这个问题，因为肥胖导致它们身体不灵活，舌头不能够到身体的每个部位。这些猫咪都得依靠人类来帮它们做身体护理，而它们对人类的帮助通常是心怀感恩的。

实用信息

使猫咪护理工作变简单的方法

- ➜ 木质或者金属质地的比较结实的梳子和刷子，比塑料制成的更适合用来给猫咪梳理皮毛，因为塑料制品比较容易断裂。
- ➜ 不锈钢制成的指甲剪既可以准确地剪断指甲，又可以不伤到指甲里的血管。
- ➜ 擦窗户用的皮抹布既可以帮助猫咪的皮毛保持光泽，又可以减少引起人类过敏的过敏原。
- ➜ 如果猫咪身上不是很脏，那么使用干洗香波就可以了，不需要用到水。
- ➜ 牙刷（还有双头的牙刷，也可以用来刷指缝）和动物牙膏可以预防牙石和其他牙齿问题。

常用的护理器具

　　梳子、刷子、指甲剪、除壁虱的钳子、镊子、不起毛的毛巾、擦窗户的皮抹布、牙刷和牙膏，这些是每个养猫的家庭都应常备的护理器具。请您在购买这些东西的时候选择比较结实并且容易操作的类型。

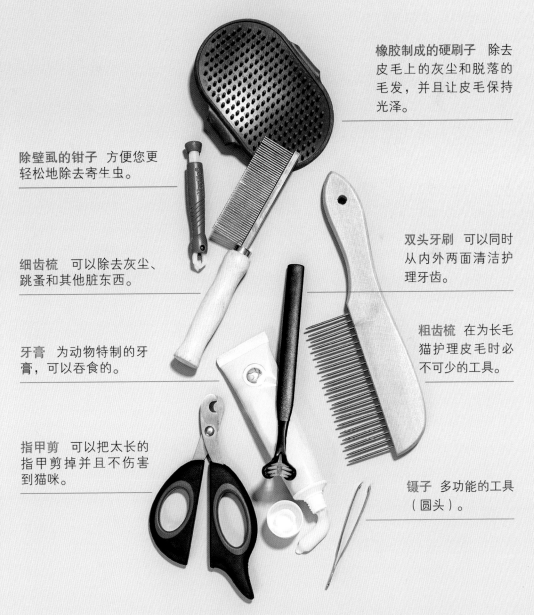

橡胶制成的硬刷子　除去皮毛上的灰尘和脱落的毛发，并且让皮毛保持光泽。

除壁虱的钳子　方便您更轻松地除去寄生虫。

双头牙刷　可以同时从内外两面清洁护理牙齿。

细齿梳　可以除去灰尘、跳蚤和其他脏东西。

粗齿梳　在为长毛猫护理皮毛时必不可少的工具。

牙膏　为动物特制的牙膏，可以吞食的。

指甲剪　可以把太长的指甲剪掉并且不伤害到猫咪。

镊子　多功能的工具（圆头）。

实践指南

给猫咪进行身体护理

如果您家的猫咪性格比较温和，那么帮助它护理皮毛的动作会让它觉得您是在对它爱抚，它也会很配合您的工作。这样就避免了给猫咪造成压力，引起它的自卫行为。请您尽量把每天打理皮毛的时间确定在同一时间。如果您家的猫咪是波斯猫或者其他需要帮助的品种，请您为它准备一个小桌子。当它被放到小桌子上，它就马上明白接下来会发生什么。如果您家养的是可以参加展览的猫，那么这些事就应该常常经历了。请您不要把猫咪放在膝上给它梳理皮毛。只有在您跟它亲热的时候，才可以这样做。

早些适应梳子和刷子

让小猫适应梳子和刷子，需要一些耐心。它们很快就能了解，打理皮毛对它们有好处，接着就会把您帮它们打理皮毛的过程当作与您亲热的过程来享受了。最初的时候，请您使用比较柔软的刷子和粗齿的梳子。在为它梳理皮毛的时候，您可以跟它轻声地说话，梳理完可以和它玩一会儿，这样它就会把身体护理和游戏玩耍这样积极的事情联系起来了。如果您的猫咪是长毛猫，或者它的毛发打结了，在为它梳理毛发的时候，就需要一只手抓住毛发紧贴身体的部位，另一只手拿着梳子梳理，从而减轻梳子对毛发的拉扯力度。这对于小猫尤其重要。否则，一次让它感到疼痛的梳理就足以让它很长时间都拒绝您再为它梳理毛发了。

这些是在身体护理的时候不可以做的事

猫咪不喜欢被逆着毛梳理，不喜欢被仰面翻转过来，也不喜欢眼睛、鼻子或者耳朵里进水的感觉。如果给它们梳理毛发的人的手上有烟味、香皂味、香水味或者洗涤剂的味道，它们的鼻子会受不了。许多猫咪对别人摸它的肚子也非常反感，会采取一些反抗行动。

剪指甲

猫咪在狩猎、攀爬的时候需要爪子和指甲来震慑别人，做标记和打架的时候也需要它们。它们会通过啃咬和磨砺的方式保持指甲的尖利。为了防止猫咪的指甲向内生长，或者指甲钩住什么东西，又或者伤到自己，对养在家里的和年纪大的猫咪，必须要剪掉太长的指甲。猫咪的指甲不停生长，上面布满了血管和神经，在剪指甲的时候不能伤到它们。在浅色的指甲上可以看见上面的血管，深色的指甲则很少可以看见。请您向动

物医生请教如何为猫咪修剪指甲。

检查猫咪身上是否有跳蚤

如果您怀疑您的猫咪身上有跳蚤，可以在它的身下铺一块白色的毛巾。在梳理皮毛的时候，散落在白色毛巾上的黑色碎屑就是跳蚤的粪便了。用水把跳蚤的粪便浸湿，它就会变成红色。去除跳蚤的制剂可以滴在香波、爽身粉里或者项圈上。

简直是太好了：猫咪正在享受着主人用橡胶制成的硬刷子为它梳理皮毛。与此同时，它的皮毛也得到了清洁

只有在不得已的情况下才用水给它洗澡

用水洗澡对于猫咪来说意味着很大的压力，只有在它接触了毒药或者患了皮肤疾病才有必要用水洗澡。动物医生会给您开适合猫咪的药物沐浴露。请您把猫咪放到一个10厘米高的澡盆里，用温水为它洗澡。为保证安全，可以准备一个防滑垫。把猫咪的皮毛弄湿，抹上药剂，按摩使其吸收，十分钟后冲洗干净，并且用毛巾擦干身体（不要用吹风机！）。人类使用的沐浴露不适合猫咪使用，因为它会破坏猫咪皮毛上的脂肪保护层。请您用一些可口的食物转移猫咪的注意力，这样它们就不会去舔身上的沐浴露了。

猫咪眼角粘住或者结痂可以用蘸有温水的软毛巾轻轻擦拭

坚持进行口腔保健，检查牙齿和牙龈非常重要。经常刷牙可以有效地预防牙齿问题

检查猫咪的牙齿和牙龈

检查猫咪的牙齿和牙龈也属于身体的护理工作之一。请您用一只手握住猫咪的头部，把它的上嘴唇稍稍向上推，同时另一只手小心地把它的下嘴唇向下拉。

清除耳朵里的壁虱和耳道的护理是动物医生的工作

我的猫咪精力充沛、身体健康

均衡膳食、经常运动、有吸引力的活动和游戏、有规律的身体护理、可靠的疫苗注射，是保证您的猫咪身体健康的前提条件。

猫咪很懂得如何掩饰自己身体的不适，甚至是一些很严重的疾病。即使是有经验的养猫人也经常很晚才发现，自己的被保护者身体不舒服。家猫不可避免地遗传了它们生活在野外的祖先的习性——由于野外无处不在的食物竞争和天敌，它们绝不能向对方展现自己的虚弱。如果自己的病痛实在无法再掩饰，它们就会消失在人们的视野中，找个地方藏起来。

越早发现病症，完全治愈的可能性就越大。因此对于养猫的人来说，在猫咪患病之初就做出正确判断是非常重要的。而要做到这点的前提条件是，要熟知健康猫咪的身体状态和行为。

最重要的预防措施

　　家可以保证猫咪的身体健康：它们熟悉了的家，习惯了的日程安排，不仅给它们带来安全感和力量，也能让它们感到舒适轻松，没有压力。

养猫人要注意的问题

　　●居住环境：猫咪需要一个私人空间，独自待在这里不受外界打扰。为了保持身体健康，它需要主人的关怀、有趣的活动和游戏玩耍的机会。

　　●食物：猫咪的食物应该符合肉食动物的需求。营养成分低的食物会让猫咪生病。在猫咪成长阶段如果喂食不当，会导致非常严重的问题。

　　●皮毛：经常护理皮毛可以让其具有抵抗天气变化的能力，并且防止寄生虫滋生。

　　●疫苗：基础防疫和重复的疫苗注射可以保护猫咪不患传染疾病（见228页的"疫苗日历"）。动物医生在给猫咪注射疫苗的时候也会考虑到猫咪的生活状态。例如，如果猫咪要出国旅行的话，就必须注射狂犬疫苗。

　　●健康检查：请您一年带您的猫咪至少进行一次身体检查。根据医生的要求，要让猫咪空腹或者提前剪掉过长的指甲。

　　●除虫：由于猫咪是携带着蛔虫出生的，因此从它们出生的第二周开始就要除虫了（见232页）。在疫苗注射的时候，要保证猫咪身上已经没有了任何寄生虫。

导致猫咪生病的原因

　　●经常搬家或者旅行的猫咪比其他经常待在自己熟悉领地的猫咪更容易患病。

　　●如果猫咪主人的回家时间不确定，没有按时给猫咪喂食，没有经常给猫咪清理猫厕所，和猫咪亲热的时间太少，就有可能导致猫咪对主人的忽视进行反抗，行为异常，并且经常生病。

　　●喂食不当或者食物不合适。

　　●压力导致疾病。很多原因都有可能导致猫咪压力过大：没有私人空间，失去值得信任的人，日程安排混乱，持续的噪声，对陌生来访者的害怕，比自己强大的同类的欺

窗边的眺望台可以让猫咪不至于感到无聊

压，和其他宠物无法和平共处，等等。

您可以通过这些症状了解到您的猫咪是否生病了

疾病越早被发现，治疗就越及时，恢复健康也会越快。最初的疾病症状通常都没什么特别的地方，一般就是发烧、咳嗽、打喷嚏、流泪、流鼻涕、呕吐或者腹泻。猫咪在这个阶段的行为尤其重要。因为在身体上的症状出现之前，人们已经可以看出猫咪在行为上有些异常了。对于猫咪来说，非常典型的就是尽可能长时间地掩饰自己身体的不适，年纪大了的猫咪尤其严重。因此，作为猫咪的主人，应该注意到它们非常细微的变化。对于养猫人来说这并不容易：他必须对自己猫咪的身体状况和它们的行为了如指掌，才有可能看出它们细小的变化。

因此，每天的健康检查（见223页的"注意事项"）是每个养猫人的义务。如果猫咪身体上的症状或者行为的异常持续了24小时，或者情况恶化，无论如何都要把它送到医生那里进行检查。

疾病导致的异常行为

●猫咪的异常行为包括胆小、持续摇头、爱攻击、无精打采、躁动不安、虚弱、不停地抓挠、没有方向感、受惊、被人触碰时的自卫反应等。可能的原因：溃疡、寄生虫侵袭、肠胃疾病、皮肤或者耳朵发炎、视力或者听力减弱、过敏、内部器官发炎（肺部、肝脏、肾脏、子宫）、传染疾病等。

●猫咪几乎不吃东西，拒绝进食或者呕吐。可能的原因：口腔炎症、牙齿问题、胃炎、甲沟炎、吞下了异物、传染病［猫科复杂性白血病毒（FeLV）、猫传染性腹膜炎（FIP）、猫瘟疫，猫流感、沙门氏菌病等］。很多疾病都会出现没有食欲或者拒绝进食的症状。

●猫咪喝水比以前多了。可能的原因：糖尿病、肾炎、肝炎、胰腺炎、猫瘟疫等。

●大小便出现问题，不上厕所或者尿频。可能的原因：肠道疾病、膀胱或者尿路疾病、糖尿病、肾病或者胰腺炎、与年龄有关的大小便失禁、喂食不当、便秘等。

●猫咪不爱动，走路蹒跚，或者抽搐、

猫咪如果出现了无精打采的情况，您一定要注意，这通常是它们生病的征兆

痉挛。可能的原因：关节炎、骨折、传染病（狂犬病、猫瘟疫、奥耶斯基病）等。

疾病导致的身体变化

●发烧。可能的原因：溃疡、肺炎或者子宫炎症、传染疾病［猫传染性腹膜炎（FIP）、猫科复杂性白血病毒（FeLV）、猫科动物免疫缺陷病毒（FIV）、猫瘟疫］。

●呼吸困难、呼吸时发出刺耳的声音、咳嗽。可能的原因：支气管炎、过敏、肺炎、猫流感、心脏病。

●腹部和侧腹部鼓起或者凹陷；猫咪体重减轻。可能的原因：便秘、喂食不当、糖尿病、肿瘤、寄生虫（蠕虫）、传染性疾病［例如猫传染性腹膜炎（FIP）、猫科复杂性白血病毒（FeLV）］。

皮肤和皮毛出现的疾病症状

●毛发脱落、斑秃、毛发易断、皮毛没有光泽。原因：蠕虫或者跳蚤、肾病、激素分泌失调。许多疾病都会让猫咪不再重视皮毛的护理。

●皮肤皲裂、发炎、结痂或者被抓出血；溃疡、湿疹、肿瘤。原因：皮肤真菌、过敏、寄生虫、叮咬、传染病［猫科复杂性白血病毒（FeLV）、猫科天花］。

●爪子有裂缝、皲裂；脚趾间发炎或者有伤口。原因：异物、焦油、融雪剂。

✔ 注意事项

身体健康的猫咪

　　每天给猫咪进行身体检查可以给您一种很好的感觉：我的猫咪一切都好。

○皮毛：浓密，没有破裂或者斑秃，长毛猫没有打结的情况。

○皮肤：平滑，有弹性，没有伤口、发红、结痂或者结节（触摸测试）。

○身形：笔直，没有抽搐，不驼背。

○行为举止：聚精会神，喜欢和人交流。

○测体重（成年猫咪每个月一次）：没有突然的体重下降。

○身体协调性和灵活性：在走路、跳跃、攀爬和身体护理时没有任何妨碍。

○身体护理和皮毛护理：经常。

○眼睛：清晰，瞬膜不可见。

○耳朵：干净，没有异味。

○口腔：没有口臭。

○呼吸：呼吸均匀，闭着嘴，没有急促的喘息。

○爪子和指甲：无裂口，趾间无异物，指甲无断裂。

○肛门附近：干净，粪便成形，尿液颜色正常，无尿血。

实用信息

猫咪老年病的症状

猫咪从9岁到10岁之间开始出现老年病。猫咪的主人通常比较晚才发现这些情况，因为猫咪身体和行为举止上的变化非常微小，不容易被发现。

→ **喝水多了**：如果您的猫咪去水盆前喝水的次数明显增多，大多数情况下是患了肾病、肝病、糖尿病或者胰腺炎。年纪比较大的猫咪的肾脏经常无法充分工作。

→ **尿尿多了**：也是一种肾病或者糖尿病的症状。

→ **没有食欲，拒绝进食**：牙龈发炎。牙龈的问题首先由牙石引起，年纪大的猫咪尤其容易出现。

→ **日渐消瘦**：蠕虫侵袭或者慢性的肠胃炎。

→ **失禁**：尿道和膀胱疾病（尿砂，膀胱结石）。

→ **灵活性受限**：关节炎。

→ **胆小或者出现攻击性行为**：视力下降或者听力下降。

头部出现的疾病症状

持续可见的瞬膜、眼睛和鼻子有液体流出是普遍的疾病症状。

● 流鼻涕。可能的原因：泪腺堵塞、青光眼、白内障、伤口、蠕虫、结膜炎、传染病或者神经系统疾病。

● 晶状体浑浊、流眼泪、眼睛有痂皮、结膜发红、可以看到瞬膜。可能的原因：泪腺堵塞、青光眼、白内障、受伤、虫子、结膜炎、传染病或者神经系统疾病。

耳道里棕色的薄膜、鳞屑、结痂或者出血点、发红点。可能的原因：秋收恙螨或者耳道螨虫，耳道异物。

● 舌头或者咽喉出现红肿或者出血性溃疡；吞咽困难、流口水或者口臭。可能的原因：咽喉发炎、口腔或者咽喉有异物、缺乏维生素B族、肾脏疾病、肿瘤、传染病（猫流感、奥耶斯基病）等。

● 牙龈溃疡、口臭。原因：牙龈发炎、牙齿损坏、牙石、传染病［猫科复杂性白血病毒（FeLV）、猫科动物免疫缺陷病毒（FIV）、猫流感］等。

典型的肠胃疾病

腹泻和呕吐是很多种疾病常见的并发症。

● 腹泻和便秘。原因：缺乏运动、喂食不当、肠梗阻、蠕虫、传染病［猫科复杂性白血病毒（FeLV）、猫瘟疫、球虫病、沙门氏菌病］、肝炎或者胰腺炎等。

● 呕吐。可能的原因：毛团、胃炎、中毒、食物不消化、胃部或者食道内有异物、肾脏机能不健全、沙门菌病、猫瘟疫等。

最常见的猫类疾病

肠胃痛，咬伤、寄生虫和皮肤真菌引起的皮肤病，以及牙齿问题导致的牙龈发炎是除了传染疾病以外猫咪最常见的几种疾病。

皮肤、皮毛和骨头

脓肿。症状：肿胀；猫咪无精打采，发高烧，几乎不吃东西。原因：经常是由和其他猫咪打架过程中的咬伤引起的。咬伤的伤口在表面上看来没什么事，其实已经深入内部，很难愈合。治疗方法：抗生素；脓肿必须由动物医生进行手术。

过敏。症状：猫咪不停地舔自己或者挠自己。常见的结果：脱毛、伤口、结痂、溃疡。其他的过敏反应：咳嗽、呕吐、腹泻（食物过敏）。原因：跳蚤、饲料（见284页的"食物过敏"）、环境过敏（霉菌、尘螨等）。诊断：脱敏的食物、皮肤测试、跳蚤检查。治疗方法：按时清除跳蚤，给患有皮炎的猫咪脱敏（通过注射的方式），调整饮食。

皮肤真菌。症状：皮毛无光泽、脱毛、指甲发炎；皮毛上少见的圆形斑秃。原因：常见的病原是一种叫作小孢癣菌（Microsporum）的皮肤真菌，会使指甲和皮毛感染。年纪较小的猫咪和免疫力低下的猫咪尤其容易感染。这种真菌通过被感染的猫咪和物体进行传播。皮肤感染真菌在猫咪身上很少见。治疗方法：抗真菌药物或者在显微镜检验诊断后进行疫苗接种。经常清洗被感染的物品是非常重要的，因为皮肤真菌也会传染给人类。

正确的猫咪检查姿势：一只手托着它的下半身，另一只手托着它的胸部

关节疾病。症状：猫咪几乎不动了，走路的时候一瘸一拐，或者不让人抱它。原因：发炎性的关节炎；由事故、咬伤、成长阻碍、风湿性疾病、病毒感染或者和年龄有关的劳损造成的退化性的关节变化（非发炎性的关节病）。治疗方法：止痛药、消炎药、按摩、磁场疗法。许多年龄大了的猫咪都患有非发炎性关节炎。

眼睛、耳朵和牙齿

眼结膜发炎（结膜炎）。症状：眼睛总是黏住、流泪，或者有分泌物流出，眼结膜臃肿；总是眯起眼睛。原因：伤口、气流、过敏、细菌性或者病毒性感染。治疗方法：消炎消肿的药膏、滴眼液、洗眼、消炎用的纱布垫、抗生素（细菌感染的情况下使用）等。

耳道发炎。症状：猫咪不停地挠耳朵，

✅ 注意事项

测量脉搏、呼吸和体温

脉搏频率、呼吸次数和身体的温度可以体现出猫咪的身体状况。

○ 脉搏：在前腿内侧可以清晰地感觉到。猫咪在休息的时候，一分钟跳动120～140次。

○ 呼吸频率：通过胸腔的隆起和下沉可以观察出（把手放到猫咪的胸部）。猫咪在放松平静的状态下，一分钟呼吸20～40次。

○ 体温：把尾巴固定到侧面，温度计插入肛门（不要松手！）大约2分钟。可以使用婴儿用的电子温度计。猫咪的正常体温在38～39.3摄氏度之间。

摇头或者歪头。原因：异物、细菌、真菌或者耳道螨虫（见240页）引起的耳道发炎；一部分会有结痂的情况。治疗方法：清除寄生虫和细菌的药物。使用合适的药剂检查护理耳朵，可以预防耳朵发炎。

牙龈发炎。症状：牙龈肿大，发红，容易出血；猫咪流口水严重，口腔有腐烂的臭味，几乎不吃东西或者只吃非常软的食物。原因：大多数情况是牙石引起的，也有可能是牙齿破损，少数情况下是病毒感染引起的［猫科动物免疫缺陷病毒（FIV）、猫科复杂性白血病毒（FeLV）］。牙龈发炎也会在换牙时期出现。治疗方法：

麻醉拔牙（破损的牙齿必须被拔除）、抗生素、消炎药。

口腔黏膜发炎。症状：猫咪几乎不吃东西了，流很多口水，有口臭，口腔出血。舌头和口腔黏膜发红并且肿大。原因：病毒感染［猫科动物免疫缺陷病毒（FIV）、猫科复杂性白血病毒（FeLV）］或者细菌感染，以及牙齿疾病（牙石）。治疗方法：消炎药、抗生素。预防方法：经常刷牙漱口。

呼吸道

支气管炎。症状：呼吸时发出刺耳的声音、咳嗽、发烧；感到呼吸困难，张开嘴巴呼吸。原因：病毒或者细菌感染，很少情况是由寄生虫和真菌引起的。虚弱的机体、过敏体质和空气干燥时，发病率会提高。治疗方法：抗生素、祛痰的药物。预防方法：在空气湿冷或者干燥的时候加强对猫咪的保护。

哮喘。症状和支气管炎类似。原因：过敏、肺线虫。治疗方法：可的松、祛痰的药剂，需要时也可以使用抗生素。

肺炎。症状：发烧，呼吸短促，看起来很没力气，干咳，咳嗽的时候感觉是在压低声音；几乎不吃东西，日渐消瘦。原因：细菌、病毒、真菌，还有一部分是由寄生虫造成的肺部组织感染，免疫系统缺陷或者吞进了异物。治疗方法：吸氧、抗真菌药物（真菌感染的情况下使用）、抗生素（细菌感染的情况下使用）。

内部器官

胰腺炎。症状：呕吐，肚子对人类的触摸非常敏感，腹部膨胀；不吃不喝，越来越没精打采，也不爱动了。原因：胰腺功能紊乱。治疗方法：止疼药、注射营养剂，之后再给它吃一些脂肪含量少的食物。

糖尿病。症状：喝水喝得多，容易饿，但是却日渐消瘦；皮毛经常乱蓬蓬的。原因：胰腺分泌的胰岛素太少或者不分泌胰岛素，经常是发炎的结果。治疗方法：注射胰岛素、饮食治疗；经常检查体重。

肠胃炎。猫咪吐出食物、黏液或者血，大多数时候还会拉肚子；腹部膨胀，吃的草明显增多，并且日渐消瘦。原因：毛团、喂食不当、中毒、吞下异物、食物不消化、蛔虫、过敏等；病毒或者细菌感染、肿瘤、胰腺疾病、肝脏疾病或者甲状腺疾病的并发症或者后遗症。治疗方法：具体情况具体分析；最长24小时禁食，之后少食多餐地吃一些营养食品。

胃炎。症状：突发的呕吐以及没胃口或者拒绝进食。胃黏膜发炎的原因和治疗方法与肠胃炎的原因和治疗方法类似。多次呕吐容易引起脱水。如果猫咪喝水不够多，就需要通过输液的形式为它补充流失的水分。

肾脏功能不全。症状：猫咪喝水很多，挑食，有口臭；经常无精打采，日渐消瘦，皮毛乱蓬蓬的。原因：新陈代谢紊乱、传染病、年纪大了导致的肾脏功能不全。治疗方

一部分猫咪在让它们吃药片的时候很不配合，即使把药片藏在食物里，它们也不会上当，这时就需要动物医生把药物通过注射的方式送到猫咪体内

法：抗生素（在感染的情况下使用）、饮食疗法、输液。

尿砂和膀胱结石（多发于公猫）。症状：猫咪几乎不能尿尿了，因为膀胱和尿路中的砂或结石使排尿变得非常困难，或者完全阻止排尿。可能的原因：尿液中的矿物质沉积形成砂或者结石，水分补充不足（常见于以干燥的猫粮为主食的猫咪）或者尿路感染，一部分也是先天造成的。治疗方法：清洗尿路，通过手术清除结石，使用抗生素。预防方法：饮食治疗、注意多喝水、减少干燥猫粮的食用量。

猫咪的传染性疾病

虽然不是每种感染都会引起疾病，但是传染性疾病是威胁猫咪健康的一大元凶。有一些威胁生命的传染性疾病是可以通过注射疫苗来预防的。猫咪需要注射哪些疫苗，与它的年龄、生活环境和疾病传染性大小有关。

防疫

注射疫苗是为了提高血液中可以抵抗某种病原体的防御细胞的数量。它们赋予机体对抗某种威胁生命健康的传染性疾

 ## 疫苗日历

猫咪从8周大开始，要接种基础的疫苗。在接种了基础疫苗以后，一般来说每三年接种一次猫瘟疫苗，每年接种一次猫流感疫苗。狂犬病疫苗要根据所使用的疫苗来决定每1~3年重复接种一次。

疫苗种类	基础免疫		重复接种
	第一次接种	后续接种	
猫流感	第8周	第12周和第16周　　第15个月	每年*
猫瘟疫	第8周	第12周和第16周　　第15个月	每三年*
狂犬病（在室外活动的猫）	第12周	第16周　　　　　　第15个月	一年到三年以后*
猫传染性腹膜炎（FIP），猫科复杂性白血病（FELV）	取决于猫咪的饲养条件以及感染压力		

*要根据疫苗生产者提供的数据。

- 基础疫苗包括猫咪出生后直到15个月大所有的疫苗。
- 接种疫苗的猫咪要身体健康，并且没有寄生虫。在重复接种之前的2~4周要进行除虫。
- 由于每一次接种疫苗对于猫咪的免疫系统来说都是一种负担，因此要根据猫咪的需求来进行疫苗的接种。

病的免疫能力。猫咪所患的大多数传染性疾病都是由病毒引起的，少部分由细菌引起。一次感染不一定就会引起疾病，因为病原体可以在身体内成倍增加而不体现出任何外部症状。典型的就是猫科复杂性白血病（见230页）。

您可以和您的动物医生协商讨论得出一套给您家的猫咪注射疫苗的日程安排。

猫流感

疾病特征：猫流感（鼻气管炎）不是简单的感冒，而是一种传染性很高、严重情况下有生命危险的病毒感染。传播途径包括咳嗽、打喷嚏和唾液，还可以通过接触被病原体污染了的物品进行传播。容易患这种疾病的是那些和同类生活在一起的猫咪（例如在动物收容所和宠物寄养场所里的猫咪）以及年龄比较小的猫咪。

症状：猫咪看起来无精打采，刚开始的时候会经常打喷嚏，不喜欢吃食，也不喝水；鼻子和眼睛有分泌物流出，口腔溃疡，口臭。

治疗方法：抗生素、注射、通过药物的手段使猫咪的免疫系统保持稳定。保持温暖，为治疗疾病而吸入气体，强制进食。

预防措施：注射疫苗。

●基础疫苗包括猫咪出生后直到15个月大所有的疫苗。

●接种疫苗的猫咪要身体健康，并且没有寄生虫。在重复接种之前的2~4周要进行

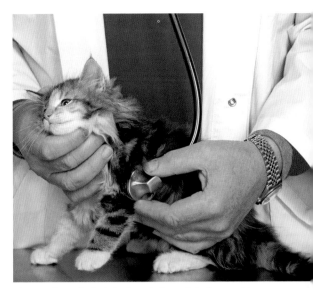

动物医生通过听猫咪的心音和心脏杂音可以判断它患了什么病

除虫。

●由于每次接种疫苗对于猫咪的免疫系统来说都是一种负担，因此要根据猫咪的需求来进行疫苗接种。

猫瘟疫

疾病特征：病毒感染，发烧、呕吐、腹泻以及体重减轻。如果怀了孕的猫妈妈感染了这种病毒，它腹中的小猫也就有危险了。2~4个月大的小猫如果患上这种病就会有生命危险。这种有抵抗能力的病毒在猫和猫之间进行传播，也有可能通过其他物体（鞋子、衣服）被带进房间。

症状：猫咪拒绝进食和饮水，有呕吐现象，严重的腹泻以及便血，高烧不退，可以看到裸露的皮肤；患病的幼崽走路的时候

会晃悠。

治疗方法：注射退烧药和抗血清。

预防措施：接种疫苗。

猫科复杂性白血病（FeLV）

疾病特征：猫科动物复杂性白血病病毒通过唾液和母乳进行传播，导致免疫力下降。大多数感染了这种病毒的动物感觉不到病痛，但会常年携带和传播这种病毒。

症状：发烧、虚弱无力、没有食欲、日渐消瘦；患有肿瘤形式白血病的动物内部器官会长有肿瘤；没有肿瘤的白血病患者对慢性继发性感染（感冒、肠胃疾病等）没有抵抗力。

治疗方法：在发病之后就没有办法治疗了。

预防措施：接种疫苗；尤其推荐那些和同类有接触的猫咪；只在室内活动的猫咪患病率很低。由于疫苗对于那些已经感染了这种病毒的动物来说是没有用的，因此在接种疫苗之前要进行白血病病毒检验。

猫传染性腹膜炎(FIP)

疾病特征：无法治愈的病毒感染，内部器官发炎（干燥性腹膜炎）以及腹腔积液（潮湿性腹膜炎）。病毒传播途径主要是感染了这种病毒的动物的粪便。许多猫咪都携带这种病毒，但是没有外在症状。免疫力低下（例如由压力大导致的）会导致发病。

症状：发烧、拒绝进食、无精打采、

日渐消瘦的同时腹部肿胀。

治疗方法：主要是并发症的治疗。

预防措施：避免压力过大，接种疫苗。

提示：大约60%的动物通过接种疫苗获得免疫力，约40%的动物无法通过接种疫苗获得免疫力。

猫科动物免疾缺陷症（FLV）

疾病特征：这种病毒会破坏免疫系统，并发症会最终导致死亡。这种病毒可以通过感染了病毒的动物的唾液和血液进行传播，大多数是通过咬伤。在感染后许多年才会发病。

症状：发烧、无精打采、没有食欲、眼睛红、流鼻涕、皮毛蓬乱。

治疗方法：并发症的治疗；猫科动物免疫缺陷症本身是无法治疗的。通过血液测试进行证明。

预防措施：血液测试结果呈阳性的动物应该养在室内，防止它生病或者压力过大。没有可以预防这种病毒的疫苗。

提示：由于猫科动物免疫缺陷病毒的潜伏期通常很长，因此也被称为"猫类艾滋病"，这种病毒不会传染给人类。

狂犬病

疾病特征：可以致死的病毒感染症，通过患病的狐狸、鼬、蝙蝠和其他野生动物的唾液进入咬伤和抓伤的伤口进行传播。

症状：流口水、躁动不安、易受惊、

痉挛、具有攻击性、瘫痪等。疾病症状一般在感染后两个月才出现。

治疗方法：治疗是不可能的。

预防措施：接种疫苗（见228页）。疑似病例预警，例如一只没有接种过狂犬疫苗的猫被一只野生动物咬伤了，必须马上向动物防疫部门报告。狂犬病也可以导致人类死亡。

奥耶斯基病

疾病特征：这种病毒的病原体的主要宿主是猪。这种病毒通过食用生猪肉进行传播，也有可能通过被污染了的物品进行传播。感染了这种病毒的动物会在感染后的48小时内死亡。

症状：症状类似狂犬病的症状，因此这种病也被称为伪狂犬病。

治疗方法：感染后无法治疗。

预防措施：如果猫咪不吃生猪肉，就没有感染这种病毒的可能性。

提示：人类也可以通过同样的途径感染这种病毒，但是不会表现出危险的症状。德国已在2009年消灭了这种病毒。

弓形虫病

疾病特征：感染了单细胞的肠道寄生虫 Toxoplasma gondii（猫科动物肠道球虫），这种寄生虫的主要宿主是猫科动物。通过生肉（主要是猪肉和羊肉）、猫的粪便以及啮齿目动物进行传播，动物和人一样有可能成为这种寄生虫的中间宿主。

症状：感染之初最多就是低烧和腹泻，除此之外没有其他病痛。患病的猫会持续几周排出这种寄生虫处于发展阶段的虫卵。感染之后，猫咪可以形成终身的免疫力。

治疗方法：如果证实了猫咪血液和粪便中有病原体，可以使用抗生素。

预防措施：不要给猫咪喂食生猪肉；猫厕所定时清理。

提示：在室外活动的猫咪比在室内生活的猫咪更容易患病，因为它们有可能会吃下感染了这种寄生虫的老鼠。这种病对于人来说大多数情况下是无害的。孕妇以及免疫力低下的人初次感染是非常危险的，因此这一类人在和猫进行接触的时候尤其要注意卫生。通过检验猫咪血液中的抗体和化验粪便，可以确定是否感染。

传染给人类的疾病

人畜共通传染病可以由畜类传染给人类，也可以由人类传染给畜类。人类可能被猫传染，患上以下疾病：

●眼弓首线虫病：猫弓蛔虫；通过患病猫咪的粪便进行传播，由口腔进入。

●棘球带绦虫病：犬带绦虫，很少的狐狸带绦虫；接触传染。

●狂犬病：病毒感染；咬伤和伤口。

●小孢子菌病：皮癣菌；接触传染。

●弓形虫病：寄生虫；虫卵（细胞阶段）。

●贾第鞭毛虫病：小肠寄生虫；通过接触进行传播。最容易患病的是儿童。

●巴斯德（氏）菌病，出血性败血症：细菌；咬伤和伤口。

寄生虫

猫咪的皮肤和皮毛上的寄生生物包括跳蚤、壁虱和螨虫。体内寄生虫包括带绦虫、蛔虫、囊蠕虫和十二指肠钩虫，它们是肠道寄生虫。对年龄较小的猫咪来说，严重的寄生虫疾病尤其有害健康。

带绦虫和蛔虫

蛔虫。它们寄生在小肠中。可以通过粪便传播，更多时候通过母乳就已经感染了这种蛔虫。因此幼崽两周大的时候就要除虫了。这种白色的、长5厘米～10厘米的虫子可以在粪便中看到，粪便中的虫卵只能在显微镜下才能看到。人类也可能受到这种蛔虫的侵袭，尤其是那些和猫有过亲密接触的儿童。

带绦虫。猫咪如果吃了感染了这种寄生虫的啮齿目动物，就有可能感染猫带绦虫或者犬带绦虫，少数情况下还有可能感染狐狸带绦虫。由于跳蚤也是带绦虫的中间宿主，所以如果猫咪受到跳蚤的侵袭，也会感染这种带绦虫，它们会把虫子的身体或者虫卵随粪便排出体外，以这种方式继续传播。

症状：呕吐、腹泻、皮毛蓬乱、缺乏食欲，以及体重减轻。年龄较小的动物症状会更严重一些。动物医生会开一些除虫的药物（药片、药膏、注射药物），需要动物的主人自己喂给患病的动物吃。根据药物性质和动物年龄的不同，喂药间隔也不同。

除虫：幼崽从出生后的第2～12周，每14天要进行一次除虫，6个月大的时候还要进行一次除虫，之后每年除虫1～4次，已经感染了寄生虫的猫咪（尤其是那些在室外活动的猫咪）每年的除虫次数要增加。为了减少猫咪不必要的负担，许多动物医生都推荐：那些成年的猫咪，尤其是只在室内活动的猫咪，只有在它们的粪便中发现了虫卵时，才要对它进行除虫治疗。

壁虱

猫咪对壁虱反应不是很灵敏。但是为了防止伤口感染，应该为它们清理寄生虫，最好是使用除壁虱的钳子（见217页）。

跳蚤

许多疾病可能通过跳蚤的咬伤进行传播，带绦虫也可以以这种方式进行传播。

症状：瘙痒引起猫咪不停地抓挠，进而导致皮肤伤口发炎；跳蚤的唾液经常引起过敏反应。治疗方法：外用药剂、药粉、除跳蚤的项圈。但是有些猫咪不能忍受药粉和项圈。它们休息的地方和周围环境也要进行处理。

研究与实践

防疫的新途径

狂犬疫苗注射的最新建议

目前，通过狐狸进行传播的狂犬病不会对猫咪构成威胁。但是这种病毒可以通过蝙蝠的咬伤进行传播。外出活动的猫咪应该在3个月大、4个月大以及15个月大的时候接种疫苗。关于重复注射，狂犬病管理条例提示人们按照疫苗生产者的时间建议。在欧盟范围内旅行，欧盟宠物护照中必须要有接种疫苗的证明，最晚的接种日期要符合疫苗生产商给出的重复接种的日期。

疫苗接种达到标准的猫太少了

联邦职业兽医协会的防疫常委会给出了动物接种疫苗的建议，并且要求更多的动物进行疫苗接种。德国只有1/3的猫接种了足够的疫苗。

接种疫苗的危险和副作用

接种疫苗很少会对猫咪的健康产生危害。可能出现的负面反应有呕吐、腹泻、过敏性休克、身体活动不协调以及肾功能不全。尤其是在接种了白血病疫苗和狂犬病疫苗以后，会在接种疫苗的地方长出肿瘤。

现代的疫苗可以在没有辅助材料的情况下起效

为了加强身体的免疫反应，许多疫苗中都添加了非特异性免疫增生剂。这种增强免疫反应的佐剂含有铝化合物、甲醛或者水银。新研发的猫咪疫苗不添加任何佐剂也可以达到防疫作用。

实用信息

需要上报的疾病

如果动物医生确诊您的猫咪患了可以传染给人的疾病（人畜共通传染病，见231页），那么需要上报给防疫部门。

➡ 狂犬病（见230页）。德国从2008年开始消灭了狂犬病。

➡ 棘球带绦虫病。犬带绦虫和狐狸带绦虫。

➡ 贾第鞭毛虫病。贾第鞭毛虫对于猫和人来说都是最常见的肠道寄生虫之一。

➡ 弓形虫病（见231页）。对于免疫力低下的人和孕妇来说很危险。

制定需上报疾病名单的机构是柏林的罗伯特·科赫研究所（Robert Koch Institut, www.rki.de）。

螨虫

这种微小的蛛形纲动物我们只能通过显微镜才可以看清楚。动物医生可以通过对皮肤样品的检查来确定猫咪身上是否有螨虫。

疥癣螨虫。症状：强烈的瘙痒；皮肤上有些地方结痂、呈鳞屑状或者被挠出血，首先出现在头部、耳朵和爪子上。治疗方法：外用药剂，药浴。

耳道螨虫。这种螨虫可以导致耳道发炎（见225页）。症状：抓挠、摇头、耳道内有棕色的痂。治疗方法：外用药剂、注射、对它休息的地点以及周围进行喷雾消毒。耳道螨虫可以在猫和猫之间进行传播。

秋收恙螨。从7～10月可以在猫咪的头部、耳朵、腹部以及爪子上看到橙色的幼虫。症状：身上有被挠出血的部位，总是舔自己。治疗方法：手动清除。有些猫咪表现出强烈的瘙痒症状。

患病猫咪的护理

生病或者身体虚弱的猫咪需要特殊的照顾，因为它们需要定时吃药，而且通常在身体护理方面需要主人的帮助。

护理建议

如果猫咪从小就熟悉人类照顾它的手法，那么，当它生病以后主人对它的护理就会容易一些。

喂食。如果猫咪太虚弱，没有办法自己从食盆里吃东西，那么主人可以把食物放在手上喂给它吃，如果是粥状的食物，可以用手指尖蘸上食物给它喂食。大多数时候它也会舔皮毛上或者爪子上蘸的粥。但是如果这样行不通，您可以用一次性注射器（不要针头）把流食滴到它的颊囊里。

多喝水。腹泻和反复呕吐会导致身体缺水。请您为猫咪准备加入葡萄糖的饮用水，清淡的药草茶也可以。动物医生会根据需要开一些补充矿物质的药物（电解质）添加到饮用水中。

保持温暖。在天气比较冷的季节，请您把猫咪睡觉的窝放到暖气附近，或者您可以把室温调节到24～26摄氏度。在这个过程中很重要的一点是室内不要太干燥，您可以准备一个空气加湿器。对于很多生病的猫咪来说，一盏加热的灯（红外线）可以帮助它们恢复健康。在治疗的过程中不要让猫咪单独待在那儿。

减少走动距离。水盆要放在病榻的旁边。猫厕所也要很容易达到。

不要打扰它。睡眠有助于恢复健康。请您尽可能少地打扰正在睡觉的猫咪。

药物治疗

给猫咪喂药时，它们并不总能配合您，尤其是药很苦的时候。有些猫咪特别顽固地拒绝吃药，只能让动物医生把药物以注射的形式打进它们体内。但是，大多数情况下，使用以下方式都能成功让猫咪吃下药物。

药片。请您测试一下，哪种方法最适合您家的猫咪。

● 把药片藏在食物里，或者捣碎掺在肉丸里。

● 把药片研碎，和维生素药膏或者炼乳一起抹在它的爪子上。

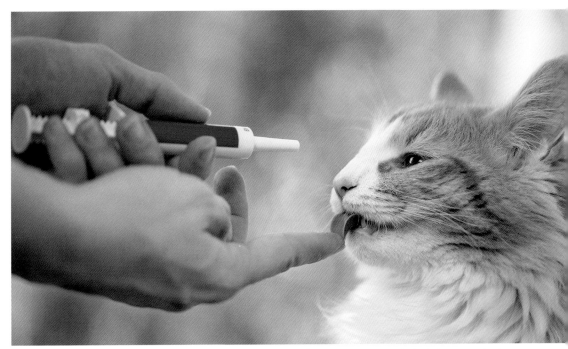

在室外活动的猫咪比较容易感染蛔虫、十二指肠钩虫和带绦虫，因此必须定期除虫。可以把除虫药膏涂抹到猫咪的舌头上

除跳蚤的项圈可以保护室外活动的猫咪。如果不使用这种项圈，可以用外用药剂去除跳蚤

● 直接喂，用拇指和食指从后面抓住猫的头部，轻轻按压它的嘴角，直到它张开嘴。把药片放进它的咽喉部位，抓住它的嘴，保持闭嘴的状态。可以轻轻按摩它的脖子，让它吞下药片。

● 使用喂药器可以把药片比较深入地放进它的咽喉。使用橡皮软管可以不伤到猫咪的嘴和咽喉。

● 把药片溶解在水里，使用一次性注射器，去掉针头，把药水打进猫咪的颊囊。

外用药物。把药物的有效成分滴到猫咪的颈背上（把毛发拨到一边），因为猫咪舔不到这里。不要按摩，让药物吸收。

耳朵滴液。拎起外耳，把药液滴进

实用信息

猫咪所患的其他疾病

● **肛门腺发炎**：猫咪用臀部在地板上滑行（"滑冰"），总是去舔自己的肛门。治疗：动物医生可以帮助清洗堵住的肛门腺。预防措施：定期检查肛门。

● **猫科动物哮喘病**：猫咪无精打采，呼吸时发出呼哧呼哧的声音，咳嗽，有时候会张嘴呼吸。多种原因（化学药品、猫咪用的草荐等）引起的下呼吸道过敏性疾病。治疗：吸入药物、消炎药物。预防措施：消除过敏原。

● **癫痫**：抽羊癫疯，腿部痉挛，眼睛歪斜；流口水，有时会丧失意识。大脑机能障碍（先天性），代谢障碍，感染。治疗：抑制发作的药物。提醒：发作时保护猫咪不受伤。

● **子宫炎症**：没有做过阉割手术的母猫总是舔自己的阴道，喝很多水，尿频，阴道有分泌物。感染、激素分泌不调（大多是年龄比较大的猫）。治疗：切除子宫。预防措施：阉割手术。

● **甲状腺机能亢进（甲状腺功能亢进）**：猫咪虽然吃得很多，但是日渐消瘦；吃过东西以后会呕吐；躁动不安，会腹泻，皮毛蓬乱。这些症状会出现在10岁以上的猫咪身上。治疗：药物、放射性碘治疗、手术。

● **肿瘤**：身体不同部位出现的没有疼痛的结节；虽然猫咪的饮食正常，但是却日渐消瘦。细胞生长不受控制。治疗：手术、化疗、放疗。早期发现：定期触摸检查身体。

去，轻轻按摩耳根，让药液散开。把耳朵擦拭干净，这样猫咪就不能用爪子摸到药物的有效成分并且舔进嘴里。

滴眼液。让猫咪保持坐姿，抓住它的下巴，轻轻抬起。用另一只拿着药瓶的手轻轻向上拉上眼皮，然后把滴眼液滴进它的眼睛里。

注射。患有慢性病的猫咪，例如糖尿病，一般由主人负责给它注射药物。在进行注射时要把它颈背或者背上的皮肤拉起来，把注射器的针头插入皮肤。注射的部位每天要更换。

药浴。如果猫咪的皮毛或者皮肤有大片患处，又或者有严重的寄生虫，动物医生会为它开一些用来泡澡的药或者药物香波。您可以像225页描述的那样为您的猫咪洗澡。在这个过程中，请您注意不要让香波进入猫咪的眼睛、嘴巴、鼻子和耳朵。

伤口处理

对于猫咪身上小的抓伤和切伤，您可以自己进行处理。请先用剪刀把伤口附近的毛剪短。用纱布（人类用的医用纱布）按压在伤口上为猫咪止血，之后缠上绷带。更小一些的伤口或者皮肤的擦伤可以进行暴露处理，这样它们能很快变得干燥。如果伤口在两天之内肿起来了，您就需要去咨询医生了。那些表面上看起来无害的咬伤，也有可能很容易就发炎了。

术后护理

刚做完手术的动物要一直保持温暖。在回家的路上要在猫笼里放一套铺盖，这样可以防止它受凉。回到家以后，如果有可能，也要把猫笼放到暖气旁边。手术后可以马上喝水，但是要在6～8个小时之后才可以进食。

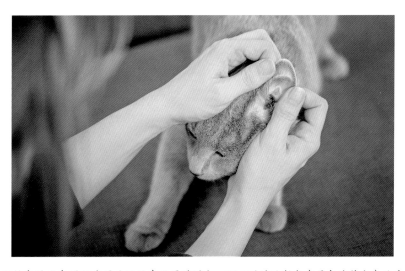

黑棕色的痂表明猫咪耳朵里面有了耳道螨虫。可以通过注射或者局部滴药水来治疗

猫咪的自然疗法

自然医学把身体、精神和灵魂看作一个整体，它以全面考虑某一生物的状态为基础。自然疗法是刺激生物的自我治疗能力以及患病器官的活动。这种疗法尤其在治疗轻微的疾病时效果明显，例如感冒和肠胃疾病，在治疗过敏、慢性疼痛以及行为异常时也有很重要的作用。替代医学或者补充医学不能替代常规医学，但是可以有效地对常规疗法进行支持和补充。

顺势疗法

顺势疗法以16世纪末由德国医生塞缪尔·哈内曼（Samuel Hahnemann）提出的"以同治同"的理论为基础，这种理论提倡同样的制剂治疗同类疾病，也就是为了治疗某种疾病，需要使用一种能够在健康人中产生相同症状的药剂，这种药剂使用在生病的人身上就会有治疗的效果。顺势疗法医生会对比药物中有效成分的药物性状和患者的症状，药物性状描述的是药物的典型特征，然后给患者开出具有相同特征的药物。现在人们已经了解了几千种顺势疗法的药物，有药丸、药片、药水或者药膏，这些药物既可以应用在人类的身上，也可以给动物使用。药物有效成分的选择和药量不仅和它要治疗的疾病有关，也和病人的体质和生活环境有关。

顺势疗法的药物可以帮助猫咪治疗很

实用信息

阉割手术

➲ 母猫6个月大的时候就达到性成熟了，暹罗猫和其他东方猫的母猫4个月性成熟，公猫大约8个月达到性成熟。

➲ 在进入性成熟阶段后，应该对猫咪进行阉割手术：切除母猫的卵巢、公猫的睾丸。

➲ 阉割手术可以阻止激素的产生，母猫从此就不会再发情了，公猫做了手术后几乎不会再用尿尿的方式对物品做标记了。野猫也不会像以前那样到处乱跑了。

➲ 手术可以减少猫咪患肿瘤和子宫炎症的概率。做了阉割手术的母猫不会再出现假孕现象。因此也避免了那些由于假孕现象而产生的疾病。

多疾病，有些猫咪不能忍受或者不接受医生开的药物，也可以使用顺势疗法。顺势疗法的应用范围包括血液循环系统疾病、感冒、肠胃系统疾病、过敏症等，除此之外还有行为异常，例如过度的攻击性、过度胆小或者自我伤害性的强迫症。

巴赫花精疗法

这种治疗方式起源于英国医生爱德华·巴赫（Edward Bach），他认为，某些花、灌木和树木的花朵对人和动物的心理有治疗和缓和的作用。一共有38种花精。可以混在饮用水中，可以放在舌头下面，也可

研究与实践

最新的健康信息

›一直被忽视的肠出血性大肠杆菌感染

大肠埃希氏菌，通常被称为大肠杆菌，在相当长的一段时间内，一直被当作正常肠道菌群的组成部分，所以被认为是非致病菌。但是某些大肠杆菌拥有致病性特征，例如肠出血性大肠杆菌（EHEC），可以导致猫咪肠道、尿道和生殖器感染。感染后的症状并不总是很明确的，这些症状有呕吐、腹痛、发烧、没有胃口，以及败血症。年龄比较小的猫以及身体比较衰弱的猫尤其容易患病。

›快速控制血糖值

如果动物医生诊断出一只猫患了糖尿病，那么它的主人就要定期为它测血糖了。现在也有了为猫设计的血糖测量仪器，可以快速控制它的血糖。人类所使用的血糖测量仪器并不适用于猫，因为人和猫血液中的血细胞的大小不同，会导致测量错误。

›动物医生有配药的权力

动物医生有权为他的患者制造和出售药物。这种特殊的配药的权力有非常重要的优点：急需的药物可以马上就能使用，这一点可以在紧急情况下成为救命的关键，除此之外，医生可以根据每个患者不同的需求来决定用药量。

›给生病的猫喂水

健康的成年猫每天每公斤体重需要20～40毫升水。有发烧、腹泻或者呕吐症状的猫会严重缺水。因此必须定时给它们喂水。最简单的喂水方式就是用去掉针头的一次性注射器把水打进它的颊囊中。

以滴到或者涂抹到头上。巴赫花精疗法应用在猫身上，一般是根据每个个体的不同而选择特定的花精，治疗那些压力过大或者有极端行为的猫咪，这可以缓解猫咪的不安、害怕、焦虑和攻击性行为。

急救花精。急救药水和药丸是一种复合药物，由5种不同的巴赫花精组合而成。作为一种不可缺少的急救药物，每一只猫咪的药箱中都要常备。

猫科动物的物理疗法

物理疗法可以帮助和加速猫咪生病、受伤（例如骨折）或者事故之后运动能力和身体协调性的恢复。这种治疗方法利用和促进了4条腿病人自然的运动和玩耍需求，如果有需要，还会在身体复原计划中使用其他辅助手段，例如按摩、电疗或者磁疗。

治疗性的按摩

按摩对于猫咪的作用和对人类的作用是一样的，可以改善猫咪的健康状况，促进供血，放松肌肉，缓解紧张和疼痛。轻抚法是使用一只手在猫咪的身体上顺着一个方向轻轻按摩，这种方法有安抚的作用，使它能够安静下来。揉捏法通过挤压和揉捏皮肤以及肌肉群，可以促进血液循环。几乎所有猫咪在接受按摩的时候都表现得很配合，因为它们很享受这种温柔的手法，像是在爱抚一样。

针灸和指压按摩法

针灸。几千年以前，中国传统医学（见242页）就把针灸应用于给动物治疗疾病了。针灸用的针被插在身体上处于直线上（经脉）的各个穴位上，这样可以刺激或者缓和身体各个部位或者器官，这些身体部位或者器官和穴位相互联系。针灸首先被用于疼痛治疗，因为在针刺进身体的同时，身体会释放出有镇痛作用的内啡肽。针灸在治疗动物的心理障碍方面也有使它们安静下来的作用。

●金球针灸是治疗慢性疼痛的首选（例如关节炎）。在进行麻醉之后，把小小的金球植入特定的穴位，这些金球要在这里放置很长时间。

●激光针灸是使用激光照射穴位来进行治疗。这种没有任何疼痛的治疗方法对于猫咪来说是最理想的。

指压按摩法。指压按摩法也是利用了针灸穴位，这种治疗方法是用手指轻轻按压穴位以及周围组织。大多数情况下猫咪都会很快接受这种治疗方法。指压按摩法的优点：可以由宠物的主人定期在家里进行治疗。

舒斯勒盐

倡导顺势疗法的医生威廉·亨利·舒斯勒（Wilhelm Heinrich Schüler）相信，要想保持一个机体的健康，身体内的12种矿物质（其中包括硅酸、十水合硫酸钠和氯化钠）必须以一种平衡的关系共存。他提出了一种治疗方法，可以利用身体必需的几种盐来治病。舒斯勒盐有药片的形式，也有药粉的形式，药片可以溶解在水中让猫咪喝下，药粉可以撒在猫咪的食物中。今天，除了基本的盐以外，治疗师们为这种疗法添加了12种补充盐。舒斯勒盐首先运用于猫咪的运动器官疼痛症以及感冒等。

其他治疗方法

芳香疗法。有香气的植物提取物和芳香精油可以在猫的身上引起某种反应。这些从花朵和叶片、植物根茎以及果实中提取的精华可以用喷雾器喷洒到房间里。它们会产生平衡和镇定的作用，对有攻击性的、无精打采的、多动症的、过分胆小的以及具有其他形式异常行为的猫有积极的影响，可以辅助相应的治疗方法。

光照疗法。在灰色的冬季，我们自己的身体就可以感受到缺乏阳光使我们的精神状态不好了。持续的缺乏阳光则会使我们的免疫力下降，易生病和失眠。动物也会和我们一样。在光照疗法的框架内，人们每天使用一盏非常亮的灯来照射患病的猫，大多数时候是使用一种特殊的、光照强度最大可以达到1000勒克斯的日光灯。灯光浴被成功地应用在无精打采、身体虚弱的和年龄较大的猫身上。

植物疗法。野生的和具有治病功效的草药可以减轻疼痛，加速身体恢复过程，辅助疼痛治疗和伤口护理，有镇定、刺激、消

实用信息

顺势疗法的家庭药箱

顺势疗法的药物可以治疗猫咪的一些小的健康问题。

➔ 乌头：发烧、流鼻涕、咽喉炎
➔ 蜜蜂：肿胀、昆虫叮咬、瘙痒
➔ 山金车：扭伤、小的伤口
➔ 砷：腹泻、中毒
➔ 小檗：肾病和膀胱疾病
➔ 碳酸钙：成长障碍
➔ 金盏花：久不愈合的伤口
➔ 山楂：心脏和血液循环药物
➔ 小米草：眼睛的炎症
➔ 金丝桃：神经损伤以及疼痛
➔ 马钱子：呕吐、腹泻
➔ 漆树：关节、肌腱疾病
➔ 藜芦：血液循环疾病、腹泻

猫的主人可以在动物医生的指导下自己在家为猫咪进行指压按摩

炎和解毒的功效。有治病功效的植物根据用途不同以不同的方式进行提纯：精油、药酒、药膏以及风干以后作为茶和汤剂。植物疗法是最古老的治病方法之一，现在越来越多地被应用于治疗动物。但是这种治疗方法在治疗猫的时候需要小心谨慎，因为对于很多药物中的有效物质，猫的身体是无法代谢的。因此在使用草药之前应该咨询动物医生。

特灵顿触摸疗法。这是一种由动物训练师和治疗师琳达·特灵顿-琼斯发明的按摩技术，治疗师用打圈的手法按摩动物身体的某些部位。这种疗法首先是为了治疗马而发明的，后来也应用到了猫身上。这种温柔的按摩方式可以使身体放松，减少疼痛，促进恢复。

中国传统医学（中医疗法）。这种古老而完整的治疗方法包括针灸、按摩、运动训练以及草药治疗学和食疗理论。中医疗法可以应用于人和动物身上。

急 救

每一个养猫的人都应该了解最重要的急救技巧和方法，在紧急情况下快速正确地做出反应。考虑周到的急救措施通常是可以挽救动物的生命的。急救措施连接了发病和动物医生进行进一步治疗之间的时间，给动物医生的治疗带来了方便。该如何给猫咪测量脉搏、呼吸和体温，您可以阅读第226页的"注意事项"；送猫咪去看动物医生的路上需要注意什么，您可以参照第249页。

提示：动物诊所和动物医生会对养宠物的人提供一些急救课程的培训。

iPhone、iPad和iPod有相应的医疗APP"猫咪急救知识"。您可以在APP商店下载；还可以在这个网站找到相关信息：www.erste-hilfe-katzen.de。

急救医生应知道的事情。在紧急事件中，医生抢救必须快速。您给予他的每一个有关受伤或者事故类型的信息都能帮助他进行诊断和治疗。

●疼痛是从什么时候开始出现的，事故发生了多久？

●猫咪的状况还算稳定吗，还是正在恶化？

●猫咪有失血吗，有流口水或者呕吐吗？尿液中有血吗？

●它最后一次进食吃了什么，是什么时候最后一次吃东西和喝水的？如果您怀疑它是食物中毒，那么要带上所涉及的东西（清洁剂、食物的残留以及类似的东西）。

●它已经服用过什么药物了吗？

初步救治

流血的伤口。铺上几层纸巾，把伤口用手绢、围巾或者长筒袜包扎起来，可以止血或者减少出血（压力止血带）。马上把受伤的动物带到医院。

急救药箱

　　猫咪药箱对于处理小的伤口、急救和护理非常重要。其他的组成部分还有：绷带和棉垫、纱布、消毒剂、一次性手套等。

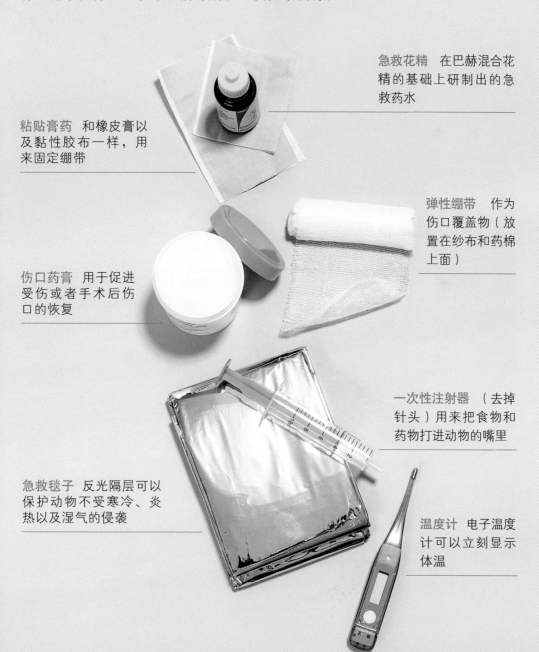

急救花精　在巴赫混合花精的基础上研制出的急救药水

粘贴膏药　和橡皮膏以及黏性胶布一样，用来固定绷带

弹性绷带　作为伤口覆盖物（放置在纱布和药棉上面）

伤口药膏　用于促进受伤或者手术后伤口的恢复

一次性注射器　（去掉针头）用来把食物和药物打进动物的嘴里

急救毯子　反光隔层可以保护动物不受寒冷、炎热以及湿气的侵袭

温度计　电子温度计可以立刻显示体温

访问

替代医学在哪些方面
可以给猫咪帮助?

　　宠物猫的生命周期延长了，和年龄有关的疾病也增加了。动物医生海蒂·库布勒博士向我们展示了传统医学和替代医学在给猫治病以及其他领域做出了何种有意义的贡献。

海蒂·库布勒博士

医学、动物医学博士海蒂·库布勒是动物医生，开设自己的诊所已经25年了，她所使用的治疗方法除了现代医疗学以外，还有顺势疗法、舒斯勒盐、巴赫花精以及植物治疗学。从16年前开始，她出任全科动物医学协会的主席，为动物医生们提供自然疗法的培训，并且著有多本著作。尤其重要的是她养了一些年龄比较大的猫，这些猫身上的疾病总是被人忽视，因此她呼吁大家：请您一定要定期为您的猫做健康检查!

替代医学在哪些方面有帮助?

海蒂·库布勒：自然医学的治疗方法被证实能够治疗轻微的疾病，例如对于感冒或者轻度胃炎非常有帮助。在长期治疗患有慢性疾病的动物时，例如慢性肾病、肝病或者关节炎，顺势疗法的复合药物和器官药物很是成功。巴赫花精疗法对治疗心理问题，尤其是恐惧症，有很好的效果。

人类应该如何增强猫的自我恢复力?

海蒂·库布勒：对于猫咪的健康和健康的保持来说，起决定性作用的是符合它需求的高质量的食物、合适的活动机会以及避免压力。在猫咪压力过大的情况下，有规律地使用不同的自然疗法中的药物可以提高身体自有的抵抗力。在我的医疗实践中，我经常使用含有紫锥菊成分的药物。

自然疗法的药物可以促进机体的自我恢复能力，减少精神上的痛苦。一些巴赫花精对那些压力过大的猫咪很有效

年龄大的猫咪经常有肾病，肾病的发作频率可以降低吗？

海蒂·库布勒：在年龄比较大的动物身上出现的慢性肾脏疾病也和它们肾脏的构造有关，因此这种疾病的发病率很难降低。对于那些超过10岁的猫来说，定期去医院做尿检和血液检查是最重要的事。因为猫在肾病的初期阶段几乎不会表现出任何病症，所以一旦发现有一点异常，就要马上开始进行治疗。如果一只猫开始变瘦，皮毛变得蓬乱，并且喝水变多，那么它肾脏组织的很大一部分就已经受到损害了。

关节疾病在发病的早期阶段可以被发现吗？

海蒂·库布勒：由于猫会尽可能长时间地隐藏自己的疾病，所以一般只有当它们动得少、睡得多了的时候，人们才可以看出它们患上了关节疾病。它们不再跳到高处的休息地点，也避免走楼梯，但很少会发出痛苦的叫声，也不会让人看出它走路一瘸一拐的。

人类所使用的自然疗法中的药物可以给猫使用吗？

海蒂·库布勒：许多人类使用的药物以及某些自然物质，猫是无法代谢的。因此在使用任何一种不是专门给猫使用的药物之前，都要向专家进行询问。

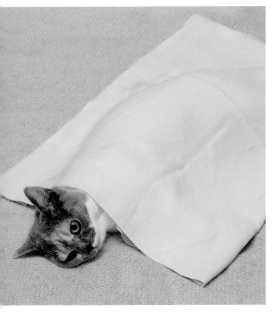

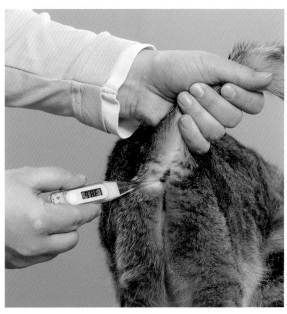

对于那些不能和人进行交流的猫或者失去意识的猫，一个毯子可以保护它们不受寒冷的侵袭

在给猫测体温的时候，可以把涂上油脂的温度计插入猫的肛门里大约两厘米深处

骨折。把猫咪放到稳固的支架上，可以防止骨折点再次受到伤害。这一点在怀疑猫咪的脊柱受伤的情况下尤其重要。尽可能地保持猫咪处于温暖的环境中，然后尽快送到医生那里或者动物诊所。

内伤。常见的是在车祸或者从阳台上掉下来以后。即使没有表面的伤口，也要立刻带它去看医生。

休克。休克了的猫咪大多数情况下没有反应症状：几乎看不到呼吸，黏膜发白，爪子冰凉。让它侧卧，保持温暖，让它自由呼吸，保持空气流通。立刻送去看医生。

呼吸中断。让猫咪右卧，用手掌快速按压胸腔5～6次，之后做人工呼吸。它的嘴巴要保持闭合，把空气吹进它的鼻孔。心脏按压和人工呼吸重复多次。

意识不清。猫咪没有任何反应了。让它侧卧在褥子或者睡垫上，轻轻掰开它的嘴巴，把它的舌头向前拉，让它自由呼吸，并且保持温暖（例如使用暖水袋）。立即带它去看医生。

中毒。症状：流口水、呕吐、腹泻、痉挛、无精打采。立即带它去看医生，并且带上它所误食的东西（尽可能地带上食物的标签和说明书）或者有毒的植物。

中暑。症状：急促地喘息、流口水、行动无精打采。把猫咪带到阴凉处躺下，盖上湿的凉爽的毛巾。

咽喉有异物。用拇指和食指从后面抓住它的头部，按压住它的嘴角，直到它张开嘴。用镊子取出异物。如果异物的位置在咽喉后部，就必须把它送到医生那里了。

恐慌。如果猫咪感觉到剧烈的疼痛或者惊吓，就会陷入恐慌。不要抓住它，而是要把它用铺盖包裹起来，以免它逃跑，伤害到自己或者帮助它的人。

其他紧急情况

咬伤。猫的咬伤经常会引起较深的、表面看起来无恙的伤口，这些伤口很有可能会溃烂。遇到这种情况要去看医生。

昆虫叮咬。如果猫咪的爪子被昆虫叮咬了，它走起路来就会一瘸一拐，还会不停地舔被叮咬的伤口。如果是被蜜蜂叮咬了，那么要尽可能地把蜜蜂的针拔出来；用冰块给爪子降温。如果猫咪的嘴巴和咽喉部位被叮咬了，很有可能会引起肿胀，妨碍呼吸。这时候要立刻把它送去看医生！

烧伤。用水轻敷烧伤部位或者放置冰袋。大范围的烧伤先用纱布覆盖住，然后去看医生。

如果要给猫咪包扎腿部，那么要把它的爪子也包扎起来，因为这样可以防止它的脚趾和脚掌瘀血

给猫咪测量脉搏最准确的地方是它两条后腿之间的股沟内侧。测量的时候要让猫咪侧卧

❓ 提问和回答

护理与健康

1 绝育手术比阉割手术要简单。为什么不给猫咪做绝育手术呢？

和阉割手术（见238页）不一样，绝育手术是截断输卵管和输精管。手术后虽然猫咪已经没有了生育能力，但还是有性欲的，由性欲引起的所有我们不希望看到的副作用（母猫的发情，公猫尿尿做标记，到处乱跑）也都还存在。因此，现在的猫都只做阉割手术。

从小就要开始习惯主人用牙刷给它护理牙齿

2 我家的色点猫总是在我用刷子给它梳理皮毛的时候攻击刷子。我怎么样做才能让它改掉这个习惯呢？

许多猫都会把刷子当作玩具或者敌人，用啃咬的方式攻击它。您可以放任它这样做，直到它对此失去兴趣。您可以在给它梳理皮毛的时候给它一个可以让它啃咬的物体，这样可以分散它的注意力。在给它梳理皮毛之前，您可以跟它尽情玩耍一段时间，这样在梳理毛发的时候，它玩耍的兴趣就会变弱。您可以试一下用柔软的刷子或者护理手套，大多数的猫咪会很享受这样的护理，因为这像是在爱抚它。护理完以后，给它一些好吃的零食。

3 我家的公猫并不喜欢刷牙。请问刷牙有什么意义吗？

牙齿不干净是细菌滋生的温床，这些细菌会侵蚀牙齿和牙龈，引起发炎，导致牙周袋和牙石。阻止或者减缓这个过程要通过定期刷牙。对于护理牙齿的小零食，如果猫咪正确地咬碎它们，也可以有效地清洁牙齿。

4 注射疫苗以后就立刻能起到保护作用吗？

机体在主动免疫后，需要2～3周的时

5 间才能形成必需的抗体。在基础免疫中，第二次注射后的14天以后才能起到保护作用。

我们家的公猫从阳台上坠落之后就只剩下三条腿了。它还可以正常生活吗？

一段适应期之后，一般来说三条腿的猫也可以正常生活。它们可以跑，可以跳，也几乎可以正常生活。如果它的前腿被截肢，那么在每天的身体护理中就需要主人的帮助了。

6 我非常想养一只猫，可惜的是我对猫过敏。难道就没有解决的办法了吗？

导致您对猫过敏的成分（过敏原）主要来自它们的口水和肛门腺。它们会附着在猫咪的毛发上，分散到各个角落。由于每一只猫产生的过敏原的数量不同，也有一些猫不会引起过敏者的任何反应。这和猫咪毛发的长短没有关系。定期用湿毛巾给猫咪擦一擦皮毛会减少过敏反应。

7 我们要如何把一只受了伤的猫送到医生那里？

最好是把受了伤的猫放进猫笼，然后带到医生那里。给它盖上一条毯子，可以防止它着凉。如果您怀疑您的猫咪是脊柱受伤

了，就要尽可能少地移动它，并且把它固定在一个支架上。请您拜托一个人帮助您送猫咪去看医生，在路上帮助您安抚您的猫咪。

8 猫咪感冒了，吸入气体可以减轻它的病症吗？

吸入气体对于猫的作用和对于人的作用是相似的，可以让它吸入水蒸气和盐的溶液。在让猫咪吸入气体的时候，要把它放进猫笼，把制造蒸汽的容器放置在猫笼前面，在猫笼上面盖一层单子或者大的毛巾。请您注意，不要使用芳香的精油。

9 我家的猫已经有过多次假孕现象。这种状态对它的健康有什么影响吗？

经常出现假孕现象会增加猫咪患子宫化脓和乳腺肿瘤的概率。为了防止继续出现假孕现象和由此引发的疾病，您应该给您的猫咪做阉割手术。在某些个例中，动物医生有可能会使用药物来治疗比较严重的假孕现象所引发的症状。

6

玩耍
才是猫咪该做的事情

人类的小孩子会玩耍，小狗会玩耍，小猫也会玩耍。人类的小孩子和小狗长大以后，玩耍的兴趣慢慢就减少了，代替它的是一些"严肃的"行为模式。但是小猫长大以后可不像人和狗一样：玩耍才是猫咪该做的事情，而且是活到老，玩到老。当然猫咪当中也有不喜欢运动的角色，但是大多数的猫咪都会喜欢玩耍。玩耍可以促进所有感官的发展，训练协调能力、力量和反应能力，并且可以保证猫咪在老了以后还保持好的状态以及灵活性，不论身体上还是精神上的。

所有的猫咪都喜欢玩耍

玩耍对于猫咪来说并不是业余活动。从小时候开始，它们就在玩耍中测试和训练自己的行为顺序，这种行为顺序对于它们的生活必不可少，也决定了它们作为狩猎能手的素质。

对于家猫来说，猎捕啮齿目动物和其他小型哺乳动物的意义已经和它们生活在野外的祖先这样做的意义不一样了。同样，它们的繁殖行为、逃跑行为以及防御行为也和它们祖先的这些行为意义不同了。但是，它们从祖先那里遗传来的行为模式在几千年后和人类共同生活的过程中还是没有减弱，依然保持着生命力。对于猫咪来说，许多运动过程和行为方式都是与生俱来的——从性行为和皮毛护理到狩猎以及和猎物的玩耍（见253页的"实用信息"）。几乎所有行为都在它们年少的时候就形成了，然后在成年以后有规律地进行尝试。玩耍为此提供了理想的自由空间：它允许犯错，并且没有成功的压力。所有猫咪都喜欢玩耍——更多的是：所有猫咪都必须玩耍！

小猫疯狂的游戏

安静与和平并不能持续超过三周——在小猫刚出生后的前三周，它们的生活由睡觉、蜷缩和吃奶组成。在这些小东西几乎刚刚颤颤巍巍地站起来的时候，它们就迫不及待地想要开始活动了。刚开始，这些小东西沉浸在看起来没有什么希望的斗争中，它们尝试着让自己弱小的身体和大大的脑袋能够保持平衡。不久之后，它们就掌握了身体协调的技能，一天比一天更加迅速和自信地成长着。

8周大的时候身体状态良好

出生后的第4周到第5周：还不到一个月大的小猫就在玩耍的过程中开始认识它们周围的世界，了解到它们身体拥有的一些能力，也了解到了自己的极限。由于最初的时候，它们疯闹的区域仅仅局限于自己的小窝，因此它们的玩伴和攻击啃咬的对象只能是妈妈和兄弟姐妹。在这个过程中，我们就已经可以看出许多猫咪典型的运动过程和行为模式了：仰卧时后腿手舞足蹈的抵抗和防御姿势，它们想要威胁对方或者给对方留下深刻印象的时候拱起后背的行为，匍匐前进接近地面上的猎物以及咬住对方的脖颈——这种行为是在练习以后如何杀死老鼠。猫咪孩子气的行为只是由它们本身的狩猎、防御或者攻击行为的部分顺序所构成，也就是说在这个阶段它们的行为模式只是有一部分被暴露出来。但是这并不一定就能保护它们免受一些痛苦，例如在和玩伴疯狂的玩耍中把尖尖的牙齿嵌进对方的皮肤中，因此引起了对方大声的反抗，大多数时候还会引起对方的反攻。

出生后的第6周：小猫这时候活动起来已经非常灵活了，可以有目标地跳跃，还可以和小伙伴进行杂技运动员一样的空战。它们在这个过程中也逐渐了解了自己行为的界限在哪里，比如在和伙伴玩耍的时候最多可以做到什么程度才能保证不弄疼对方。如果这些小家伙再次出现行为不当，猫妈妈就要

实用信息

和猎物进行的放松游戏

➡ 猫咪在狩猎的过程中处于紧张的状态。在猎捕一些比较危险的猎物的时候，例如大家鼠，它还要克服自身的恐惧。

➡ 抓住猎物之后，猫咪会通过放松性的游戏，使它的狩猎欲望和紧张感得到释放，它会围着它的猎物蹦蹦跳跳，并且不停地触碰它。

➡ 有一些啮齿目动物会利用这段时间恢复意识或者通过装死来使自己重新获得安全。它们逃跑之后，留下被惊呆了的猫咪在风中凌乱。

➡ 即使是非常饥饿的猫咪也会用"跳舞"的方式结束狩猎过程。在这之后，它才会把猎物带走，放到其他地方去——大多数时候是放在它的领地的中心，然后把它吃掉。

用爪子和指甲玩羽毛钓竿是猫咪最喜欢的游戏

用严厉的斥责和坚决的打击向它们清晰地表明界限在哪里。

小猫的活动范围变大了。猫咪的房间给它们提供了足够的空间，它们可以在这里疯狂地追逐，并在追逐的过程中不停地交换攻击者和防御者的角色。它们会激烈地攻击对方，混乱地扭打在一起，有时候主人都会为它们的健康担忧。

但是那些看起来非常激烈的场景，通常并没有什么问题——不到两分钟之后，这些精疲力尽的战士们已经紧紧依偎着安静地趴在窝里睡着了。但是，有一件事是可以肯定的：小睡之后，它们又会开始新一轮的激烈斗争。

虽然猫咪之间没有明确的等级制度，但是很早就在游戏玩耍的过程中体现出谁具有"领袖风度"，谁是臣服于它的，又或者是打扫战场的角色。

从出生后的第7周到第8周开始：小猫们还是会彼此打闹和玩耍，但是从这时开始，就会对一些可以滚、抓、推、随身拖来拖去或者可以用牙齿咬的物体感兴趣了。一个物体越能刺激它们的感觉器官，就越有趣：所有那些发出嘀嘀嗒嗒的声音、神秘的声音或者有着吸引人的香味的物体，都能引起猫咪长时间玩耍的乐趣。如果一只小猫缺乏勇气，它就会和同伴一起踏上探索之旅，寻找起居室柜子后面黑暗角落里藏着的玩具。

妈妈的教育

小猫在玩耍的过程中会学习到哪些事是可以做的，哪些是不能做的。猫妈妈会教给它们和同类相处过程中最重要的规则。当猫妈妈被孩子们当作玩具和旋转机器使用的时候，猫妈妈真的是表现出了极大的忍耐能力。它还会允许孩子们出现一些粗野无礼的行为，但是在事后会坚决地向孩子们指出——例如办事轻率或者不停地抓挠让它苦恼。那些在没有妈妈打击性教育下长大的小猫，独自经历了社会化过程，其中不少都会整个一生中与同类交往时产生缺陷，因为它们在小的时候没有人告诉它们，界限在哪里。

永远年轻

成年猫咪对于玩耍的狂热并不比小猫少。对于它们来说，和主人一起玩耍的时光是一天中最美好的时光。

● 虽然那些在室外活动的猫咪已经在室外有了足够的活动，但是和主人的玩耍对于它们来说和那些生活在室内的猫咪一样，都是非常开心的事。共同玩耍的行为可以增加猫咪和主人之间的信任和喜爱。

● 年龄比较大的猫咪在受到主人引导之后，也会很乐意玩耍，只要游戏不是太剧烈和疯狂就行。年龄比较大的猫咪最喜欢的是需要思考的游戏，它们会在其中表现出灵敏和令人吃惊的耐力。

"我只想玩！"

猫咪的游戏由不同的功能领域和行为领域的因素组成（见253页），这些因素中的一部分也会组合在一起。游戏的特别标志就是行为性的增加和伤害意图的缺少：猫咪

✖ 小测试：我的猫咪是哪种类型的游戏者？

"沙发土豆"在猫圈里是极少有的，大多数的猫都喜欢玩耍，但是每一只猫都有自己特殊的爱好。请您测试一下，您家的猫咪最喜欢什么样的游戏。

	是	否
1. 超级运动员：攀爬、短跑、跳跃、逃跑时突然改变方向——越疯狂越好。典型的品种有孟加拉猫、暹罗猫、索马里猫、东方短毛猫。	☐	☐
2. 嗅觉灵敏的鼻子：探索黑暗的角落和隐藏处，面对困难的寻找任务也不会退缩。典型的品种有缅甸猫、巴厘岛猫。	☐	☐
3. 温柔的猫：更喜欢悠闲地玩耍。典型的品种有伯曼猫、克拉特猫、波斯猫、布偶猫。	☐	☐
4. 脑力劳动者：不会被人欺骗，可以解决错综复杂的问题。典型的品种有阿比西尼亚猫、巴厘岛猫、暹罗猫、奥西猫。	☐	☐
5. 拥有狗狗技术的专家：把所有它们能用牙齿叼住的东西都叼回家。典型的品种有夏特尔猫、布偶猫、雷克斯猫。	☐	☐

答案：您能给您的猫咪选择好几个"是"？这也没问题。猫咪是具有多种才能的动物，可以用出色的技巧解决多种挑战。这点适用于上面提到过的品种以及其他品种。

会"夸大"它们的行为，例如通过疯狂的逃跑或者像杂技运动员那样和同伴进行空战。这种精彩的表演通常会引起旁观者的大笑，并且明确地传达这样一个信息："我只想玩！"

在游戏的过程中，猫咪会实验捕捉猎物和咬死猎物。它们天生具有在咬东西时懂得克制的能力，这种能力可以保证它们在咬住玩伴脖颈的时候不会给它带来疼痛。一奶同胞的兄弟姐妹在被无意地咬痛之后会立刻反抗。在这之后，成年猫咪必须学习如何克服它们与生俱来的那种克制的能力，才能在真正的狩猎过程当中抓住猎物。

对于猫咪来说最有趣的游戏

猫咪喜欢玩耍，它们最喜欢和它们信任的人玩耍，当然也喜欢自己玩耍或者和同类好朋友一起。游戏可以消耗掉多余的能量，保持头脑和身体的良好状态，避免它们感到无聊。

猫咪在许多方面都非常古怪，在游戏方面也不例外。当猫咪没有心情玩耍，爪子不痒痒的时候，要给它最好的玩具。可以激起猫咪玩耍欲望的东西通常和我们认为的有吸引力的、机灵的、"适合猫咪"的东西不一样。那些能够激起猫咪玩耍欲望的东西通常是很简单的物品。有可能是一个纸团或者酒瓶子上的软木塞，起毛了的玩具老鼠或者橡胶球。这些玩具应该能够激发猫咪感觉器官、反应能力的发展，激起它们狩猎、跳跃和攀爬的乐趣。如果主人能够和它们一起玩，会让游戏的乐趣成倍增加。

从游戏中获得乐趣

没有一只猫会拒绝一种可以激起它狩猎兴趣和猎捕行为的游戏。因此，那些可以在它们面前移动的小物品对于它们来说是最有趣的，这些小的物品应该尽可能地以变化的速度和曲线运动的方式移动，因为这种小物品的运动方式和真正的猎物类似。被猫咪追逐的物体不一定外表要像老鼠，一个用线拉着的软木塞或者一个可以弹跳的橡胶球都可以让疲惫的小猫充满活力。还有一些猫陷入了狗的角色，把所有可能的东西都叼回家来。它们对这种活动所付出的精力和毅力，让它们的玩伴——人类首先累得挂白旗投降。

小猫在游戏中测试和训练自己的协调能力和反应能力

游戏对于猫咪来说要有特殊的意义

● 这一点很好理解，一个物体可以非常有吸引力，但是当人们可以随时得到它的时候，就没有那么有意思了。玩具对于猫咪来说也是这样的。补救措施很简单：请您限制把玩具给猫咪玩耍的时间。玩了一段时间以后，把所有东西都收进箱子。明天或者后天，它对这个玩具的兴趣就还是很强烈的。

● 请您一次只给您的猫咪一个玩具。这样它就不会有选择的矛盾了。如果它对球类游戏没有兴致，那么请您给它换一个玩具。也许今天可以玩躲猫猫。

● 请您检验一下，您的猫咪最喜欢玩什么。几乎每一只猫都有自己最喜欢的游戏种类。这一只猫喜欢运动类的游戏，另一只猫也许喜欢思考类的游戏。

游戏时间和游戏规则

固定的游戏时间。请您尽可能地在每天的同一时间和您的猫咪玩耍。最理想的时间（对于上班族也是这样）是傍晚。在玩耍之后才给它喂食，尤其是在运动类的游戏或者追逐游戏之后。请您在和它一起玩耍的时间内把注意力都放在它的身上。如果您被其他事分散了注意力，对和它玩耍的事情心不在焉，它很快就会注意到的。

猫咪拥有决定权。您提出要玩游戏，但是是否玩游戏以及到底玩什么，则由猫咪决定。如果它很累或者心情不好，那么这个游戏就玩不成。

　　注意：如果一只平时很喜欢玩耍的猫现在拒绝您所提供的所有游戏，那么就需要注意了。在这种拒绝的背后，也许隐藏着一些疾病或者行为异常。

　　短暂的快乐。猫咪和小孩子有一些共同点：两者都不能长时间地把注意力集中在一件事情上，并且很容易分散精力。和猫咪做一种游戏不要超过15分钟，游戏结束之后要有一段你们亲热和休息的时间。对于小猫和老猫来说，游戏的时间最长不要超过10分钟。

　　终止游戏。请您在游戏的过程中注意观察猫咪的反应。如果出现下列情况，就应该提早结束游戏：

　　●猫咪的注意力被分散了，因为其他东西比当前的游戏更有趣，或者因为它看到了它的好朋友同类或者人，又或者因为它害怕某个东西。

　　●它没有兴趣，不想继续玩了。也许它直接走开，或者它的两只耳朵并到了一起，或者它在晃动它的尾巴，又或者它用举起的爪子向您发出警告。

　　●它向您露出尖利的爪子和牙齿。有些猫咪从来没学会如何温柔地玩耍，有些猫咪突然变得严肃起来。这时候请您立即停止游戏。

　　愉快的结束。请您不要非常突兀地结束游戏，而是要利用一点时间和它亲热一会

小猫一看到晃动的毛线球就已经举起了它的小爪子，虽然这一切看起来还有些笨拙

儿。接下来再把玩具收起来。

　　禁止和孩子们玩耍。小于5岁的孩子不能在没有大人的陪同下和猫咪玩耍。对于年龄稍微大一些的孩子们来说，也不要和猫咪近距离玩耍。

要给猫咪奖励吗？

　　几乎每一种游戏性的活动都由猫咪狩猎行为的因素构成——不管是用爪子驱逐玩具小老鼠，还是追逐一只球，或者试着去抓一束羽毛。猫是非常有技巧的猎人。由于它最喜欢的猎物也不是笨蛋，所以经常会退而求其次，抓到不是它最喜欢的猎物。但是狩猎的乐趣在成功捕获猎物之后依然没有被削弱。这一点也适用于游戏：不管您是让您的

实用信息

安全的猫咪玩具

- 最小的尺寸：猫咪的玩具的大小要保证它不会把玩具吞下去。球类玩具最小要有乒乓球那么大。

- 无毒：您在购买玩具的时候，要注意不要买那些被损害健康的颜料、油漆或者染料处理过的东西。您可以向卖东西的人要求证明。玩具表面的涂层不能脱落，因为如果它脱落下来，就有可能会被猫咪吃下去。

- 抗啃咬：尤其是小猫，特别喜欢用牙齿来玩它们的玩具。因此，猫咪的玩具应该由那些不会被咬碎的材料制成。适合的材料有木头、皮子、硬塑料、剑麻以及类似的抗撕扯的纺织品。

- 保护猫咪不受伤：所有物品都必须保证没有锋利的棱角，木质的玩具不能轻易就破碎。可以吱吱叫的那种动物玩具的金属芯一定不能让猫接触到。

- 啃咬起来没有危险：猫咪可以啃那些没有钉起来或者粘起来的匣子和纸板箱。报纸也是无害的。

- 禁区：猫咪在玩毛线球的时候有可能会把爪子纠缠在里面，在玩塑料袋的时候则存在着窒息的危险。

猫咪赢了还是输了，对于它来说都没有什么区别。只要它还对此有兴趣，就会一直在那玩。一旦它对游戏没有了兴趣，不管是和它亲热还是给它好吃的零食，都不管用了。和狗不一样，猫咪几乎不会被表扬和奖励所"贿赂"。

最喜欢和人类在一起

刚出生没多久的小猫最初会和它的兄弟姐们一起玩耍，在玩耍的过程中可以测试它各项还没有完全发展的能力（见253页）。有时候——并不是所有情况下都能引起它巨大的乐趣——它的妈妈也会成为它的玩具。小猫的成长速度非常惊人。不久之后这些鼻子灵敏的小家伙就熟悉了它们出生的地方的周边环境，它们会用牙齿和小爪子仔细检查各种物体，看看这些物体是不是可以被当作玩具。这个阶段的小猫也已经开始对人类提供给它们的游戏表现出兴奋。和小猫一起亲密的玩耍，可以建立一种终身牢不可破的信任关系。在这个敏感的成长阶段没有得到人类的关心或者关心太少的猫咪，一生之中都会和人类保持一定距离。

游戏的乐趣以及其他

如果主人给他的猫分配一些有吸引力的任务或者给它留下一些适合它的玩具（见255页的"小测试"），它是可以自己玩得很开心的。生活在一个屋檐下的猫咪，总是会共同发现一些可以释放它们游戏欲望的途径。如果对猫咪最喜欢的玩伴进行排名，人类应该是排在首位的。和主人玩耍的时光是它们一天中最幸福的时光。想要双方都获得游戏的快乐，您要注意以下几点：

游戏要适合猫咪的年龄。特别小的小猫也喜欢打闹和狩猎游戏。尽管如此，您还是要对它们的活动欲望加以限制，设置一些休息时间，让这些小家伙不至于太累。如果小猫的身体协调性还不是很好，那么就和它在地面上玩，以避免它在攀爬的时候掉下来。

跳高和跳远训练对于那些成年的猫也要有所保留，虽然它们的骨骼结构已经足够稳固，可以承受得住落地时的冲击力。对于

实用信息

调动所有感觉器官玩游戏

玩具可以让猫咪感受到运动，测定发出簌簌声的位置，触摸到隐藏的物体，闻到香味。一种玩具激发的感觉器官越多，对于猫咪来说就越无法抗拒。

- ➡ 擦亮眼睛：软木塞、纸团、羽毛、球和其他可以推、可以滚、可以扔、可以追着它跑的东西。
- ➡ 竖起耳朵：可以发出声响的球、老鼠玩具、纸团、空心镂空球，以及可以发出叫声的动物玩具。
- ➡ 使用感觉：抓东西的游戏以及所有可以训练猫咪触觉、对爪子的灵活度有一定要求的游戏；主人用绳子拴着一个东西让猫咪来抓。
- ➡ 使用嗅觉：用香料浸湿的玩具，装有薄荷的抱枕，用缬草缝制的小香囊。

年纪比较大的猫咪来说，也有很多种游戏可以让它们和主人一起玩的，但是同时也要考虑到它们衰弱的力量，以及不是那么强烈的运动兴趣。

●**趁早练习：**小猫一旦爬出了自己出生时的那个箱子，来到一个新的世界开始探索，主人和它共同的游戏就奠定了互相信任的基础。对于三个月大就来到我们家的小猫，我们可以以最快的方式赢得它的心，那就是和它一起玩耍。

●**学前教育：**和正在成长中的猫咪一起玩耍，不仅可以让它和主人的关系变得更加稳固，而且对于教育它如何温柔和"有礼貌地"做事非常重要。小猫首先会用它的牙齿来探索周围的世界，对它感兴趣的每一个物体都要试着用牙去咬一咬。它们对待人类玩伴也不例外。如果小猫在用牙齿咬您的时候您冷静地接受了，或者甚至觉得挺高兴，您的小猫就会因此很"自信"。这样对您和它都没有什么好处，因为如果它的这种行为以后固定成了习惯，当它成年以后咬人的力气更大了，您就不会觉得这有什么值得开心的了。出现这种情况的时候，要和其他攻击性行为一样重视，要让它知道，这种不良行为不会被人容忍。要用一句严厉的"不行"，加上轻轻敲它鼻子的动作来制止它。如果它做得很过分，还可以向它脸上吹气，这些都是有效的方法，小猫也能理解。

提示：成年的猫咪都很爱护自己的玩具，因此很少需要给它们替换新的玩具。小

研究家的欲望：也许在这个球的下面藏着一些好吃的东西呢

猫就不一样了，它们会对每一个球、每一只玩具老鼠都又啃又咬，还经常会把它们大卸八块。因此小猫的玩具应该能够抵抗它们的破坏，而且要足够大，这样才能保证它们或者一部分零部件不被小猫吞进肚子里。

●年纪比较大的猫：老猫也还拥有玩耍的乐趣。但是对于它们来说，已经习惯了的每天的日程安排是至高无上的，它们比年纪小一些的猫更重视这个。不合时宜的打扰，尤其是当它们在睡觉的时候，会引起它们的不满。由于它们很重视一天的安排和心情，所以您可以为它们提供它们最喜欢的玩具，然后耐心地等待它们的反应，看看它们是否有兴趣一起玩。

要注意嫉妒心：如果一个家里有两只猫或者更多只猫，那么猫和主人之间的游戏就不是永远都能顺利进行了。大多数的猫如果觉得自己的主人没有把它放在第一位，都会产生嫉妒心理。如果主人和另一只猫过分亲密，它就会出自本能地冷落主人，觉得自己受到了侮辱，然后躲到一边，或者表现出一些攻击性。这样，就无法再谈什么和谐的游戏了。这些互相竞争的猫咪在其他时候是否同心同德，都不会左右这件事的发展。如果这种嫉妒心不可避免，那么就要为每一只猫都留出一起玩耍的时间。竞争会一直存在。

●不要逼迫它：即使是最贪玩的猫咪，也有心情不好不想玩的时候。如果您家的猫咪很明显地没心情玩游戏，就不要坚持一定要遵守游戏时间了。只有当猫咪完全在状态的时候，您再跟它玩——当然您也要有玩游戏的心情才行。

所有猫咪都会喜欢的游戏

除了那些可以保持长时间受欢迎的玩具，例如球类、羽毛、老鼠玩具等几代猫一直玩的游戏，还有一些新的游戏创意问世，这些创意还需要经过实践的检验。其中有一些获得一致好评——例如零食球和有声音的隧道，几乎成了经典，另外一些则很快就退出历史舞台，因为它们无法满足当事人的高要求。

健康和运动类游戏

　　需要大量运动的游戏适合那些成年的想要测试它们身体状况和反应能力的猫咪。大多数时候，它们都需要主人的帮忙，给出游戏的目标。有一些游戏适合一只猫做（见273页），有些适合几只猫一起做。在多猫游戏中，应该让那些关系比较好的猫共同参加，这样可以避免在热火朝天的游戏中发生争吵。

　　把东西叼回来。把一些物品扔出去或者让它们滚出去，然后让猫咪用牙齿把这些物品叼起来并且带回来（软木塞、球）。当它抓住猎物之后，您可以向它展示第二个或者特别有吸引力的玩具（例如可以发出叫声的老鼠玩具或者响葫芦），但是只有当它把第一个东西带回来的时候才能把第二个玩具给它。个体差异还是很大的：有些猫咪一辈子都特别喜欢把东西叼回来，但是有些猫咪则会把所有东西都拖到一边去，然后就把它们扔在那儿不管了。

　　训练平衡力。把一块坚固的、大约一米长、三厘米宽的木板架在两个椅子上，并且把它固定住，不要打滑。可以用一点好吃的零食引诱它跳上椅子。然后引导它从木板的一端走到另一端。也许您家的猫咪更喜欢一根拉紧的粗绳子，因为它的爪子在这上面能找到更好的支撑。

　　球类游戏。球类以及所有可以被猫咪的爪子触碰之后就开始运动的东西，都能引

脑力劳动者：为什么这个神秘盒子里面的东西我不能用爪子触碰到，又不能简简单单地用我的脑袋把它顶开

永远在动：可以用我的爪子推动跑道里的小球，但是却不能把它拿出来？这个游戏肯定可以让猫咪保持兴趣玩上好几个小时

猫咪喜欢洞穴、黑暗的角落以及夹室。每一只猫都对躲猫猫游戏非常热衷。尤其是当人类也参与进来的时候

有吸引力的美味零食：不是
每次尝试都能达到目的

对于玩球专家的测试游戏：球和
猫是属于一体的

使用响片（见162页）可以让对猫咪的
教育和游戏练习变得容易一些

起所有年龄段的猫咪的兴趣。球类游戏是消耗猫咪积累起来的能量、满足它们狩猎欲望最好的方式。对于那些生活在室内，从来没有真正遇到啮齿目动物的猫咪来说，每天玩球是一项必做的事情。玩锯齿球的时候需要快速的反应，就像一只在逃跑中不停变换方向的老鼠一样，实心橡胶球、香味球和可以发出响声的球也可以让猫咪的脉搏加快。空的纱线筒管、核桃壳或者纸团也可以玩得非常尽兴。

玩球类游戏的时候应该注意以下几点：

●球的大小要合适，要保证不会被猫咪吞下去。这一点对于小猫来说尤其重要，它们和成年猫咪不太一样，它们喜欢把所有东西都放到嘴里，用牙齿来处理这些东西。

●美味的食物可以从食物球或者零食球

里滚出来。这样的球只能让猫咪玩一会儿。食物球必须与众不同。您在选择球的时候，要选那些可以调节出口大小的或者漏出食物不要太多的那种球。

抓东西。抓东西的游戏要求猫咪聚精会神和快速地反应。

●逃跑的老鼠：您可以把一个物体（羽毛、老鼠玩具、纸糊的滚筒、软木塞、猫薄荷装成的香包、空心镂空球）绑到一根线上，然后在地上猛地一拉，让它灵活地在猫咪面前穿行。

●摇摆游戏：把一个物体悬挂在橡皮筋或者细绳子上，再系到猫爬架或者门框的高处，高度要保证让猫咪抬起爪子正好能碰到，触碰到物体以后它就会开始晃动。这种游戏具有持续的吸引力，没有主人在身边的时候猫咪也能自己玩得很开心。

●用羽毛扎成的拂尘：在玩这种羽毛制成的拂尘时，猫咪也表现出极好的反应能力。尤其是当主人拿着拂尘来回晃动时，它们会玩得更开心。它们在试图触碰到羽毛的时候会露出尖利的爪子，因此对于小孩子来说，这种游戏过于危险。

●光的追逐者：猫咪经常会追逐太阳反射在地板或者墙壁上的光。您可以使用手电筒、激光笔或者彩光（专业商店有出售）来安排游戏，让猫咪追逐着跳动的光。但是光的移动不能太激烈，否则猫咪很快就会对这个游戏失去兴趣。

注意：激光笔永远不要对着猫咪的眼睛，否则会伤害到它的眼睛。动物医生动物保护联合会（TVT）不建议使用这种激光笔。

●肥皂泡的魔力：对于猫咪来说，可以在空中飘来飘去慢慢降落到地面上的肥皂泡有一种特殊的魔力。即使是已经见过肥皂泡的猫咪，还是会一动不动地看着这些漂浮在空中的色彩斑斓的泡泡。过了好久它们才反应过来，伸出小爪子小心翼翼地想要去摸一摸这些泡泡。

攀爬。想让猫咪攀爬，并不需要人类的引诱，小猫就已经开始尝试自己去爬那些绳子和梯子了。但小猫总是会高估自己的能力：挂在绳子和梯子下面的保护网或者棉垫可以在它们不小心摔下来的时候起到保护它们的作用。

追捕游戏。在追捕游戏中要有规律地

小贴士

引导猫咪做游戏的技巧

想要训练猫咪游戏的技巧，必须要在它有心情玩的时候，而且要全身心投入。您可以这样来引导它参与到游戏中来：

→ 您的小伙伴必须心情平和并且处于完全清醒的状态。如果它累了，或者特别激动，或者出于害怕的状态，它是没有心情做游戏的。

→ 请您把做游戏的时间安排在每天的同一时间，喂食之后至少要等一个小时才能开始游戏。

→ 请您把这个训练安排在猫咪熟悉的环境中进行，旁边不要有陌生的声音、气味或者其他人和动物来分散它的注意力。

→ 如果您要和它交谈，那么请您蹲下或者跪在地面上。这种亲密的姿势可以让猫咪给您更多的注意力，而且您也可以通过观察它的面部表情了解到它当前的心情。

→ 低声细语可以让它联想到比较积极的事。

变换角色：首先由人来追猫，然后由猫来追人。在这个游戏中，它们也经常躲起来让人来找它们（见266页）。如果猫咪有玩游戏的心情，就会用猫咪特有的游戏邀请方式来动员主人跟它一起玩游戏，这种邀请主人玩游戏的方式来源于交配行为的身体姿势。

躲猫猫

挖出隐藏的宝藏，寻找被藏起来的玩具，

侦察神秘的角落和隐藏地，这些都是让"好奇小姐"付出很大热情去做的事。行为专家把洞穴、敞开的柜子、黑暗的角落和洞穴对猫咪产生的神奇的吸引力称为洞穴本能（见285页）。因此，不需要什么额外的引导，您的猫咪就会对捉迷藏的游戏产生兴趣。

寻找物体。您可以把一个玩具，比如它最喜欢的球，放到一个上面没有盖子的纸盒子里或者不是很沉的地毯的边缘下面。在您放置物品的时候，小猫可以在旁边观察。您可以挠一挠纸盒子，发出声音来给猫咪一个信号，告诉它可以开始找了。更能吸引猫咪的方法是：您在藏物品的时候，让它发出嘎吱嘎吱的声音或者窸窣的声音。把物品藏在地毯下面，仅仅是地毯鼓起的拱形就足以让猫咪感到兴奋了，它会用它尖利的爪子去触摸它的猎物。如果这个物体在地毯下面被一根线拉着继续移动位置，我们的小猎人就根本停不下来了。

躲猫猫。您可以躲在沙发后面或者窗帘以及门后面。纸发出的窸窸窣窣的声音或者叩门的声音都可以把猫咪吸引过来，不过这些声音很少用得上，因为它几秒钟之内就能找到您了。相反，猫咪很喜欢藏在行李箱、包和纸箱子里，但是却没有那么多的耐心，等着主人来找到它。

看起来像是滑稽的儿童游戏，其实对于猫咪来说是非常重要而且严肃的练习。在追逐用绳子绑着的玩具的过程中，小猫表演了捕捉猎物行为的全部阶段

小贴士

请给您的猫咪起个名字

当猫咪听到它的名字的时候，很多事就变得简单多了，比如说对它的教育或者每天与它的日常交流。

- ⊙ 猫咪对硬腭音的元音（"i""a""e"）反应最好，请您选择一些双音节的名字。请您用悦耳中听的声音呼唤它的名字，并且重读元音。
- ⊙ 只有在一些积极的事件中才喊它的名字（喂食、爱抚），不要在批评它或者骂它的时候叫它的名字。
- ⊙ 不要总是叫它的名字。
- ⊙ 毕竟猫不是狗，有可能会出现这种情况：它压根不理会你叫它的名字。

百宝箱。您可以用树叶或者揉皱了的报纸填满一个大纸箱子，然后当着猫咪的面把各种球、能发出声音的老鼠玩具或者装有薄荷的小香囊放进去。这样可以唤醒猫咪身体里隐藏的那一颗善于挖洞和捉老鼠的心！

抓鱼和触碰

猫咪可以非常灵活地使用自己的爪子和尖利的指甲，而且很显然，它喜欢用困难的挑战来证明自己的能力。

复杂的箱子。您可以在一个大的纸箱子的四壁和盖子上剪出一些洞。洞的大小要保证猫咪可以把爪子伸进去，但是不能让它把头伸进去。然后把两三个表面可以被它抓住的玩具放进箱子里，随后关上箱子的盖子。接下来您可以晃动箱子，给它发出信号，告诉它里面藏着一些东西。通过这些洞来抓住东西并不是一件简单的事，因为猫咪必须完全相信自己的触觉。

接住水滴。可以滴水的做成公鸡形状的滴水器对于猫咪来说和肥皂泡一样，是一种非常神奇的现象（见265页）。消失在排水沟里的水滴对于猫咪来说具有非常神奇的魔力，可以吸引它很长时间。在这期间，猫咪会尝试着用它的爪子去接住正在滴落的水滴。有些猫咪更加务实地看待这只慷慨的公鸡，时不时地过来喝水，把它当作了饮用水源。

"长手指"。您可以在一个细长的玻璃容器中装上零食、干燥的猫粮或者布料制成的小球，猫咪如果把爪子伸进玻璃容器中足够长，就可以拿到一些东西。然后它就会用它尖利的爪子把里面的东西一个接一个地钩出来。玻璃容器里面装上凝乳会让这个游戏变得更简单：把爪子伸进去，拉出来，舔一舔。这个容器要站得稳固或者说不能轻易倒下。如果使用的是玻璃制成的圆柱体容器，猫咪可以看到里面的情况，从而知道它的爪子该伸到什么地方去，如果使用的是陶瓷或者金属制成的容器，猫咪就只能依靠自己的触觉了。

色彩测试。"长手指"的练习也可以用来练习猫咪对色彩的感知。玻璃容器中可以装上同一颜色的布料或者毛线制成的小绒球，例如黄色、红色或者蓝色的。您可以把不同颜色的小球放在一个玻璃杯中，然后观察一下您的猫咪最喜欢哪种颜色。

猫咪可以区分不同的颜色。但是和人类相比，它们的色谱范围较小，因为它们的眼睛中的视锥细胞比我们人类的少。视锥细胞（光感受细胞）是负责感受色彩的，视杆细胞——猫的眼睛中视杆细胞所占的比例很大——负责黑暗中的视力。猫咪最喜欢的颜色是蓝色。这一点由美因茨大学的动物学家经过一系列的测试之后证明。

抓鱼。您可以在一个可以站得稳固并且不是很高的广口玻璃容器中装上水，在里面放上一些可以游动的物体（比如软木塞）。猫咪会用爪子和尖利的指甲去抓住它，然后猛地把它抓出来甩到地上。这种在抓鱼的时候猛力甩掉的技术是猫咪与生俱来的。

注意：在玩水的过程中不可避免地会在地板上留下水渍。

触碰。有许多游戏可以测试猫咪的"爪子技巧"。在大多数的触碰游戏中，球或

✖ 小测试：我家的猫咪有多聪明？

聪明的行为体现在对新情况或者发生了改变的情况的反应。猫咪几乎总是能找到有意义的和对于它来说有希望成功的解决办法。

	是	否
1. 球从一个障碍物下面滚了过去，而猫咪必须绕过这个障碍物（见277页）。它最多练习三次就可以成功了吗？	☐	☐
2. 猫咪知道在三个盒子之中的一个盒子里有好吃的东西。现在又有一个完全不同于前三个盒子的另外一个盒子放在它的面前。它会去这里面寻找好吃的东西吗？	☐	☐
3. 如果您模仿狗威胁的叫声，您家的猫咪还能保持冷静吗？	☐	☐
4. 奖励在一个有盖子的玻璃杯中。您家的猫咪直接把盖子掀下去了，而不是只是用爪子触碰玻璃杯想要拿到里面的奖励？	☐	☐
5. 您把美味的零食放到架子的上面，它直接就爬到上面去了，而不是等您把零食再次拿下来？	☐	☐

答案：5个题的回答都是"是"？那么恭喜您了，您家的猫咪有着超强的洞察力！但是如果有一个问题的回答是"否"也并不意味着它就不聪明。也许您家的猫咪太聪明了，以至于它不屑于参与您制造的这种小把戏。

者球状物体必须通过猫咪爪子的触碰才能滚动起来。这种游戏可以持续很久，几乎每一只猫都会很喜欢。

猫可以玩的游戏还有很多种，您可以在本书的第273页以及接下来的几页中找到。

听力游戏

一些小物体在猫咪眼前移动或者发出和猎物一样的沙沙声和尖细的叫声，都可以引起猫咪的狩猎欲望。那些发出噼噼啪啪、沙沙声或者尖细叫声的玩具也能引起那些平时不怎么喜欢玩的猫咪的注意力。

可以发出沙沙声的滚筒。 把揉皱了的报纸松散地塞进纸筒，然后把体积比较小的、比较坚固的、不是太轻的物体（玻璃弹珠、螺丝钉或者金属螺母）放进去。侧面的开口用胶带封上。滚筒的每一次滚动都会发出响声，这也可以刺激猫咪把它继续往前推。

可以发出沙沙声的隧道。 动物用品商店可以提供多种多样的可以发出沙沙声的隧道以及包袋。隧道的内壁有一层金属箔，当猫咪钻过隧道的时候，它会发出沙沙的响声。这个游戏会吸引几乎所有的猫咪一次次重复进行首先是因为隧道昏暗的内部对于猫咪来说有一种神奇的吸引力。

镂空的空心球。 每一次碰到这个球，它都会发出铃声、嘎嘎的响声或者簌簌的声音。如果这个球有薄荷的味道或者在滚动的过程中有美味的零食掉出来，就更能让猫咪

感到兴奋了。

可以发出叫声的动物玩具。 橡胶做成的小老鼠被猫咪咬的时候会发出尖细的叫声或者嘎吱嘎吱的声音，对于这样的玩具，许多猫都会一直带在身边到处走。即使对于非常宽容的主人来说，这都不能算是悦耳动听的声音。注意：小猫经常会一直咬这种玩具，直到外面的橡胶皮掉下来。里面是用金属制成的有尖利的棱角的物体，这种物体很容易伤到小猫，或者被它吞下去。

训练猫咪的技巧

吠叫的竞争者会的东西，猫咪早就会了：用后腿站立、和人握手、完成跨越障碍物赛跑以及在思考类游戏中展现自己的头脑。猫咪是否有心情使用小技巧，就是另外一回事了。您可以耐心地使用您细致的感觉或者可以使用响片（见158页）来引导它准备好做游戏，但是如果猫咪不愿意，那么一切都白搭。

猫咪有多聪明？

猫咪可以记住一些情景和事情的情节发展，即使它们只看过不多的几次，有时候甚至只看过一次。这要归功于它们出色的观察能力和可靠的记忆力，可以把事情的情节发展和发生的点联系起来。猫咪首先能记住的东西是那些可以给它们带来好处的东西。

这使得它们在智力测试中成了困难户。在那些测试"情商"的地方，例如狗会对人类的心情做出反应，但是猫咪却毫不关心。但是这并不能说明猫咪不能读懂我们人类的感情和行为，又或许是我们的感情和行为对于它们来说，没有什么特别的意义。

教育猫咪。 传统的驯兽术把身体和声音信号与奖励联系起来。通过有规律的重复和结构清晰、不会让受训者过度劳累的练习，可以使人们所希望的行为得到巩固，直到不需要奖励它们也能做出这样的行为。原则上来说，用这种方法来训练猫也是可以成功的。但是猫咪这种机会主义者会在每一次练习的时候都询问，如果它用后腿站立了或者把您扔出去的球叼回来了，能给它带来什么好处。因此，如果在训练的时候没有给它好吃的东西作为奖励，那么这次的训练就白费劲了。猫咪很容易记住这种消极的经历，而且需要费好大的力气和耐心才能说服它重新参与到训练中来。这种情况还有更严重的时候，就是如果猫咪觉得训练者做错或者忽视了它已经没有兴趣了这件事。

用后腿站立

用后腿坐着对于猫咪来说是一个非常简单的练习。它们举起爪子去够它们头顶上方的东西时，会自愿用后腿站立。可以在训练中引导猫咪进行这种运动：把美味的食物或者有香味的抱枕慢慢举到坐着的猫咪头顶上，然后继续向上，直到它用后腿站立起来，伸长脖子，想要去闻您手中的东西。在这个过程中您可以拉长音喊"高……"。在这个练习中也可以使用响片。当您的"小学生"重复地伸出爪子试图去够那个物体的时候，您可以适当地休息一下。

滚动身体

在做这个练习的时候，猫咪是非常放松地趴在地上的。您可以向它展示一个美味的食物或者有香味的玩具，然后把这个东西慢慢地拿到它的头顶上方。猫咪会用眼神一直追随这个物体的移动，并且转动头部。直到这个物体消失在它的视线中的时候，它就应该翻一下身，这样才能继续看到这个物体。您不要把这个物体举得太高，以免它站起来。这种现象在刚开始做这种练习的时候是不可避免的。当它在翻身的时候您可以给它一个声音信号，例如"翻身"。

握手

请您把一个物体拿到和坐着的猫咪的头部平行的位置，但是不要高于它的头部。一旦它伸出爪子想要去够这个物体的时候，就要给出它一个声音信号"爪子"。这个物体越具有吸引力，猫咪就越早站起来，想要从近处去观察这个东西。想要让它在这个练习中一直保持坐着的姿势，是需要您的耐心的。对于您拿在手里的东西，选择一个玩具比选择散发香味的食物或者薄荷味的香包更合适。

猫咪的跨越障碍运动

猫咪也可以完成一套跨越障碍物赛跑，包括跨栏、隧道、跳板、跷跷板、轮胎和桌子。"田径小能手"们能够在各种障碍物之间穿梭。一个简单的跨越障碍物赛跑所需要的所有设备几乎都可以用您家日常生活所使用的物品来制作。成品的跨越障碍物赛跑所需要的各种设备——放在屋里或者花园里的，动物用品商店都可以买到。请您测试一下，您的猫咪最喜欢什么样的练习，然后就可以为它量身定做一套属于它的障碍物跑道，即使这个跑道仅仅由跳高和跳远装置或者隧道构成，也能让您的猫咪获得很大的乐趣。

走弯路到达目的地

您可以用栅栏、大纸箱子、活动隔板或者木板做一个宽宽的障碍物，高度要保证您的猫咪跳不过去。您可以观察一下，当您把一个球从这个障碍物的下面扔过去，您的猫咪会有什么反应。想要把球拿回来，它就必须绕过障碍物。有些猫咪马上就知道改变路线，好像这是世界上最理所当然的事一样，但是有些猫咪却需要花很长时间才能理解这是怎么回事。想要让这个游戏变得难度更高，可以把障碍物设置成U字形，这样，猫咪想要达到目的地就必须先朝着相反的方向跑。

最强大脑的思维游戏

猫咪可以记住很小的运动和姿势。这一点再加上它们可靠的地点记忆力，共同组成了它们完成思考类游戏和组合类游戏的前提条件。

入门级玩家。您可以当着猫咪的面把一个玩具或者好吃的东西（但是不要放有着浓烈气味的东西）放进一个盒子，然后用一个纸板盖住盒子的顶部。许多猫咪都能马上完成这个任务，它们会把顶盖掀开，把盒子里的东西捞上来。

有经验的玩家。和对入门级选手的测试一样，先把东西放进盒子里。但是在允许它开始寻找这个物体之前，您要使用一分钟的时间，先用其他物品吸引它的注意力。

职业玩家。请您把让它寻找的物品放进三个盒子之中的一个。首先您要选择三个不同的盒子，要么是花纹（条纹、斑点）不同，要么是颜色不同。在下一步的训练中，您可以选择三个一模一样的盒子。刚开始的时候可以让盒子的顶部敞开，接下来的练习中可以给每个盒子放置一个顶盖，猫咪可以用它的爪子把顶盖推开或者掀掉。让这个游戏变得更难的操作是：您可以在把东西放进去以后，交换一下这三个盒子的位置。真正的挑战就是延迟时间，让它在三个互换了位置的盒子中找到目标物体。刚开始的时候您可以用30秒的时间来用其他活动分散它的注意力，30秒过后再允许它开始寻找。如果它的潜能很大，您就可以把这个等待的时间继续延长，最多可以延长到5分钟。您的猫咪出色地完成了所有游戏？那么可以说您正和一个真正的最强大脑生活在一个屋檐下呢！

有创造性的猫咪

没有人的引导，许多猫咪也能学习到一些技巧。

开门。组合性任务和创造性最好的例子就是开门：猫咪跳起来够到门把手，并且用爪子抓住它，利用自己的体重转动门把手。为了能够成功地完成这一切，它必须要仔细观察这个过程，要了解转动门把手和开门之间的联系——这也是一个聪明的标志。一旦猫咪懂得了这件事的诀窍，它就会在每一扇有门把手的门上试验它的技巧。这个行动对于它来说就是一个成功的经历——它能够经常用这样的方式进入到主人不允许它进入的房间，从而进一步增加了它的自信。结果是：您几乎不能阻止它开门了。大多数情况下只剩下一件事可以阻止它，那就是把门把手设置成垂直方向的。

把东西叼回来。这个活动也有着可以增加自信的功能，所以是某些猫咪的最爱。大多数时候，即使主人没有对它们要求，喜欢叼东西回来的猫咪也会自愿地把东西叼回来。而且它们几乎迫不及待地想要开始新的

在游戏、运动和狩猎过程中，猫咪总是保持完全的清醒，并且可以做出飞速的反应。这是需要耗费一定体力的，这些体力可以通过酣畅淋漓的睡眠得到补充

游戏。那些没有叼东西回来的基因的猫咪，必须靠美味食物的引诱才会做出这种事。而且即使它们把东西叼回来了，也不会给主人，而是把它们的"猎物"藏起来。

学习带来的乐趣

如果一只猫的好奇心很重，对它周围发生的所有事都很感兴趣，那么就比较容易被分散注意力。技巧和其他需要高度集中注意力的练习，就需要主人选在猫咪熟悉的环境中才能进行。在练习的过程中，这个房间里不能有第二只猫的存在。只有在练习结束之后才能给它喂食：吃得太饱，会造成学习不好。在一段劳累的学习之后，不要立刻结束学习时间，而是奖励它一些美味的零食，抽出一点时间和它亲热一会儿。

单猫游戏

像猫这样聪明又爱运动的动物，必须要时常有事情可做才行。为猫咪提供一些有吸引力的游戏，其实并不需要很多想象力。如果您没有时间自己动手为猫咪制作玩具，那么可以去宠物用品商店买现成的，这些玩具也可以让猫咪兴奋很长时间。但是即使是它最喜爱的玩具，如果总是玩，也总有一天会玩腻。您可以把它最喜欢的玩具保留到它独自在家的时候再给它玩。这时候玩具带给它的兴奋就会尤其巨大，您就可以确定，

练习拳击用的吊球需要猫咪的眼睛和爪子都能快速做出反应

至少是大多数情况下可以确定，您的四条腿的"小管家"不会觉得无聊，然后冒出些愚蠢的想法。

可以发出叫声的动物玩具以及猫薄荷

只有当您不在家的时候，您的猫咪才能玩可以发出叫声的动物玩具，这样您就可以做到一举两得了：猫咪可以好几个小时单独在家，和会叫的玩具老鼠或者青蛙愉快地玩耍，而您也不用听那种让人心烦的叫声。

把用猫薄荷制成的小香囊或者用猫薄荷浸湿的玩具放到猫咪的鼻子前面，首先对

它有反应的是已经达到性成熟的猫咪。那些年龄比较小的猫和年龄比较大的猫大多数对此都不太感兴趣。这种让人麻醉的效果是基于芳香精油而产生的，对于猫咪来说是无害的。如果猫薄荷没有进行密封储藏，它的香味很快就会消散。

触摸板游戏

每一只猫都会触摸、说话、摸索、抓东西，并且一生都喜欢做这些。那些在洞穴和裂缝中藏着的东西总是能勾起它们的探索欲望——可以让这种欲望更强烈的情况是，在抓到这些东西之前要先打开盖子或活门。触摸板就是这样一种东西，在这里面藏着美味的食物和玩具。动物用品商店出售多种多样、不同难度的触摸板。

如果您想自己动手制作，可以使用易拉罐、盒子、鸡蛋盒、纸筒或者塑料管，以及其他的材料。您可以把这些拥有不同大小开口的材料粘在一起，把它们固定在一块坚固的、不太轻的板子上，这样，猫咪就可以从侧面或者上面把爪子伸进里面掏出一些东西来。

食物游戏

食物总是放在食盆里吗？太无聊了。您可以这样变换花样，也可以让猫咪吃得更健康。

礼品盒。 您可以把干燥的食物和零食放进袋子和盒子里，或者简单地把它们包进

注意事项

和两只猫一起玩

猫咪感觉到自己不受重视了，就会产生嫉妒心理。您在和两只猫一起玩耍的时候，也要注意这一点。

○ 抓球游戏中可以不发生争吵。如果一只猫首先抓住了球，另外一只猫大多数时候就放弃了。否则的话，您应该马上扔出第二只球。

○ 可以同时允许两只猫在同一个触摸板上玩。

○ 比较大的拂尘可以供两只猫同时玩耍。更刺激的是：抓逗猫棒的游戏，因为在这个游戏的过程中可以产生颤动的声音。

○ 您可以把比较轻的球或者纸团扔向空中，让猫咪跳起来在空中接住它。两只猫站在不同的位置。

纸里。然后让您的猫咪打开包装。

把食物藏起来。 把干燥的食物藏在房间里，也可以放在椅子上和书架上。您可以在猫咪第一次寻找食物的时候为它提供帮助。

零食球。 对于那些独自玩耍的猫咪来说，零食球是非常理想的选择。有些零食球的开口大小可以调节。

注意： 如果在食物游戏中猫咪吃得太多了，那么您就要减少放在它们的食盆中的食物量。

给单猫游戏玩家的更多的建议

空心镂空球。多亏了这种球内部发出的神秘声音，才能对猫咪保持长久不衰的吸引力，可以让它的小爪子们几个小时一直不停地动。

第二个家。在一个封闭的搬家用的大箱子上挖个洞，可以让它钻进钻出，猫咪马上会把这个箱子当作自己的第二个家。如果这个箱子的战略地位非常有利，它就可以在这里观察到周围的一切，而且自己不被别人看到。

看电视。猫咪永远都看不够荧光屏上移动的画面。请您在电视机前面为它保留一个座位，最好是安排在您的座位旁边。

给猫咪提供一个安全的家。如果它必须一个人在家，那么在您离开之前，做点事让它感到疲劳。

给猫咪的最佳玩具

玩耍对于猫咪来说是最好的保持健康的方式。通过做游戏，可以保证猫咪不出现行为异常，同时可以增进它和主人之间的联系。在游戏和活动中，也可以看出猫是一个个人主义者，它不会接受您提供给它的所有选择。宠物用品商店提供适合每一只猫咪的玩具。请您测试一下，您家的猫咪对什么最感兴趣。

球类。软球、剑麻球、实心橡皮球、刺

猬球、毛球和网球适合用来"踢足球"。用猫薄荷装成的球是通过气味来吸引猫咪的。空心镂空球和发出沙沙声的球是通过声音来引起猫咪的兴趣。橄榄球可以像老鼠那样不停地改变运动方向。可以发出亮光的球让猫咪在黑暗的房间里也能获得乐趣。食物球或者零食球不仅仅可以让贪吃鬼不停地追逐。

玩具老鼠。毛皮或者剑麻制成的玩具老鼠有各种各样的形状和颜色。高科技的玩具老鼠在它受到触碰的时候，内部可以发出沙沙的声音，或者发出以假乱真的吱

小贴士

自己动手制作的玩具可以带来很多乐趣

即使没有经过家政课培训，您也可以为您的猫咪亲手制作一些有趣的玩具。

- ⮕ **玩具球：**用牛仔裤剪出一个盘子大小的圆形布料，边缘用线缝起来，只留下一个洞。里面填充上剩下的布料和猫薄荷，然后把开口缝上。
- ⮕ **秋千：**两根绳子固定在猫爬架的悬臂上。座位使用木板或者结实的比较硬的材料来制作。
- ⮕ **吊床：**和秋千类似，躺着的部分使用宽一些的材料。
- ⮕ **跳跃训练：**在硬纸板上挖一个直径是30~35厘米的洞。把硬纸板固定在门框上，先从低处开始，然后再一点一点往上面移动。
- ⮕ **简单的触摸板：**在纸箱子的顶部挖一个洞，把酸奶杯放进去，里面放上好吃的食物，然后把开口处盖上。

吱声。

弹性绳和抓东西游戏。拴在橡胶带或者弹簧上的羽毛拂尘、玩具老鼠和游戏钓竿要求猫咪眼神好，反应快。这种游戏可以一只猫玩，也可以和它的同类小伙伴一起玩。

游戏隧道。昏暗的管道和洞穴永远都不会失去吸引力，尤其是当管道或者洞穴里面有猫薄荷的气味或者有神秘响声的时候。比较长并且有分支的隧道系统应设置多个出口。在长绒毛装饰的洞穴里猫咪可以非常惬意地休息。

灵活性游戏。抓东西游戏可以让猫咪持续处于兴奋之中，它需要用爪子去抓住滚动的小球或者"在逃跑路上"的玩具老鼠。许多玩具都会额外装上猫薄荷味的软垫或者羽毛供它抓挠。

触摸板。触摸板（在专业用品商店中也被叫作Acitivity Fun Board）要求猫咪把藏在里面的食物掏出来。不同的游戏模式可以给每一只猫都提供机会。

气味游戏。为敏感的猫鼻子设计的玩具有各种各样不同的形式——从有香味的猫抓板到猫薄荷装成的抱枕，再到猫薄荷味的玩具老鼠。即使是最无聊的玩具，喷上猫薄荷味的香水也能重新变得有吸引力。

猫爬架。猫爬架位于每一个养猫的家的中心位置，完全是一个多功能的游戏装置。荡秋千、训练平衡力、攀爬、磨爪子——都有可能。

有吸引力的玩具

玩耍可以让猫咪变得幸福。每一只猫都有它最喜欢的游戏：需要使用灵敏的爪子的羽毛拂尘；用柔软的毛皮制成的猫咪可以咬的玩具老鼠，或者适合喜欢钻研的猫思想家的游戏。

智力游戏 可以给猫咪带来长时间的快乐，做完游戏后可以给它些奖励。

剑麻玩具球 可以带来游戏的乐趣，还可以用来护理指甲。

漏食球 可以不停地变换方向，给猫咪带来兴奋的感觉。

玩具老鼠 是生活在室内的猫咪的经典玩具，每天都可以在家里训练狩猎。

软木塞 可以滚，可以推，还可以扔向空中。

羽毛拂尘 训练猫咪的反应能力，并且可以保护主人不被猫咪抓伤。

刺猬球 是狩猎游戏的完美之选。有软刺，在地板上滚动不会发出响声。

7

附录

词汇表

➜ 肛门脸

肛门脸指的是每只猫所特有的气味，这种气味由位于肛门两侧的肛门腺所分泌出来的物质产生。猫咪可以通过闻一个同类的肛门区域获得这个同类有关它性格以及心情状态的信息。不是每一只猫都允许陌生的猫去闻自己的肛门部位。而两只关系很好的猫也会放弃去检查对方的肛门，而仅仅是碰碰对方的鼻子来进行交流。闻对方也属于两只猫相遇的一部分。这个过程按照一个固定的仪式来进行。首先，它俩鼻子对鼻子、面对面站着。闻对方的气味以及用触须触碰对方都可以提供很多信息，其他的信息会在以后通过检查肛门而获得。

➜ 咬东西的时候懂得克制的能力

与生俱来的咬东西时懂得克制的能力，可以保证小猫在和同类打闹的时候不会伤到对方。但是小猫也是通过经验和同类大声的反抗才能了解到，它们可以咬多重。在以后的生活中，成年的猫必须要克服这种现象，只有这样它们才能咬死猎物。在和人类的游戏当中，小猫也需要通过相应的反馈才能了解，我们不希望它们咬得太重。

➜ 捕猎行为

捕猎行为是一种天生的狩猎行为，也就是猫咪如何抓住它们的猎物。这种行为由声音或者视觉的刺激而引发，例如老鼠发出的窸窸窣窣的声音或者尖细的叫声，小的物体的逃跑行为。猫咪在狩猎的过程中可以依靠自己的眼睛，也可以在黑暗中仅凭听力来捕猎。在抓那些生活在地上的动物时，猫咪会尽量压低身体，匍匐在地面上，在隐蔽处等待着它们的猎物离开洞穴。一般来说，所有的猫咪都会从后面攻击。从正面攻击时，受到猎物自卫反击伤害的可能性更大。狩猎的冲动和饿不饿没有关系：一只吃饱了的猫也会出去打猎的。

➜ 粪石

没有被猫咪消化的东西，例如胃里的头发，积累在一起就形成了粪石。猫咪在用舌头梳理皮毛的时候，已经老化脱落的毛发就留在了钩子形状角质化了的舌头突起物上。这些毛发在胃里和食物形成的糊糊黏在一起。小一些的毛团就被猫咪呕吐出来了，也有一些通过肠道被排出体外。在极少数案例中，非常大的粪石只能通过做手术来移除。吞下大量毛发的情况一般出现在换毛的季节或者出现在长毛猫身上。猫草可以使猫咪更容易吐出毛团，应该时刻都能让猫咪吃到。在食物中放入麦芽膏和几滴橄榄油可以促进消化，避免或者延迟粪石的形成。

➜ 裂齿

所谓的裂齿是肉食动物典型的特征之一。裂齿由上颌最后一枚前臼齿和下颌最前一枚臼齿组成。这种牙齿构造让猫可以从大块的肉上咬下适合嘴巴大小的肉块。在这个过程中它会把头稍微偏向一边。

➜ 欧盟宠物护照

宠物护照根据一个植入动物体内的微芯片上的身份编号来识别每一只猫。欧盟宠物护照代替了黄色的国际疫苗接种证，在欧盟国家范围内是统一的。

如果要带着猫咪在欧盟国内旅行，一定要随身携带这本护照。这本宠物护照登记了有效的狂犬病疫苗的注射情况，在欧盟国家范围内旅行，入境时必须要有这个证明（在一些欧盟国家还需要额外的条件）。其他的疫苗和检查可以选择性地进行登记。如果需要，也可以贴上一张动物的照片。这本护照由动物医生来颁发。

➜ 颜色识别

猫咪眼睛中负责识别颜色的组织和其他大多数哺乳动物一样，是两种可以感受蓝色和绿色（二向色性）的视锥细胞（感光神经元）。猫咪几乎无法识别红色。和视杆细胞相比，猫咪眼睛里面的视锥细胞数量算是比较少。视杆细胞是对光的明暗程度有所反应的细胞，它在黑暗的地方显得尤其重要。人类眼睛中的视锥细胞可以识别蓝色、绿色和红色（三向色性）。

➜ 裂唇嗅反应

裂唇嗅反应指的是动物在吸入空气中某种芳香物质的时候要借助贾克布森器（也被称为犁鼻器），这是一种辅助嗅觉感觉器官，位于上颚。需要经过检验的是有助于交流的芳香物质（佛罗蒙，也叫信息素）。正在进行裂唇嗅反应的动物的面部表情是不容混淆的：嘴巴微微张开，嘴角向后，上嘴唇向上，皱起鼻子，目光放空。对性气味的反应尤其强烈。豹亚科动物比家猫的裂唇嗅反应更多。除了猫，还有一些有蹄类哺乳动物也有这种反应，例如马、貘和骆驼。

➜ 早期阉割手术

阉割手术是切除母猫的卵巢（有时候也会切除子宫）和公猫的睾丸。做过阉割手术的动物就没有了生育能力，也不会产生性激素了。通常猫咪在进入性成熟期后就要做阉割手术，母猫在6个月到10个月大的时候，公猫在8个月大以后。早期阉割手术是在猫咪大约4个月大的时候进行的。赞成早期阉割手术的人觉得这是防止猫咪意外怀孕最安全的手段，而反对者则警告大家注意这种手术对猫咪的成长、发展和行为造成的消极影响。

➡️ 食物过敏

猫咪有可能对某种食物过敏，例如鱼类、禽类，也有可能会对植物性产品过敏。典型的过敏症状是呕吐、腹泻、瘙痒、脱毛或者湿疹。维生素和抗组胺类药物可以减轻病痛。但是想要查出过敏原是什么，只能在动物医生的监护下进行减法饮食，也就是把之前的食物中的每一种组成部分一个一个地去除掉，直到不再出现过敏反应为止。

食物过敏有可能会突然出现，也可能对之前完全没有问题的食物突然过敏了。患有食物过敏症的动物必须一生都要进行饮食控制。

➡️ 性成熟

一般来说，母猫在6~8月大的时候达到性成熟，也就是说有了生育能力，某些品种的母猫（例如暹罗猫和与之有亲缘关系的东方品种猫）一部分在4~5月大的时候就达到性成熟了。由于母猫的身体发育并没有随着性成熟期的到来就停止了，因此在这个年龄段还不应该让它生孩子。

➡️ 性区别

母猫裂缝形状的阴部位于肛门的下方，离得很近，公猫圆形的性开口距离肛门更远一些。在肛门和性开口之间是睾丸，小公猫的睾丸是小小的拱形，成年公猫的睾丸比较大。家猫的体重一般在3~5公斤之间，公猫要比母猫重。在猫科动物的大家庭中，只有雄狮因为它的鬣毛在外貌上明显区别于雌性狮子。

➡️ 豹亚科动物

豹亚科动物指的是狮子、豹子、老虎、美洲豹和雪豹。它们和猫亚科动物的区别：豹亚科动物可以吼叫，但是只有在呼气的时候发出"呼噜呼噜"的声音，它们的瞳孔是圆形的（而不是细长形的），趴着吃东西，很少给自己清洁身体。猎豹的地位比较特殊。

➡️ 免疫力

在第一次和病原体（抗原）进行接触的时候，身体的防御系统会产生防御物质（抗体），这种物质可以保护身体不被病原体感染，给予身体一种免疫力。接种疫苗也能产生抵抗力。疫苗可以刺激身体产生抗体或者直接给身体输入抗体。在接种疫苗大约14天之后，疫苗才会起到保护作用。在刚出生后的第一周小猫是通过吃妈妈的初乳来获得抵抗力的。

➜ 潜伏期

病原体侵入身体到疾病爆发之间的这段时间被称为潜伏期。潜伏期可以是几个小时或者几天（例如猫流感），但是也有可能是好几年（例如猫白血病）。

➜ 生物钟

假定所有植物、动物和人类体内都有一个钟，它管理生物内部的节奏，例如睡觉醒来，不同的新陈代谢过程或者其他在24小时内进行的生理过程。内部的节奏会受到外部计时器的影响，例如光线的明暗或者冷热变化。负责这种反应的是松果体。

➜ 猫过敏症

猫皮肤中的皮脂腺、肛门腺和唾液腺会产生蛋白粒子，在它用舌头梳理皮毛的时候被带到身体的各个部位。这种小的粒子干燥以后就可以借助空气分散到房间的每个角落，从而引起人的过敏症状，例如打喷嚏、红眼病和皮疹，这些还属于不是那么严重的症状。即使房子里已经好几个月不养猫了，也还是会导致过敏。导致过敏的最主要的物质是"Fel-d1"——研究者给引起人类出现过敏反应的蛋白质起了这样一个名字。除此之外，人们还在猫咪身上分离出好多其他的过敏原。这些物质的产生和激素有关，这也就可以解释，为什么有些猫产生的过敏原多，而另外一些猫产生的过敏原就少一些。

➜ 猫亚科动物

以前，人们把所有不属于豹亚科，也不是猎豹的猫科动物都称为猫亚科动物。现在人们知道，猫科动物内部的亲缘关系比我们想象的要复杂很多。那些被人们称为猫亚科动物的物种有一个非常明显的共同特点——在吸气和呼气的时候都能发出呼噜的声音，但是不能像豹亚科动物那样发出吼叫的声音，这是由于它们舌骨的骨质化程度不同。野猫的8种亲戚也属于所谓的猫亚科，其分布的范围很广，在欧洲、亚洲和非洲都有它们的踪迹。非洲野猫，也被称为沙漠猫，是所有家猫的祖先。

➜ 初乳

哺乳动物的妈妈用初乳来喂养自己的孩子。这种黄色、浓稠的乳汁富含蛋白质和各种抗体。它可以在小动物出生后最初几天中为它们提供免疫力。

➜ 舒适行为

猫咪的舒适行为体现在它们多种多样的身体护理行为，这些行为首先是为了让自己感到舒适，两只猫互相护理皮毛还属于一种社交行为。典型的舒适行为有舔、抓、咬、摩擦和抖动身体，晒太阳和在地上打滚都是猫咪表达自己好心情的方式。猫咪会在小睡之后伸展身体和放松身体（大多数时候还会拱起背），还会打哈欠和磨爪子。

➔ 微芯片

通过植入微芯片，猫咪的个人身份得到标示。动物医生在不给猫咪进行麻醉的情况下，使用无痛技术把米粒大小的微芯片植入猫咪颈背左侧的皮肤下面。这个微芯片可以在这里待到猫咪离世，而不会损害它的健康。这个芯片包含一个15位数的个体身份编号，在整个世界范围内都是独一无二的，不会和其他猫的混淆。这个编号可以使用相应的读取设备来识别。在欧盟国家范围内旅行，这个微芯片是必须要安装的，它的编号必须要写进欧盟宠物护照。如果一只丢失了的猫在宠物注册处进行了登记，那么这个芯片就会使找回它变得简单了。

➔ 蹬腿刺激乳汁流出

这种行为是猫咪与生俱来的一种行为方式，它们在吃奶的时候，蹬动前腿的两个小爪子按摩猫妈妈的乳头，这种按摩可以刺激乳汁的流出。已经成年的动物也会有这种行为，例如它们在垫子和类似比较柔软的物体上，又或者在它们趴在小窝里的软垫上睡觉之前，这种行为尤其经常出现在它们得到爱抚的时候。虽然大多数人都觉得猫咪的这种行为是对儿时美好记忆的重复，但是对这种行为还没有一个明确的行为生物学的解释。这种行为在小狗身上也有。对于猫妈妈来说，孩子的这种行为以及它们尖利的小爪子和自己身体的接触并不是完全没有疼痛感的。这也许也是猫妈妈会拒绝稍微大一些的孩子再来吃奶的一个原因。在小猫刚出生的前几周内，它们还不懂得如何控制自己尖利的指甲。

➔ 鸳鸯眼

一只异眼猫拥有不同颜色的两只眼睛：一只是蓝色的，另外一只大多数情况下是褐色或者黄色。这是由虹膜中色素的颜色决定的。它可以在遇到强烈光线的时候保护眼睛。有色素缺陷的动物会有蓝色的眼睛。它们对强烈的阳光照射会非常敏感。

➔ 瞳孔反射

猫的瞳孔可以适应光线的强弱：在白天强烈的光线下它会缩小成一条缝，在昏暗的光线下或者在黑暗中，它会扩大成最大的形状。这种对明暗的反应也叠加上猫的心情变化：感到恐惧的动物瞳孔会放大，自信地威胁别人或者准备好攻击别人的猫瞳孔会紧缩。

➔ 肉食动物的牙齿

肉食动物的牙齿是为了适应吃肉而生的，典型的就是长长的、像匕首一样的犬齿或尖牙。它们是用来抓住和杀死猎物的。裂齿用来把大块的肉切割成小块，还可以用来咬断小一些的骨头。小小的门牙是用来把骨头上剩下的肉丝咬下来的，除此之外，它们还可以用来护理皮毛和皮肤，除去身上的脏东西，咬碎跳蚤。

猫咪刚出生的时候是没有牙齿的，在6周大的时候才长出乳牙。乳牙换成恒牙的过程从3个月大的时候开始，一直持续到7个月到8个月大的时候。新的犬齿在乳牙脱落之前就在它旁边长出来了。猫的乳牙有26颗，恒牙有30颗（上面16颗，下面14颗）。

钥匙刺激

钥匙刺激指的是视觉、听觉或者气味信号，它们可以引起某种固定的、大多数时候出于本能的、进行的过程中不会发生改变的一些行为。猫的狩猎行为就是受到一些小物体快速移动和发出簌簌声，以及尖细的叫声刺激而产生的，这种叫声是生活在地面上的猫的猎物的典型声音。猫对老鼠和其他啮齿目动物在交流的时候发出的高频的声音尤其敏感。即使是一只正在睡觉的猫，听到这种声音也会马上清醒过来。

呼噜声

发出呼噜声也是动物之间交流的一种方式。它是一种猫在感到舒服的时候发出的声音，但是也有让它平静下来的作用，又或者是它觉得压力很大的一种信号。家猫可以几个小时不停地发出呼噜声。对于这种奇特的声音是如何产生的，以前和现在都有很多不同的解释。有一种解释是吸入的空气和舌骨摩擦，摩擦导致舌骨振动，而振动会产生声音；其他的值得怀疑的猜想把原因解释为声带后面的静脉和皮肤褶皱的振动导致的。

但是很多事实都证明，这种声音是由喉头发出的：喉头的肌肉紧缩，声门裂扩张或者紧缩，由此产生声音。除了豹亚科动物以外，其他的猫科动物的舌骨都是骨质化的。这一点导致它们在呼气和吸气的时候可以发出呼噜呼噜的声音。而豹亚科的动物只有在呼气的时候才可以。

洞穴本能

敞开的柜子、小房间、黑暗的角落和缝隙对于猫咪来说有一种神奇的吸引力。尤其是在陌生的环境中，猫咪更喜欢去探索每一个角落。这种被行为学专家称为"洞穴本能"的行为有着生物学的意义：对于一只生活在野外的猫来说，熟悉它的生活空间内的隐秘处和逃跑点，有可能在关键时刻可以拯救它的生命。

反射性的转身

反射性的转身在自由落体运动中可以调整猫咪的身体，让它几乎总是能腿先着地。它的平衡感保证它身体的前半部分，然后是后半部分依次旋转，在这个过程中尾巴起着掌控方向和固定位置的作用。如果坠落的高度不超过3米，那么它通常是没有时间完成这个转身的。

小猫的这种反应还不显著。它们从出生后5~6周开始才慢慢掌握这种转身。

➔ 晃来晃去的寻找

如果一只猫咪的幼崽落单了，非常无助，它的头会晃来晃去，试图重新建立和妈妈以及兄弟姐妹之间的身体联系。这非常重要，因为小猫在这个年龄段的体温调节功能（见下方"温度调节"）还不能完全正常运作，如果它离开妈妈和兄弟姐妹，在很短的时间内就有可能被冻死。在特别紧急的情况下，小猫可以发出尖细的叫声来呼唤妈妈，猫妈妈听到孩子的叫声马上就会过来。

➔ 温度调节

猫咪的温度调节功能可以保证它的体温处于正常范围之内。猫咪的汗腺很少（脚垫、下巴角落、嘴唇、肛门）。天气过于炎热的时候，它们会急促地喘息，用舌头把唾液分散到身体各个部位，在唾液蒸发的过程中会带走身体上的一部分热量。在猫咪出生后的前6周内，它的身体调节体温的能力还没有完全发育成熟。它们有非常惊人的抗热能力，它们的皮毛可以达到50摄氏度而不伤及身体。

➔ 致命一咬

家猫使用它的犬齿咬住猎物的颈背，一下就咬死它。这种能力是天生的，但是在成功实施之前必须要进行完善和成熟。猫咪可以从视觉上控制它是否正确使用了这一技能，在值得怀疑的情况下，则只能事后检查了。这一咬会咬伤或者咬断猎物的脊髓，使

其随之死亡。咬住颈背这个动作也会出现在打闹过程和交配过程中，或者猫妈妈搬运自己的孩子的过程中。在这些情况下，猫咪与生俱来的在咬东西时懂得克制的能力就要发挥它的作用了，从而保证没有任何一方受到伤害。

➔ 运输僵硬

猫妈妈为了搬运自己的孩子，会用牙齿咬住它们的颈背。在这个过程中，小猫的身体会变得僵硬，从而会使猫妈妈的工作变得简单一些，也可以防止伤害到自己。

➔ 做梦

猫咪的睡眠像所有脊椎动物一样，分为快速动眼期和非快速动眼期。快速动眼期睡眠的典型特征就是眼睛的快速运动。和人类一样，猫在睡眠的这个阶段也会做梦，这个阶段大概占到全部睡眠时间的25%。小声的喵喵叫、腿部和尾巴的抽搐让我们不免猜测，猫咪也会像人类一样在梦里处理白天经历过的事。

➔ 喝水的技巧

之前人们认为，猫在喝水的时候舌头会变成一个勺子的形状。波士顿动物园的科学家借助高速摄像机证明了，猫在喝水的时候会形成一个液体柱。在这个过程中，它的舌头并没有浸入水中，而是放在了水面上，并且马上把它收回来。舌头的这种运动每秒

重复4次，从而保证水经这个水柱向上流进嘴巴里，然后猫咪会本能地在正确的时间闭上嘴巴。

➔ 行为障碍

行为障碍表现为刻板的行为模式和强迫症式的重复行动，可能由猫咪身体上以及精神上的原因导致。因此，猫咪不停地抓挠或者舔自己，有可能是皮肤受到了刺激，起湿疹，或者身上有了寄生虫，也有可能是压力太大导致的，例如缺乏社会交往。猫咪不停地追逐自己的尾巴，有可能是无聊或者失去了主人导致的。如果这些行为障碍一直存在，就会导致猫咪伤害自己或者出现严重的健康问题。动物医生或者动物行为治疗师越早介入治疗，恢复的可能性就越大。

➔ 用脚趾走路的动物

猫咪是用脚趾走路的，它们走路的时候靠的是前脚和后脚上的脚趾骨。指甲和地面没有接触，因此，猫咪用脚垫走路几乎听不到声音。啮齿目动物、熊和灵长目动物包括人类都是用脚掌走路的。用脚趾走路的动物，例如有蹄类哺乳动物，走路时都是用脚趾骨着地的。

➔ 乳头优先权

每一个刚出生的小猫都在猫妈妈那里占有一个属于它自己的乳头，它可以通过这个乳头特有的气味来找到它。竞争者会被它挤走。比较靠后的、出奶最多的乳头会被那些最强壮的小猫所占据。

图书在版编目（CIP）数据

育猫全书 / (德)格尔德·路德维希著；黄宇丽译
. -- 北京：北京联合出版公司, 2017.1（2021.1重印）
　ISBN 978-7-5502-9188-1

　Ⅰ.①育… Ⅱ.①格… ②黄… Ⅲ.①猫—驯养—基
本知识 Ⅳ.①S829.3

　中国版本图书馆CIP数据核字(2016)第281586号

Published originally under the title Katzen,das große Praxishandbuch by Gerd Ludwig
Published originally under the title Katzen,das große Praxishandbuch by Gerd Ludwig
ISBN978-3-8338-2875-1, © 2013 by GRÄFE UND UNZER VERLAG GmbH, München
Chinese translation (simplified characters) copyright : © 2016 by Ginkgo (Beijing) Book
Co., Ltd.
本书中文简体版权归属于银杏树下（北京）图书有限责任公司。

育猫全书

著　　者：［德］格尔德·路德维希
译　　者：黄宇丽
选题策划：后浪出版公司
出 品 人：赵红仕
出版统筹：吴兴元
编辑统筹：王　頔
特约编辑：李志丹
责任编辑：管　文
营销推广：ONEBOOK
装帧制造：7拾3号工作室

北京联合出版公司出版
（北京市西城区德外大街83号楼9层　　100088）
天津图文方嘉印刷有限公司印刷　新华书店经销
字数351千字　720毫米×1030毫米　1/16　18印张　插页4
2017年6月第1版　2021年1月第6次印刷
ISBN 978-7-5502-9188-1
定价：78.00元